中国气象局公共气象服务中心

管理规范

2020

孙 健 主编

气象出版社
China Meteorological Press

内容简介

中国气象局公共气象服务中心成立12年来，经过初始构建、组织权变、创新融合、调整提高4个阶段的建设，形成了国家级公共气象服务管理制度体系。本书从综合、人才、科技创新、业务、行政、人事、财务资产、党建群团8个方面，介绍了这套系统全面、层次分明、科学规范的管理制度体系。

从本书中，企事业单位管理者既能获取丰富、实用的管理制度范例，也能发现严谨、进取的管理方法和理念。

图书在版编目（CIP）数据

中国气象局公共气象服务中心管理规范．2020 / 孙健主编．— 北京：气象出版社，2020.7
ISBN 978-7-5029-7236-3

Ⅰ．①中…　Ⅱ．①孙…　Ⅲ．①气象服务—管理规范—中国—2020　Ⅳ．①P451-65

中国版本图书馆CIP数据核字（2020）第129449号

中国气象局公共气象服务中心管理规范（2020）
Zhongguo Qixiangju Gonggong Qixiang Fuwu Zhongxin Guanli Guifan（2020）
孙健　**主编**

出版发行：气象出版社
地　　址：北京市海淀区中关村南大街46号　**邮政编码**：100081
电　　话：010-68407112（总编室）　010-68408042（发行部）
网　　址：http://www.qxcbs.com　**E-mail**：qxcbs@cma.gov.cn
责任编辑：郭健华　**终　　审**：吴晓鹏
责任校对：王丽梅　**责任技编**：赵相宁
封面设计：北京楠竹文化有限公司
印　　刷：北京中石油彩色印刷有限责任公司
开　　本：880mm×1230 mm　1/16　**印　　张**：26.5
字　　数：586千字
版　　次：2020年7月第1版　**印　　次**：2020年7月第1次印刷
定　　价：100.00元

编 委 会

健全各方面制度，完善治理体系，促进制度建设和治理效能更好转化融合。

制度制定很重要，制度执行更重要。

——习近平

中国气象局公共气象服务中心
CMA Public Meteorological Service Centre

宗　　旨：防灾减灾，服务民生

使　　命：让生命更安全，让生活更美好

愿　　景：生命安全，生产发展，生活富裕，生态良好

理　　念：无微不至，无处不在

公服精神：改革创新，艰苦创业

严谨求实，科学立业

进取奉献，爱岗敬业

开放合作，携手兴业

员工语录：激情工作，快乐成长

中国气象局公共气象服务中心
员工守则

爱党爱国，服务人民，忠诚事业，致命遂志。

爱岗敬业，精益求精，勇于创新，自强不息。

遵纪守法，诚实守信，克己奉公，反身修德。

团结友善，见贤思齐，敬老爱亲，厚德载物。

前　言

管理创新是一个组织推动变革发展、提升运行效能的基本动力。相较于业务科技创新，管理创新更强调系统性、协同性、开放性，将制度转化为组织中每一个成员的内在意志，从而实现组织变革发展的目标。熊彼特于1912年首次提出管理创新的概念，强调富有创造力的组织能够不断将创造性思想转变为有用的结果。这个转变的过程包含制度转化为组织治理能力的过程。

中国气象局公共气象服务中心（以下简称公服中心）2008年成立以来，组织架构、资源配置、发展战略一直在变革和调整，管理模式、制度体系也在不断探索中逐步完善，形成了国家级公共气象服务管理制度体系。这个体系包含三个层次，对应制度存在的三种形态：基础层次，包括国家级公共气象服务各类管理制度的制定、发布、修改、完善，对应制度的物质形态；执行层次，包括制度在国家级公共气象服务实际工作中的应用、贯彻、执行，以及制度的效果反馈、产生的内外部影响，对应制度的实践形态；治理层次，包括让制度与公共气象服务改革发展的根本需要更加紧密结合，通过各方面协同、对话，转化为执行者内在的动力和要求，从而实现组织良性、健康发展，对应制度的治理形态。这三种形态接续递进、螺旋式上升，推动国家级公共气象服务管理制度体系逐步形成和不断完善。

公服中心12年的管理制度体系建设实践大体可分为四个阶段。

初始构建阶段，大致从公服中心成立到第二阶段改革。期间我们提出了“一年打基础、两年上台阶、三年大发展”的初始创业目标，组织从无到有、从小变大，业务服务快速拓展，国家级公共气象服务体系初见端倪。这个阶段，制度建设实现了从无到有，但大多是应对内部管理、业务服务的急需，前瞻性、整体性设计不够。

组织权变阶段，大体包括公服中心第三阶段改革到气象服务体制改革试点阶段。这期间，我们基本实现了国家级公共服务业务服务体系搭建，拓展成立了国家预警信息发布中心、中国气象服务协会等组织，在进一步发挥气象公共服务在防灾减灾中“第一道防线”作用、推动公共气象服务多元供给局面形成方面取得了显著成效。这个阶段的制度建设注重整体性、结构性，能够从制度对象的整体发展需要出发系统性地构建管理制度体系。比如国家预警信息发布工作相关制度，有基础性的系统安全保障、系统运行管理、电视电话会商、值班管理，也有应急过程故障快速处理、应急发布、应急工作预案，覆盖了业务基础设施、业务值班、运行发布、错误处理、应急处置、考核管理等几乎全部工作环节，有效保障了业务运行的安全高效。

创新融合阶段。这个阶段与上一阶段有部分重叠，其突出特点是公服中心与华风集团的整合运行。这一时期制度建设的重点是通过制度创新推动资源整合后的效力发挥。期间，我们创造性地开展了包括业务流程再造、科技成果中试基地管理、成果转化等制度设计。制度创新以及由此推动的管理创新，目的就是要把整合起来的资源活力充分释放出来，形成国家级公共气象服务活力和效益最大化。

调整提高阶段。这个阶段是通过制度调整、优化，推动公服中心新一轮改革目标的顺利实现。这个阶段制度建设最重要的任务就是将《中共中央关于坚持和完善中国特色社会主义制度、推进国家治理体系和治理能力现代化若干重大问题的决定》所提出的国家治理的理念全面、深入贯彻到公服中心各项制度建设中去，把习近平总书记所提出的制度建设“系统性、整体性、协同性”落实到制度设计中去，全面提升国家级公共气象服务管理制度的效能，为实现治理体系和治理能力现代化打好基础。目前，公服中心已全面完成了制度“立、改、废”，保留4项原有制度，完成制度新增29项、修订62项、废止14项，形成了《中国气象局公共气象服务中心管理规范（2020）》，成为今后一段时期国家级公共气象服务业务转型升级、高质量发展的有力支撑。

习近平总书记指出，治国理政，必须“立治有体，施治有序”。相比过去，新时代改革开放具有许多新的内涵和特点，其中很重要的一点就是制度建设分量更重，改革更多面对的是深层次体制机制问题，对改革顶层设计的要求更高，对改革的系统性、整体性、协同性要求更强，相应地建章立制、构建体系的任务更重。必须把制度建设和治理能力建设摆到更加突出的位置。现代公共气象服务改革与发展同样面临很多深层次挑战，我们的制度建设必须进一步融入国家治理体系和治理能力现代化的建设目标，推动公共气象服务事业更加有力、健康、可持续发展。

以习近平总书记在新中国气象事业70周年之际的重要指示为遵循，公服中心管理创新和制度建设必将迈上新的高度，谱写中国公共气象服务事业新的篇章。

2020年7月

目　录

科技创新篇

业　务　篇

行　政　篇

人　事　篇

财务资产篇

党建群团篇

综 合 篇

综合篇的管理规范，具有提纲挈领的作用，旨在明确公共气象服务事业的领导、队伍、战略，保障事业发展的正确方向。党委工作规则，明确了议事决策的民主化、科学化、规范化、制度化要求；行政议事规则，确定了业务领导规范；纪律检查委员会工作规则，给纪委以准确定位；科学技术委员会章程，强调了中心科技优先、创新发展的战略；职工代表大会工作规则，充分保证了职工的民主权利。有党的正确领导，有团结一致的职工队伍，以科技创新为核心战略，公共气象服务事业的征程才能如同星辰大海。

中共中国气象局公共气象服务中心委员会工作规则

（公气党发〔2020〕15号）

第一条 为更好地履行中共中国气象局公共气象服务中心委员会（以下简称中心党委）职责，促进议事决策的民主化、科学化、规范化、制度化，根据《中国共产党章程》《中国共产党党和国家机关基层组织工作条例》和有关规定，结合中心党建工作实际，制定本规则。

第二条 中心党委必须高举中国特色社会主义伟大旗帜，以马克思列宁主义、毛泽东思想、邓小平理论、“三个代表”重要思想、科学发展观、习近平新时代中国特色社会主义思想为指导，坚持党的基本理论、基本路线、基本方略，增强“四个意识”、坚定“四个自信”、做到“两个维护”，以党的政治建设为统领，以提升组织力为重点，以党支部建设为基础，全面提高中心党的建设质量，在深入学习贯彻习近平新时代中国特色社会主义思想上作表率，在始终同以习近平同志为核心的党中央保持高度一致上作表率，在坚决贯彻落实党中央各项决策部署上作表率，建设让党中央放心、让人民群众满意的模范机关，促进公共气象服务各项工作任务的完成。

第三条 中心党委的主要职责包括：

（一）深入学习和贯彻习近平新时代中国特色社会主义思想，坚持和落实中国特色社会主义根本制度、基本制度、重要制度，宣传和执行党的路线、方针、政策，宣传和执行党中央、中央和国家机关工委及中国气象局党组的决议，充分发挥中心党委各党支部战斗堡垒作用和广大党员先锋模范作用，积极创先争优，团结、组织党内外干部和群众，努力完成本单位所担负的任务。

（二）推进“两学一做”学习教育常态化、制度化，组织中心党员深入学习党的创新理论，学习党的路线、方针、政策和决议，学习党的基本知识和党史、新中国史、改革开放史，学习党章党规党纪和国家法律法规，学习业务知识和经济、政治、文化、社会、生态文明等各方面知识。

（三）对中心党员进行教育管理监督和服务，严格党的组织生活，维护和执行党的纪律，监督党员切实履行义务，保障党员权利不受侵犯。监督党员干部和其他任何工作人员严格遵守国家法律法规，加强党风廉政建设，坚决同各种违纪违法行为作斗争。

（四）密切联系群众，经常了解群众对中心党员、党的工作的批评和意见，了解群众诉求，维护群众正当权利和利益。

（五）对要求入党的积极分子进行教育、培养和考察，做好发展党员工作。

（六）做好思想政治工作和意识形态工作，推进中心社会主义精神文明建设，培育和践行社会主义核心价值观。

（七）审定中心“三重一大”等事项，管理各单位、各党支部和群团组织的干部、人才。

（八）领导中心工会、共青团、妇女组织等群团组织，支持这些组织依照各自的章程独立负责地开展工作。

第四条 中心党委实行集体领导下的分工负责制。党委书记领导中心党委的全面工作，负责召集和主持中心党委会议（常委会或全委会），签发机关党委文件以及组织开展其他活动。党委副书记在书记领导下部署落实中心党的建设各项任务。党委常委履行“一岗双责”，负责指导督促分管单位党的工作。其他委员负责在本单位落实中心党委的决议和部署，带头执行中心党委的党建工作要求。党委委员要以普通党员身份参加所在支部的活动，带头讲党课。

第五条 中心党委在中国气象局党组、局直属机关党委领导下开展工作，并及时向中国气象局党组、局直属机关党委报告。中心各党支部是中心党委批准建立的基层党组织，在中心党委领导下开展党的建设工作，向中心党委报告。

第六条 党组织应当严格执行任期制度，任期届满按期进行换届选举。中心党委由党员大会选举产生，报局直属机关党委批准，每届任期一般为 5 年。党的支部委员会由支部党员大会选举产生，报中心党委批准，每届任期一般为 3 年。

第七条 中心党委执行民主集中制。凡属重要事项都要按照集体领导、民主集中、个别酝酿、会议决定的原则，由党委会集体讨论、按少数服从多数作出决定。

第八条 中心党委书记要充分发扬民主、善于集中、敢于担当。党委委员必须遵守“四个服从”原则，坚决执行党委会决定，如有不同意见，可以保留或向上级党组织提出，但在上级或本级党委改变决定之前，必须无条件执行党委会已作出的决定。

第九条 中心党委实行全委会、常委会会议制度，执行《中国气象局公共气象服务中心党委全委会、常委会议事规则（修订）》（公气党发〔2019〕20 号）。

第十条 本规则自发布之日起施行。原《公共气象服务中心党委委员、纪委委员联系工作制度》废止。

第十一条 本规则由党委办公室（纪检监察处）负责解释。

（起草人：韦号　发布时间：2020 年 3 月）

中共中国气象局公共气象服务中心委员会全委会、常委会议事规则

（公气党发〔2019〕20号）

第一章 总 则

第一条 为更好地贯彻党的民主集中制，规范中共中国气象局公共气象服务中心（以下简称中心）党委议事和决策机制，根据《中国共产党党组工作条例》《中央组织部、国务院国资委党委关于中央企业党委在现代企业制度下充分发挥政治核心作用的意见》，制定本规则。

第二条 中心党委在事业和企业管理中发挥政治核心作用，承担从严管党治党责任，对中国气象局党组负责。

第三条 中心按期召开党员大会，选举产生中心党委。中心党委设立常务委员会（以下简称常委会）。常委会委员由中心党的委员会全体会议（以下简称全委会）选举产生。中心党委对党员大会负责并报告工作。

第四条 党委议事原则：坚持民主集中制、“一把手”末位表态和回避等制度，重大决策应当充分协商，实行科学决策、民主决策、依法决策。

第二章 全委会议事内容

第五条 全委会在党员大会闭会期间领导中心的工作，主要内容包括：

（一）学习传达中共中央、国务院、中国气象局的重要文件、会议精神，深入学习领会习近平新时代中国特色社会主义思想。

（二）选举常委会委员和书记、副书记，表决通过中心纪律检查委员会选举的书记、副书记。

（三）听取和审议常委会工作报告、纪律检查委员会工作报告。

（四）提交职工代表大会讨论的涉及职工切身利益的重大事项。

（五）讨论决定召开中心全体党员大会和会议的有关事项。

（六）推选出席上级党的代表大会的代表。

（七）其他须由全委会讨论决定的重大问题。

第三章　常委会议事内容

第六条　常委会议事内容主要包括：

（一）学习传达中共中央、国务院、中国气象局的重要文件、会议精神，深入学习领会习近平新时代中国特色社会主义思想。

（二）审议贯彻、执行党和国家的方针政策、中国气象局党组决定的措施意见。

（三）报中国气象局党组的重要请示、报告。

（四）党委、纪委、群团组织换届、调整有关方案，决定增补党委委员，党内重要规章制度。

（五）党内重大活动方案。

（六）中心重大改革方案。

（七）中心发展规划。

（八）中心干部、职称、岗位和招聘等选人用人进人有关重要工作，以及相关重要制度的制修订工作。

（九）中心各类经费预算安排的建议等事项。

（十）中心单项 100 万元（含）以上的固定资产处置。

（十一）其他需要审议的重大事项。

第七条　在中心下属北京华新天力能源气象科技中心（以下简称华新天力）审议决策重大事项前，党委常委要召开专题会议讨论和审议有关议题和提案，统一思想，形成一致意见。

（一）华新天力重大改革方案。

（二）华新天力发展规划、重大专项计划。

（三）华新天力领导班子的任免。

（四）华新天力特别重大安全生产、维护稳定等涉及政治责任和社会责任方面采取的重要措施。

（五）华新天力年度预算方案和决算报告。

（六）华新天力 50 万元（含）以上的单项对外投资项目。

（七）华新天力单项 20 万元（含）以上的固定资产处置方案。

（八）华新天力 10 万元（含）以上的对外捐赠事项。

（九）华新天力超年度预算总额 10%（含）以上的调整方案。

（十）其他须审议的重大事项。

第八条 讨论和审议基层党组织和党员队伍建设方面的重要事项。

（一）各党支部机构设置、调整、选举。

（二）新党员的培养、考察、发展。

（三）党内的重要评比、表彰、奖惩。

第九条 讨论和审议意识形态工作、思想政治工作和精神文明建设方面的重要事项。

（一）党的政治建设、思想建设、组织建设、作风建设、纪律建设、制度建设等党建工作。

（二）文化建设规划及相关重要问题。

第十条 讨论和审议党风廉洁建设和反腐败工作方面的重要事项。

（一）党员干部违纪、违规问题的处理。

（二）听取纪委工作和党风廉洁建设情况的汇报，批准纪委对违纪党员、干部的处理。

第十一条 其他应当由党委讨论和审议的重大问题。

第四章 议事规则

第十二条 全委会议事规则：

（一）全委会由党委书记负责召集和主持。全委会必须有三分之二以上委员到会方能召开。

（二）纪律检查委员会委员列席全委会。根据议题需要，党委书记可确定其他有关人员列席全委会、常委会。

（三）全委会的议题，由常委会讨论确定。

（四）全委会议事，必须充分发扬民主。决定重大事项，按少数服从多数的原则，以举手或无记名投票的方式进行表决，以超过应到会委员人数的半数同意为通过。

（五）全委会由党委办公室指定专人记录，会后形成会议决议等有关书面材料存档。

第十三条 常委会议事规则：

（一）常委会必须有超过半数的常委到会方能召开。常委会一般由党委书记召集和主持。党委书记不能履行职责的，可书面委托党委副书记召集和主持。

讨论重要人事任免等重大问题时，必须有三分之二的应参会人员出席。

（二）常委会与会人员分为出席人员、列席人员和回避人员。党委常委为出席人员，出席人员具有发言权和表决权。党委办公室主任为列席人员，主持人认为必要时，可通知其他有关人员列席，列席人员有发言权，无表决权。主持人根据会议议案确定应回避与会人员。

（三）常委会议案

1.会议议程由党委书记（主持人）确定，党委秘书提前通知与会人员。

2. 会议议案由党委书记直接提出或由党委办公室和其他党委委员提出报党委书记同意列为议案。

3. 会议议案必须是常委会审议范围内的事项。

4. 有关单位和人员应事前认真组织调研，充分与决策事项涉及单位或人员沟通、协商，经过充分论证评估后，形成议案报党委办公室。涉及重要人事任免事项的，要严格按照《党政领导干部选拔任用工作条例》的规定与程序进行。

5. 正式议案应提前以书面形式递交党委办公室，并附必要的说明材料。党委办公室负责议案材料的审核。

6. 常委会议讨论的书面材料，由党委办公室提前安排常委审阅。

7. 需经党委常委讨论做出决议、决定的事项，党委办公室应提前拟出决议、决定草案。

8. 党委书记（主持人）认为会议议案内容不明确、不具体或有关材料不充分的，可要求提案人进行补充或修订。

（四）常委会决议

1. 常委会召开时，首先由党委书记（主持人）宣布会议议案，并根据会议议案主持议事，常委会对审议事项应逐项表决。

2. 一般不得审议临时议案，如遇特别紧急情况，经党委书记（主持人）同意，可在会议上提出临时议案，会后应补充书面议案。

3. 议事时因故离开，需经党委书记（主持人）同意，否则视同放弃本次议事权利。

4. 党委书记（主持人）在审议某项议案时，可以临时召集与会议议案有关的其他人员到会汇报有关情况或听取有关意见，该议案表决结束后临时被召集人应退席。

5. 常委会要保障出席人员独立发表意见的权利，并允许其保留个人的不同意见，并完整记录。

6. 常委会在议案审议表决过程中，若存在严重分歧意见，或者因议案相关材料不充分等事由导致无法对有关事项做出决断时，主持人应当要求会议对该议案进行暂缓表决，在进一步调查研究或充分酝酿后再议。

7. 常委会决议由出席人员集体表决，表决分同意、反对和弃权。出席人员必须从上述意见中选择其一，不做选择或选择两个以上意见的，视同弃权。中途离开会场不回而未做选择的，视同弃权。

8. 常委会作出决议，必须经过应到会人数过半数同意方可通过。

9. 出席会议人员有权要求在会议纪要中对其在会议上发言和意见做出说明性记载。

（五）常委会会议记录、纪要

1. 党委秘书负责做好常委会的记录和纪要，一般不得随便更换或临时指定。

（1）会议记录结构必须要件齐全。会议记录一般应包括标题、会议组织情况（开会时间、地点、主持人、出席人员、请假人员、列席人员、记录人）、会议内容（会议议题、主持人讲话内容、汇报人姓名及汇报内容、与会人员讨论情况、会议决议）等。列席人员应写清楚姓名、单位，请假人员还应注明原因。

（2）会议记录内容必须真实准确完整。对会议讨论发言、讨论过程、形成的决议以及形成决议的表决情况等，必须详细、真实、完整地记录，必须载明发言者是否同意的明确态度及理由等表述，对干部选拔任用工作等有专门工作要求的，应严格执行。

（3）会议记录载体和人员管理必须规范严格。各类会议记录应使用专用的会议记录本，不得混用共用。负责会议记录的人员要求思想政治素质好，组织纪律性强，要自觉履行职责，遵守保密纪律，并对会议记录的真实和完整负责。

2.会后5个工作日内形成会议纪要，由会议主持人审定后印发。发布范围以外的人员未经过党委书记同意，不得查阅会议纪要、记录。

（1）会议纪要格式应规范完整。应包括会议名称、时间、地点、主持人、出席人员、请假人员及理由、列席人员、议题和主要议定事项、印发范围、印制份数、单位和时间等。

（2）会议纪要内容应准确精练。会议纪要应以会议记录为基础，如实反映会议内容，不能离开会议实际搞再创作；同时应围绕会议主旨及主要成果来整理、提炼和概括，重点应清楚明确反映会议成果，而不是叙述会议过程，要从会议的客观实际出发，从会议的具体内容出发，抓住会议中心思想、中心问题、中心工作和主要内容进行条理化的纪要。

3.加强会议记录、纪要的保管和归档工作。

（1）加强会议记录、纪要的保管工作。会议记录、纪要是重要会议资料，必须妥善管理，任何人不得随便涂改、增删，更不能随意销毁。原始资料应由专人妥善保管，查阅会议原始记录，须按有关规定报领导批准，会议原始记录一般不得复制；会议纪要应按照指定的范围进行分发；涉及保密和敏感信息的应按有关规定执行。

（2）做好会议记录、纪要的归档工作。会议记录、纪要等各类会议相关资料是重要文字档案，应在会议结束后归类整理，并按照档案管理的有关规定及时归档，为后期查考和史料整理做好基础性工作。纸质文档保存期限10年，电子文档永久保存。

4.常委会决议违反法律、法规或有关规定，致使单位遭受损失的，参与决议的人员应承担责任，但经证明在表决时曾标明异议并记载于会议纪要的，该人员可以免除责任。

5.出席及列席会议人员，不得泄露在会议上获得的需要保密的信息。

6.常委会决议实施过程中，党委办公室主任负责决议实施情况的跟踪检查，在检查过程中发现有违反决议的事项时，向党委书记报告，由党委书记予以纠正。

第五章　附　则

第十四条　本规则由党委办公室负责解释。

第十五条　本规则自发布之日起施行。

（起草人：韦号　发布时间：2019 年 11 月）

中国气象局公共气象服务中心行政议事规则

（公气发〔2019〕74号）

第一章　总　则

第一条　为进一步加强中国气象局公共气象服务中心（以下简称中心）行政会议的管理，提高中心议事决策的质量和效率，促进中心办会工作制度化、程序化、规范化，依据《中国气象局办公室关于进一步加强会议管理工作的通知》（气办函〔2017〕38号）、《公共气象服务中心关于贯彻落实中央八项规定实施细则精神的具体措施》（公气发〔2018〕63号）等，制定本规则。

第二条　本规则中涉及的行政议事会议主要包括中心工作会议、中心工作研讨会议、中心主任办公会议、中心周例会四类。

第三条　中心办公室是中心行政议事会议的归口管理部门，设置专人负责中心行政议事工作的协调组织和相关文件材料管理。

第二章　中心工作会议

第四条　中心工作会议由中心主任负责召集和主持，由办公室承办，每年年初组织召开。

第五条　议事范围包括：

（一）全面总结上一年度中心各项工作成绩；

（二）安排部署本年度工作计划和重点任务。

第六条　会议组成人员包括中心全体干部职工。

第七条　办公室负责制定中心工作会议预案，明确会议时间、地点、与会人员、议程等，经中心领导审定后，邀请、通知与会人员。

第八条 中心年度工作报告由办公室牵头、职能处室参与、业务部门配合编写，初稿报中心领导审定后，形成正式会议材料。

第九条 会后 15 个工作日内，办公室会同职能处室，以会议记录为基础，修改完善中心工作报告，梳理形成中心各处室年度工作任务清单，报中心领导审定后，分发至中心各处室。

第十条 各处室应按照会议的任务清单安排本年度重点工作任务。执行中如有问题，应及时向中心领导报告。办公室根据任务清单进行督办检查。

第三章 中心工作研讨会

第十一条 中心工作研讨会由中心主任负责召集和主持，由相关职能处室承办。

第十二条 中心工作研讨会旨在通过对中心改革发展过程中遇到的问题和特定的课题进行研究探讨，从而统一思想、形成共识，推进工作落实。

第十三条 会议组成人员包括待研讨事项有关的中心领导、处室负责人、首席总师及其他相关人员。

第四章 中心主任办公会议

第十四条 中心主任办公会议由中心主任或副主任召集并主持，由相关职能处室承办。

第十五条 议事范围包括：

（一）传达有关文件精神，通报有关情况；

（二）审定中心有关规章制度；

（三）审定中心业务建设、科技创新、知识产权管理、经费支出等有关事项；

（四）其他必须提交主任办公会讨论决定的事项。

第十六条 会议组成人员包括与会议所议事项相关的中心领导、职能和业务处室的负责人。其他有关人员可列席会议。

第十七条 会议承办处室应提前将会议预案报分管领导审定，正式形成讨论议题，确定与会人员。

第十八条 议题的草拟应严肃认真、材料完备，议题内容的表述和审核由会议承办处室负责人把关；需会议协调的事项，会议承办处室应列出需协调各方的意见和理据，并提出倾向性意见。

第十九条 会议承办处室商办公室协调确定会议时间后，应提前 3 天邮件通知与会人员，并分送会议材料。

第二十条 会议承办处室应会后5个工作日内形成会议纪要，由会议主持人签发，并按照指定的范围进行分发，纸质原件交办公室存档。

第五章 中心周例会

第二十一条 中心周例会由中心主任召集并主持，或由中心主任委托副主任主持，由办公室承办，每周一上午9:00召开，如遇特殊情况可另行安排。

第二十二条 议事范围包括：

（一）学习传达近期有关文件、会议精神；

（二）通报近期重要事项、重要情况；

（三）报告上周工作进展和本周工作安排；

（四）交流协调重要工作事项和存在的问题；

（五）统筹安排和部署近期工作要点。

第二十三条 会议组成人员包括中心领导、职能处室处级干部、业务处室主要负责人。

第二十四条 会前各单位形成汇报提纲（见附件1）发送至办公室。

第二十五条 会后由办公室形成《公共气象服务中心例会要点》，发至与会人员。

第六章 会议的记录和纪要的管理

第二十六条 各类会议承办单位应做好会议的记录。使用专用的会议记录本，不得混用共用，记录的结构要件齐全、内容真实准确完整。记录本由办公室负责保管。

（一）负责会议记录的人员要求思想政治素质好，组织纪律性强，要自觉履行职责，遵守保密纪律，并对会议记录的真实和完整负责。记录人员应保持连续性，会议承办处室应指定专人负责，一般不得随便更换或临时指定。

（二）会议记录格式一般应包括：标题、会议组织情况（开会时间、地点、主持人、出席人员、请假人员及原因、列席人员、记录人）、会议内容（会议议题、主持人讲话内容、汇报人姓名及汇报内容、与会人员讨论情况、会议决议）等（见附件2）。

（三）会议记录内容必须实事求是、真实准确地反映会议研究讨论的内容和过程，忠实记录发言者的原意，客观地记载会议情况。文字表述要层次清楚、语句通顺、字迹工整。对于发言者的表述应尽可能完整地记录原话、对于议题的明确态度和理由，对没有听清楚或发言者表达不清楚的，不能主观推断，应进行认真核实。

第二十七条 会议纪要格式应规范完整，内容应准确精练，印发时不得有涂改痕迹。

（一）会议纪要格式应包括会议名称、文号、时间、地点、主持人、出席人员、请假人员及理由、列席人员、议题和主要议定事项、印发范围、印制份数、单位和时间等（见附件3）。

（二）会议纪要内容应准确精练。以会议记录为基础，围绕会议中心思想、中心问题、中心工作和主要内容进行条理化的整理、提炼和概括，明确反映会议成果。

第二十八条 办公室安排专人负责中心行政议事会议记录、纪要的管理。

（一）会议记录、会议纪要应统一妥善保管，任何人不得随便涂改、增删，更不能随意销毁。

（二）会议记录、纪要应在会后10个工作日内完成归类整理，并按照档案管理的有关规定及时归档。

（三）须对会议原始记录进行查阅时，应经有关领导批准，并登记，一般不得复制。

（四）会议纪要应按照指定的范围进行分发；涉及保密和敏感信息的应按有关规定执行。

第七章 附 则

第二十九条 本规则由办公室负责解释。

第三十条 本规则自发布之日起施行。

（起草人：韩笑 发布时间：2019年11月）

附件（略）

中共中国气象局公共气象服务中心纪律检查委员会工作规则

（公气党发〔2019〕14号）

第一章 总 则

第一条 为加强和规范中国气象局公共气象服务中心（以下简称中心）党的纪律检查工作，严格执行和维护党的纪律，根据《中国共产党章程》《中国共产党党内监督条例》《中国共产党纪律检查机关监督执纪工作规则》《中国共产党中国气象局直属机关纪律检查委员会工作规则（试行）》（气党纪发〔2019〕26号）等规定，结合实际，制定本规则。

第二条 中心党的纪律检查工作以《中国共产党章程》为根本遵循，坚持以习近平新时代中国特色社会主义思想为指导，不忘初心、牢记使命，增强“四个意识”，坚定“四个自信”，坚决做到“两个维护”，忠实履行党章赋予的职责，以党的政治建设为统领，按照中央全面从严治党要求，深入推进公共气象服务中心党风廉政工作和反腐败工作，为中心健康稳定发展提供坚强保证。

第三条 中心纪委贯彻落实中国气象局党组和中心党委的决策部署，在中心党委和中国气象局直属机关纪委双重领导下，开展中心党的纪律检查工作，指导和监督检查各支部开展纪检工作。

第四条 工作原则

（一）中心纪委实行纪检监察工作双重领导体制。监督执纪工作以上级纪检机关领导为主，将线索处置、立案审查、给予党纪政务处分等重要事项向中心党委报告的同时应当向上级纪检机关报告。工作中主动接受中国气象局直属机关纪委和驻部纪检监察组的指导。确保在中心党委和机关纪委的双重领导下正确履行好工作职责。

（二）中心纪委实行民主集中制。线索处置、谈话函询、初步核实、立案审查、案件审理、处置执行等纪律检查工作中的重要事项，应当由中心纪委会集体研究后，按程序报相关负责人审批。

（三）坚持信任不能代替监督，执纪者必先守纪，以更高的标准、更严的要求约束自己，严格工作程序，有效管控风险，强化对监督执纪工作各环节的监督制约。

第二章　组织机构

第五条　中心纪委由中心全体党员大会选举产生，向党员大会负责并报告工作，每届任期与中心党委相同。委员会一般由五到七人组成，纪委书记一般由专职党委副书记兼任。选举产生的委员会书记、委员经中心党委研究同意后报上级领导机关审查批准备案。纪委办事机构与党委办公室合署办公。

第六条　设支部委员会的中心各党支部设纪律检查委员（以下简称纪检委员），纪检委员任期同支委任期相同，出现空缺时应及时调整或补选。

第七条　中心纪委应当严格干部准入制度，严把政治安全关。纪检干部必须忠诚坚定、担当尽责、遵纪守法、清正廉洁，具备履行职责的基本条件。

第三章　职责任务

第八条　中心纪委协助中心党委推进全面从严治党工作，认真履行监督执纪问责的职责，深化运用监督执纪“四种形态”，始终把纪律和规矩挺在前面，建立中心良好政治生态。

中心纪委实行集体领导下的书记分工负责制。中心纪委书记领导机关纪委的全面工作，负责召集和主持纪委会议、组织机关纪委活动，签发中心纪委文件。党委办公室负责公服中心纪委日常工作，在书记领导下部署落实纪委各项工作任务。中心纪委承担以下职责任务：

（一）协助中心党委落实从严治党主体责任；对党员进行党风廉政警示教育；履行监督执纪问责责任，向上级纪检机关和中心党委报告党内监督情况，提出建议；依职权组织起草有关制度、规定，作出关于维护党纪的决定。

（二）维护党的政治纪律和政治规矩，对中心党委特别是党委常委、各党支部、领导干部履行职责和行使权力的情况进行监督；受理和审查中心党委管理的各党支部和党员的违纪问题。

（三）对党委选拔任用干部的党风廉洁情况进行把关，综合日常工作中掌握的情况，实事求是评价干部廉洁情况，防止“带病提拔”“带病上岗”。

（四）指导党支部纪检工作，组织对党支部纪检干部进行政治、业务培训。

（五）承办上级纪检机关、中心党委交办的其他工作事项。

第九条 中心纪委委员承担以下职责任务：

（一）维护党的政治纪律和政治规矩，自觉遵守、维护党章和其他党内法规，认真贯彻中央和上级纪检机关以及中心党委的文件和会议精神，带头落实中心党委及纪委决议和决定。

（二）参加纪委会议，研究重要工作，制定规章制度，对党员违纪问题提出处理意见，对纪委工作计划、总结和其他各项工作提出意见和建议。

（三）协助、指导、监督和检查所联系党支部抓好党风廉政建设和反腐败工作。

（四）了解中心广大党员干部特别是本人联系党支部的党风廉政建设情况及党员干部廉政情况，收集群众意见和建议，及时向纪委会或纪委书记汇报。

（五）带头加强学习，发挥学习党章党规的引领示范作用，自觉提升履职能力。

（六）承办中心纪委、中心党委交办的其他工作。

第十条 各党支部纪检委员在中心纪委的指导下承担以下职责任务：

（一）协助所在党支部书记贯彻落实中心党委关于加强党风廉政建设和反腐败工作的决策部署，提出开展本支部党风廉政学习教育的意见建议，并负责组织实施。

（二）对所在党支部党员进行纪律监督，检查党员遵守党纪的情况，发现有违纪苗头及时进行提醒，发现重大问题及时向中心纪委报告。

（三）协助所在处级单位做好党内监督工作，加强对所在单位执行中心党委决策部署情况的监督检查，加强对所在单位党员干部特别是领导班子及其成员遵守纪律、改进作风、行使权力、廉洁从政情况的监督。

（四）承办中心纪委、所在单位党组织交办的其他工作。

第四章 纪律教育

第十一条 坚持预防为主、关口前移的方针，把党风党纪宣传教育纳入直属机关党的宣传教育总体部署，建立健全工作机制，坚持不懈地开展党风廉政宣传教育，提高广大党员干部的廉政意识，筑牢拒腐防变的思想道德防线。

第十二条 把严明政治纪律和政治规矩摆在第一位，以处级以上党员领导干部为重点，加强党的基本理论、基本路线、基本纲领和基本经验教育，加强理想信念和世界观、人生观、价值观教育，加强党的优良传统和作风教育，加强党章党规党纪、国家法律法规教育，加强党的反腐败斗争方针政策和形势任务教育。

第十三条 改进和拓宽宣传教育方法，结合党员干部的思想和工作实际，强化专题辅导、专题党课、专题纪律教育、经常性警示性教育等专题教育，开展典型示范教育、警示教育、反腐倡廉主题教育等多种形式的教育活动，建立健全警示教育长效机制。发挥党组（党委）理论学习中心组带头示范引领作用、发挥各级党组织教育主阵地作用、发挥个人自学的主观能动性。

第十四条 推进中心廉政文化建设，开展丰富多彩的廉政文化创建活动，充分发挥廉政文化的舆论导向、渗透覆盖和监督制约作用，营造良好的机关廉政文化氛围。

第四章 日常监督

第十五条 中心纪委是中心党内监督的专责机构，负责对中心党委、各党支部、党员领导干部和全体党员遵守党章党规党纪、贯彻执行党的路线方针政策情况的监督检查。

第十六条 监督事项

（一）遵守、执行党章党规党纪和宪法法律法规，坚定“四个自信”，践行党的宗旨等情况。

（二）树立“四个意识”，坚定“四个自信”，做到“两个维护”，贯彻落实党的理论和路线方针政策情况，贯彻落实习近平总书记重要指示精神和党中央、国务院重大决策部署情况。

（三）完成中心党委、中国气象局党组和上级纪检监察机关安排部署的工作任务情况。

（四）落实全面从严治党责任，严明党的纪律，特别是政治纪律和政治规矩，推进党风廉政建设和反腐败工作情况；落实从严治党责任清单情况。

（五）坚持民主集中制，严肃党内政治生活，做到“四个服从”情况。

（六）落实中央八项规定精神，加强作风建设，密切联系群众，巩固党的执政基础情况。将反对形式主义、官僚主义作为日常监督和执纪审查的重点。聚焦违规使用公车、超标准出行、超标准公务接待、“飞行”调研、党员干部违规参与宗教活动等问题开展专项整治。

（七）坚持党的干部标准，树立正确选人用人导向，执行干部选拔任用工作规定情况。

（八）依法履职、秉公用权、廉洁从政从业以及恪守社会道德规范等情况。

第十七条 监督方式

（一）建立纪委委员联系党支部机制，通过询问、质询、专项督查检查、工作调研等方式发挥监督作用。

（二）采取约谈、座谈等方式，听取各党支部履行全面从严治党主体责任等情况。

（三）实行谈话提醒制度，发现党员干部有思想、作风、纪律等方面苗头性、倾向性问题的，及时进行提醒谈话；发现轻微违纪问题的进行诫勉谈话。

（四）建立警示教育制度，对新提拔干部集中开展警示教育。

（五）通过述责述廉、责任考核等方式，督促落实党风廉政建设责任，抓好任务分解和责任追究。

（六）按照有关规定，纪委书记、纪委委员列席有关会议，参与重大活动，听取重要情况通报，提出重要决策征询意见。

第五章 执纪问责

第十八条 中心纪委负责中心处级及以下党员违反党章和其他党内法规，违反党的路线、方针、政策和决议，利用职权谋取私利和其他败坏党风行为的检举、控告。有关党员权利保障方面的检举、控告。其他涉及党纪、党风的问题。

第十九条 纪律审查程序

（一）受理。中心纪委负责受理职责范围内党员违反党纪的问题线索，按照谈话函询、初步核实、暂存待查、予以了结四类方式提出处置意见。

（二）谈话函询。中心纪委办事机构拟订谈话函询方案和相关工作预案，经纪委书记同意后实施。

（三）初步核实。需要初步核实的，中心纪委成立核查组依规依纪开展核查，形成初核情况报告。

（四）立案审查。经过初步核实，对存在严重违纪需要追究党纪责任的，中心纪委应形成立案审查呈批报告，经中心纪委全体委员会议讨论决定，予以立案，成立审查组依规依纪开展审查，形成审查报告。

（五）审理。对涉嫌违纪的要严格依规依纪审核把关，提出纪律处理或者处分的意见，做到事实清楚、证据确凿、定性准确、处理恰当、手续完备、程序合规。坚持审查与审理相分离的原则，审查人员不得参与审理。

中心纪委对立案审查案件进行审核处理，成立审理组依规依纪进行审理，形成审理报告，提请中心纪委会审议。

（六）报批。中心纪委依据审查和审理结果，形成对违纪党员纪律处理或者处分的建议，报请中心党委审议决定。

第二十条 党纪处分程序

（一）对违纪党员的党纪处分，须经党支部大会讨论做出处分决定，并由本人签署意见。党支部做出的处分决定，须经应到会党员半数以上通过为有效。

（二）支部做出的处理决定上报到中心纪委，经中心纪委会审核后报中心党委审批，并报上级纪检机关备案。

（三）中心纪委在接到中心党委对违纪党员党纪处分的批复后，制作处分决定书，在30日内送达受处分本人，并在其所在党支部或一定范围内宣布，支部在6个月内将执行情况报送中心纪委。

特殊情况下，按照中央纪委的有关规定，可由上级党组织直接做出处分决定。

因特殊情况无法按时宣布和送达处分决定的，应按照规定说明原因。

（四）党纪处分工作完成后，中心纪委应及时将处分决定、违纪事实调查报告、上级批复、本人检讨及本人对处分决定的意见抄送人事部门，归入本人档案。

第六章　受理检举、控告和申诉

第二十一条　中心纪委受理检举、控告和申诉的范围

（一）对中心处级及以下党员违反党章党规党纪，违反党的路线、方针、政策和决议，以及其他败坏党风行为的检举、控告。

（二）中心处级及以下党员对所受党纪处分、审查结论或其他处理不服的申诉。

（三）有关党员权利保障方面的检举、控告和申诉。

（四）其他涉及党纪、党风的问题。

第二十二条　处理检举、控告的程序和基本方法

（一）按职责分工和管理权限，反映司局级党员干部违反党纪行为的检举、控告，报上级纪检机关移交中央纪委驻农业部纪检组；反映处级及以下党员违反党纪行为的检举、控告，中心纪委依职权受理。

（二）对署名检举、控告的问题做出处理后，中心纪委应将调查情况和处理结果告知检举、控告人，听取其意见；对匿名检举的问题，必要时可在适当范围内公布调查处理结果。

（三）对上级纪检机关交办的问题线索，中心纪委应在上级要求的时限内将核查结果和处理情况向交办机关报告。逾期未能上报的，要说明情况。

第二十三条　处理申诉的程序和基本方法

（一）处级以下党员对给予本人的处分、审查结论或者其他处理不服的申诉，由中心纪委处理。

（二）处级党员对给予本人的处分、审查结论或者其他处理不服的申诉，由批准处分或做出审查结论、其他处理决定的上一级纪检机关处理。

（三）对申诉的问题经过复议复查，认为原结论或处理决定是正确的，应做出维持原结论或处理的决定，并结案；需要改变原结论或处理决定的，应做出新的处理决定，处级党员的处理须经原批准的机关批准执行。复议复查结论，必须同申诉人见面，听取意见。复议复查的结论和决定，应送达申诉人。

（四）申诉人对复议复查结论仍不服的，应将申诉人的意见及复议复查的结论和有关材料，报上级领导机关审查决定。对于无正当理由反复申诉的，有关党支部应当正式通知本人不再受理，并在一定范围内宣布。

第二十四条　对有反动内容的信件，按有关规定转交公安部门处理。

第七章 工作制度

第二十五条 会议制度

（一）中心纪委工作会。由纪委书记根据工作需要召集主持，全体委员参加。会议主要任务是：传达贯彻中央纪委、上级领导部门有关重要会议、重要文件和重要指示精神；审议中心纪委工作报告和年度工作计划，提出改进工作的意见建议；审议违纪党员的纪律审查事项；通报纪检工作情况；审议需由中心纪委集体研究决定的其他重要事项。

（二）中心纪委扩大会议。由纪委书记召集主持，全体纪委委员、党支部纪检委员参加。会议主要任务是：学习党规党纪和党中央、中央纪委关于纪检工作的重要会议、重要文件、重要讲话精神；传达中国气象局党组重大决策部署和上级纪检机关重要指示精神；结合日常工作实际学习研讨监督执纪问责的新知识、新技能、新方法，掌握新形势下对监督执纪问责工作的新要求，把握监督执纪问责的新规律；通报中心纪委全体委员会议决定的有关事项；通报、检查近期中心纪委工作情况；研究和处理日常工作中需要解决的问题，提高监督执纪问责的工作能力和水平。

第二十六条 办文制度

（一）中心纪委工作报告和上报下发的重要文件，经纪委全体委员会议讨论通过，由纪委书记签发。

（二）中心纪委在中心内网或局域网发布的重要信息稿件，由纪委书记签发。

（三）中心纪委批复的处级以下党员违纪处分决定，由纪委书记签发。

第二十七条 报告制度

（一）中心纪委任期届满，向公共气象服务中心党员大会报告工作。

（二）纪委书记每年按照要求向中国气象局党组主要负责同志和分管党风廉政建设工作的党组成员以及联系局领导至少汇报一次工作，对党风廉政重大事项直接向中国气象局党组请示报告。

（三）监督执纪中的重大问题和处理结果，及时向中国气象局党组报告，按照上级纪检部门的要求报告有关情况。

第八章 工作纪律

第二十八条 中心纪委加强干部队伍建设，纪检干部要对党绝对忠诚，在大是大非面前清醒坚定、旗帜鲜明；牢固树立党章党规党纪意识，带头落实中央八项规定实施细则精神，严格执行领导干部廉洁从政各项规定，自觉接受监督，做守纪律、讲规矩的模范；认真学习法律法规和纪律检查业务知识，提高履职能力；坚持原则，秉公执纪，敢于担当，勇于负责，坚决同一切违纪违法行为和不正之风作斗争。

第二十九条 中心纪委严格依照《中国共产党党内监督条例》，强化自我监督，健全内控机制，并自觉接受监督，确保权力受到严格约束，履行监督执纪工作的领导责任，严格教育、管理、监督，切实履行自身建设主体责任。

第三十条 严格执行回避制度。审查审理人员属于应回避人员的，不得参与相关审查审理工作，应当主动申请回避，被审查人、检举人及其他有关人员也有权要求其回避。

第三十一条 因工作需要借调纪检干部的，一般应从中心专职党务、人事干部或党支部委员中抽选，实行一事一借，不得连续多次借调。

第三十二条 对纪检干部越权接触相关人员，私存线索、跑风漏气、违反保密规定，接受请托、干预审查、办人情案，以违规违法方式收集证据，接受宴请和财物等违纪行为，依照《中国共产党纪律处分条例》严肃处理。

第三十三条 开展“一案双查”，对审查结束后发现立案依据不充分或者失实，案件处置出现重大失误，纪检干部严重违纪的，既追究直接责任，还应当严肃追究有关领导人员责任。

第九章　附　则

第三十四条 本规则由中心纪委负责解释。

第三十五条 本规则自发布之日起施行。

（起草人：赵红艳　发布时间：2019 年 9 月）

中国气象局公共气象服务中心科学技术委员会章程

（公气发〔2020〕73号）

第一条 中国气象局公共气象服务中心（以下简称中心）科学技术委员会（以下简称科技委）是在中心党委领导下的气象服务科学技术事项的咨询和审议机构，为中心业务科技发展及相关重要决策提供技术咨询和智力保障。

第二条 科技委的任务

（一）对中心各项工作中涉及的气象服务科技发展的重大问题进行咨询、评议，特别是对中心气象业务发展、气象现代化和信息化工作中涉及气象服务科学技术的重要问题、政策措施、发展规划等进行咨询和审议，并向有关部门提出建议。

（二）对中心申报的国家重点研发计划项目、国家自然科学基金项目、国家科技计划项目、中国气象局部门内重大科研和建设项目以及中心自设的创新基金和业务专项项目发挥咨询和审议作用；对在建、在研项目中遇到的重大技术问题发挥咨询引导作用，对重大科技成果的业务转化等进行评估并提出建议。

（三）审议、推荐中心申报国家科学技术奖励项目以及其他社会科技奖励项目，评审中心科技奖励项目以及其他需提交科技委审议的奖项。

（四）审议中心重要科学技术报告。

（五）其他科技咨询工作。

第三条 科技委的组成

（一）科技委由主任委员、副主任委员和委员组成。

（二）科技委的组成一般应涵盖中心各项业务涉及的主要科技领域，充分体现科技、业务、管理三方面的代表性，有利于促进科技与业务的结合。其中，中青年专家应占一定比例。

（三）中心科技委委员每届任期四年，可以连任。

（四）科技委下设办公室，由中心业务科技处承担相关工作，科技委办公室主任由业务科技处负责人兼任。

第四条 科技委的产生

（一）科技委主任委员由中心主任担任。

（二）科技委委员建议名单由科技委办公室提出，报中心审定、聘任。根据中心事业发展需要及委员的实际情况，在届中可以进行人员适当调整，由科技委办公室提出调整建议名单，征求科技委正、副主任委员的意见后，报中心批准、聘任或解聘。

第五条 科技委成员的职责

（一）科技委正、副主任委员的职责

1. 主持科技委的各项咨询、审议活动。

2. 根据情况决定聘请行业内外专家参加有关重大问题的咨询和审议等。

（二）科技委委员的职责

1. 参加中心重要科技项目及重大业务建设项目立项的咨询、审议活动。

2. 参加中心申报有关科技评奖项目的评审和推荐。

3. 对在建、在研项目中遇到的重大技术问题发挥咨询引导作用，对重大科技成果的业务转化等进行评估咨询。

4. 经常研究国内外气象服务科技的发展动向，并结合中心的实际情况积极提出建议。

5. 完成科技委交办的其他科技咨询工作。

第六条 科技委委员的权利和义务

（一）坚决拥护中国共产党的领导，增强“四个意识”，坚定“四个自信”，做到“两个维护”，全面了解党和国家有关科技等方面的方针政策，全面理解和领会中国气象局有关科技政策规定，有严谨的科学态度，具有较高专业技术水平，并在本专业有一定知名度和代表性，作风正派，秉公办事，敢于负责。

（二）严格遵守工作纪律，依照有关气象科技保密规定的要求，保守国家秘密。有关评审会议的情况和评审结果不得擅自向外泄露。如违反工作纪律，将视情节轻重，给予批评直至取消科技委委员资格。

（三）科技委委员可获得中心为其开展相关活动而提供的支持。

（四）履行科技委委员职责，积极参与科技委组织的各项活动，完成科技委交办的各项任务。

第七条 科技委会议

（一）科技委全体会议由科技委主任委员、常务副主任委员、科技委办公室主任提议召开，由主任委员主持（主任委员不能到会则由主任委员委托副主任委员主持）召开，出席会议的委员人数须达到应到会人数的三分之二以上（不含三分之二）。中心科技委办公室人员列席。

（二）科技委实行民主集中制。决议事项须超过出席人数的三分之二以上（含通信投票）表决通过，形成的决议方为有效。

（三）经正、副主任委员同意，根据需要可以聘请有关专家列席科技委全体会议，完成临时性工作任务，列席会议人员无权表决。

（四）除会议外，中心科技委可视工作需要，采用书面通信方式征求委员的意见和建议。

（五）委员在咨询、审议、论证等过程中，应客观公正，遵纪守法，并按有关要求做好保密工作。

（六）科技委各类会议的决议、决定等，以会议纪要的方式经主任委员审核签字后生效，在中心科技委办公室备案。

（七）如对科技委作出的决定有异议，须在异议期（一般为一周）内经半数以上委员同意召开全体会议复议。经复议通过的决定不再复议。

第八条 中心各有关单位应对科技委的活动给予积极支持，有义务就科技委审议的问题提供情况、资料和报告。

第九条 科技委委员必须履行职责，按时参加科技委会议，紧急情况临时不能参加者须向主任委员请假。

第十条 科技委的工作经费，由中心纳入正常年度预算，专项解决。

第十一条 本章程由业务科技处负责解释，自公布之日起施行。

（起草人：吕宸、陈辉、乔亚茹、裴顺强、范晓青　发布时间：2020 年 6 月）

中国气象局公共气象服务中心职工代表大会工作规则

（公气工发〔2020〕3 号）

第一章　总　则

第一条　为更好地坚持中国特色社会主义工会发展道路，加强和完善中国气象局公共气象服务中心（以下简称中心）的民主管理制度，保障职工的民主权利，充分发挥职工参与中心工作的积极性和创造性，促进公共气象服务事业的发展，根据《劳动法》《工会法》等法律法规，结合中心具体情况，制定本规则。

第二条　职工代表大会制度（以下简称职代会）是实行民主管理的基本形式，是职工行使民主权利的有效渠道。

第三条　职代会正确处理国家、单位和职工三者利益之间的关系，接受中心党委的思想政治领导，支持中心行政领导依法行使管理决策，依照法律规定行使职权。

第四条　职代会动员和教育职工以主人翁的态度参与中心工作，遵守中心的各项规章制度，积极主动发挥作用。

第五条　职代会实行民主集中制原则。

第二章　职　权

第六条　职代会行使下列职权：

（一）审议涉及中心发展和改革的重要议案，并提出意见和建议；

（二）审议涉及职工奖惩、福利等职工关心的重要事项，并提出意见和建议；

（三）其他法律或行政法规规定的须经职工代表大会讨论、审议或决定的事项。

第七条 职代会根据需要可以请非职代会代表的中心领导和有关负责人作为列席代表参加会议，可以请离退休职工作为特邀代表参加会议。列席代表和特邀代表在职代会上可以发表意见和提出建议。

第三章 职工代表

第八条 按法律规定享有政治权利的中心在职职工均可当选为职工代表。职工代表应具备以下条件：

（一）拥护和贯彻执行党的路线、方针、政策，在思想上、行动上与党中央保持一致；

（二）有较强的政策水平和参政议政能力，并能热心公益活动；

（三）密切联系群众，办事公道，作风正派，不谋私利，受到群众信任和拥护；

（四）有较强的大局观念，工作积极，认真负责，关心中心的改革和发展。

第九条 职工代表以各分工会为单位，由职工直接选举产生。选举时必须有三分之二以上的职工参加，获得本单位在职职工过半数同意票方可当选。职工代表总数一般可按在职职工总数的15% ~ 25%掌握。各单位的代表名额一般按该单位职工人数的多少确定。

第十条 职工代表应具有广泛的代表性。代表中应有业务技术人员、管理人员、科技服务人员、中心领导和其他职工。其中一线职工（科级、工程师以下）代表不低于职工代表总数的60%，青年和女职工应占适当比例。

第十一条 对选举产生的职工代表，由中心工会负责组织进行资格审查，对不符合规定的取消其代表资格。

第十二条 职工代表每届任期与工会会员代表大会一致，可连选连任。

第十三条 各分工会的职工有权监督或按规定程序撤换本单位的代表。代表调离本选举单位、退休或长期（半年以上）病休，代表资格自然终止，由选举单位补选同样数额的代表。

第十四条 职工代表的权利

（一）在职代会上有选举权、被选举权、表决权，有权向职代会提交提案；

（二）有权参加职代会及其工作机构组织的提案、调查和执行职代会决议情况的调查；

（三）因参加职代会组织的各项活动而占用工作时间，按正常出勤享受应有的待遇；

（四）因行使和维护职工正当权利而遭到压制、阻挠和打击报复，有权向有关部门申诉。

第十五条 职工代表的义务

（一）努力学习和遵守党和国家的法律法规、方针政策，不断提高政治觉悟、业务技术水平和参与管理的能力，做好本职工作；

（二）密切联系群众，代表职工的合法权益，了解并如实反映职工的意见和要求；

（三）认真执行职代会的决议，及时向所在处室职工传达职代会精神，完成职代会交给的工作任务；带头支持行政领导行使管理职权。

第四章　组织制度

第十六条　职工代表大会一般每年召开 1 ～ 2 次，必要时经中心主任、工会或三分之一以上职工代表提议，可临时召开。每次会议应保证有三分之二以上职工代表出席。

第十七条　职代会做出的决议或决定，必须经应到会的全体职工代表超过半数通过。

第十八条　职代会可根据工作需要设立若干专门工作小组，负责完成职代会交办的有关工作事项。专门工作小组对职代会负责。

第十九条　职代会要定期向全体职工代表报告工作，并接受全体职工代表的监督。

第五章　职代会与工会

第二十条　中心工会委员会是职代会的工作机构。工会委员会对职代会负责，承办下列工作：

（一）对职工进行宣传教育，引导职工增强主人翁责任感，努力提高政治素质和业务素质，积极参加民主管理，正确行使民主权利；

（二）组织职工选举职工代表；

（三）征集并提出职代会中心议题、议案和建议，负责职工代表大会的筹备工作和组织工作；

（四）主持职代会代表（团）组、专门工作小组负责人联席会议，负责职代会闭会期间的工作；

（五）向职工传达职代会的精神，落实职代会决议，检查督促职代会决议的执行情况；

（六）听取职工代表的意见，受理职工代表和职工的申诉和建议，维护职工的合法权益；

（七）组织中心民主管理的其他工作。

第六章　附　则

第二十一条　本规则由中心工会负责解释。

第二十二条　本规则自印发之日起实行。

（起草人：董安安　发布时间：2020 年 5 月）

中国气象局公共气象服务中心员工守则

（公气工发〔2020〕4号）

爱党爱国，服务人民，忠诚事业，致命遂志。

爱岗敬业，精益求精，勇于创新，自强不息。

遵纪守法，诚实守信，克己奉公，反身修德。

团结友善，见贤思齐，敬老爱幼，厚德载物。

（起草人：赵红艳　发布时间：2020年5月）

人　才　篇

人才篇旨在坚持落实“党管干部、党管人才”的原则，通过一系列积极开放、实行有效的人才工作制度，体现了中心党委以识才的慧眼、爱才的诚意、用才的胆识、容才的雅量、聚才的良方，努力造就一支忠诚、干净、担当的高素质干部队伍，聚集一支拥有前瞻思维和创新精神的高层次领军队伍，在基层队伍中发现、培养、选拔一支综合素质高、业务水平过硬的优秀年轻干部队伍。激励科技人才创新发展的若干措施，鼓励人才发展，强化人才激励，营造了人才创新发展的良好环境。首席总师管理制度，通过议薪制完善高层次人才分配激励机制，用六个方面的积分指标引导首席、总师形成引领创新、百花齐放的氛围。特殊引进人才管理办法提供的配套支持措施，助力精准引进急需紧缺高层次人才，充分发挥引才引智的作用。完善的职称评价机制，鼓励职工通过工作积累不断提升个人素质，夯实中心人才队伍基础。最终在中心范围内形成敢于担当作为、谋事创业的优秀领军人才担纲、一大批优秀年轻人才脱颖而出的新局面。

中国气象局公共气象服务中心干部选拔任用工作办法

（公气发〔2019〕84号）

第一章 总 则

第一条 为建设一支适应中国气象局公共气象服务中心（以下简称中心）事业发展高素质的干部队伍，根据《党政领导干部选拔任用工作条例》（以下简称《条例》）、《党委（党组）讨论决定干部任免事项守则》和《气象部门事业单位领导人员管理实施办法》等有关规定，结合中心的实际情况，制定本办法。

第二条 选拔任用领导干部，必须坚持下列原则：

（一）党管干部；

（二）德才兼备、以德为先，五湖四海、任人唯贤；

（三）事业为上、人岗相适、人事相宜；

（四）公道正派、注重实绩、群众公认；

（五）民主集中制；

（六）依法依规办事。

第三条 按照干部管理权限，中心各类处级干部（包括五级、六级职员非领导）和科级领导干部的选拔任用适用本办法。

第四条 处级干部由中心人事处组织开展具体遴选工作；科级领导干部由中心人事处指导并监督各部门组织开展具体遴选工作。

第五条 根据中心工作需要和干部队伍配备情况，不定期开展干部选拔任用工作。

第二章　选拔任用条件

第六条　选拔任用各类干部，应满足以下条件。

选拔任用处级领导干部、科级领导干部，除应当具备《条例》《气象部门事业单位领导人员管理实施办法》规定的基本条件外，还应符合下列资格：

（一）一般应当具有大学本科以上文化程度。

（二）处级领导干部，一般应当具有五年以上工作经历；科级领导干部，一般应当具有四年以上工作经历。

（三）从副职提任正职的，应当具有副职岗位两年以上任职经历；从下级正职提任上级副职的，应当具有下级正职岗位三年以上任职经历。

（四）具有正常履行职责的身体条件。

（五）符合有关党内规范、法律法规规定的其他任职资格要求。

选拔任用处级非领导干部的，参照上述条件和资格进行。

第七条　根据工作特殊需要，从专业技术岗位担任领导职务的，其任职资格除应当符合第六条第（一）、（二）、（四）、（五）款的规定，并且具有相应的专业技术职务任职经历和一定的管理工作经验外，还应当具备下列基本资格：

（一）提任正处级领导职务的，应当已担任正高级专业技术职务或两年以上副高级专业技术职务；

（二）提任副处级领导职务的，应当已担任副高级以上专业技术职务或五年以上中级专业技术职务；

（三）提任正科级领导职务的，应当已担任副高级以上专业技术职务或者三年以上中级专业技术职务；

（四）提任副科级领导职务的，应当已担任中级以上专业技术职务或者三年以上初级专业技术职务。

第八条　办法所规定的领导干部应当逐级提拔，特别优秀或者工作特殊需要的，可以适当放宽任职资格。对于放宽任职条件的，在讨论决定前，处级干部破格提拔的应当征求中国气象局人事司同意。

第三章　考核方式及程序

第九条　选拔任用处级和科级领导干部一般应采取民主推荐方式进行。

第十条　处级干部选拔程序。

（一）动议酝酿后，人事处拟定选拔任用方案，报中心党委常委会审定后，公布干部考核公告，进行民主推荐。

1. 民主推荐包括谈话调研推荐和会议推荐，先后顺序应根据工作需要，在选拔工作方案中明确。

2. 先进行谈话调研推荐的，可以提出会议推荐参考人选，参考人选应当差额提出。参加会议推荐人员范围与谈话调研推荐人员范围基本相同，且谈话调研推荐意见集中的，根据实际情况，可以不再进行会议推荐。

3. 统计推荐情况，综合分析，提出考察对象名单。

4. 报中心党委常委会研究，确定考察对象。

（二）考察程序：

1. 组建考察组制定考察方案；

2. 采用个别谈话、民主测评、实地走访等多种方式，了解考察对象生活圈、社交圈情况；

3. 同考察对象面谈，进一步了解其政治立场、思想品质、价值取向、见识见解、适应能力、性格特点、心理素质等方面情况，以及缺点和不足，鉴别印证有关问题，深化对考察对象的研判；

4. 向党委办公室（纪检监察处）征求考察对象的党风廉政情况，并由中心党委书记、纪委书记双签字确认；

5. 对考察对象的个人事项报告进行上报核实；

6. 对考察对象的干部档案进行审查核实；

7. 经核实不影响任用的，撰写干部选拔任用考察报告，并报中心党委常委会审批。

第十一条 科级领导干部选拔程序。

（一）确定考察对象人选。

1. 各处室根据工作需要和岗位现状，提出正科级领导干部岗位需求，经中心分管领导同意，并与人事处沟通一致制定选拔工作方案上报党委常委会审议后启动。各部门成立考察小组，在处室内发布干部考察公告。

2. 民主推荐过程参照处级干部进行，参会人员由有关处室与人事处协商确定（一般为处室领导、高级专业技术人员、科级领导干部，人数少的处室应全体人员参加）。

3. 根据推荐结果，并征求党支部意见后综合分析，经处室领导班子研究确定考察对象人选（可差额），形成工作报告并报人事处审核。

（二）民主测评与延伸谈话。人事处组成考察工作组并进行考察。

1. 召开有关处室民主测评会，参会人员由人事处与有关处室协商确定（一般为处室领导、高级专业技术人员、科级领导干部，人数少的处室应全体人员参加），考察对象做述职报告，进行民主测评。

2. 参照处级干部，进行延伸谈话、考察对象面谈、档案查核以及征求廉政意见等程序后，综合评价形成考察报告，上报党委常委会审批。

第十二条 处级干部选任严格执行条例有关规定，违反政治纪律和政治规定等七种情形不得列为考察对象；没有按照规定进行民主推荐考察等八种情况不得提交会议讨论决定干部任免事项。

第十三条 拟提任干部应进行公示。公示期一般为一周（不少于5个工作日）。公示无异议，处级干部由中心党委书记进行任前谈话、纪委书记进行廉政谈话，中心印发任职通知；科级领导干部由各处室负责人进行任前谈话、廉政谈话，人事处印发任命通知，必要时由中心纪委组织进行廉政谈话。

第四章 试用期

第十四条 提任领导干部实行任职试用期制度。试用期为一年。

第十五条 试用期满考核程序：

（一）下发考核公告，组建考察组，召开民主测评会，统计测评票；

（二）进行个别（延伸）谈话，撰写考察报告，报中心党委常委会审批。

第十六条 处级试用期满考核合格的，中心党委书记（或委托其他党委常委成员）与本人谈话；科级试用期满考核合格的，由所在支部书记（或委托部门其他负责同志）与其本人谈话。谈话后印发正式任职通知，其试用期计入任职时间。

不合格不胜任的，免去试任职务，一般按试任前职级安排工作。

经研究不宜马上正式任职的，原则上延长试用期，时间一般不超过半年（延长试用期只能有一次）。延长期满后，再进行考核，决定能否正式任职。

第五章 纪律和监督

第十七条 中心处级干部、科级领导干部实行任职回避制度。

任职回避的亲属关系为：夫妻关系、直系血亲关系、三代以内旁系血亲以及近姻亲关系。有上述亲属关系的处级干部，不得在同一单位担任有直接上下级领导关系的职务；若一方为中心领导班子成员，另一方不得从事人事、审计（监察）、财务、纪检等工作。有上述亲属关系的科级领导干部，不得在同一处室担任有直接上下级领导关系的职务，也不得在其中一方担任处级领导职务的单位从事人事、审计（监察）、财务、纪检等工作。

第十八条 中心处级干部、科级领导干部选拔任用工作实行回避制度。

中心党委常委、中心领导班子、处室领导班子及人事处讨论干部任免，涉及与会人员本人及其亲属的，本人必须回避。

干部考察组成员在干部考察工作中涉及其亲属的，本人必须回避。

第十九条 中心党委纪委、中心领导班子及党委办公室（纪检监察处）对干部选拔任用工作和贯彻执行本办法的情况进行监督检查，并自觉接受群众监督。

第六章 附 则

第二十条 中心各类人员参加处级领导干部、科级领导干部的选拔应遵守本办法。

第二十一条 本办法由人事处负责解释。

第二十二条 本办法自修订发布之日起施行。

（起草人：范静 发布时间：2019 年 12 月）

中共中国气象局公共气象服务中心党委管理的干部职务名称表

（公气党发〔2020〕18号）

一、公共气象服务中心处级机构干部职务名称表

中国气象局公共气象服务中心办公室主任、副主任

中国气象局公共气象服务中心业务科技处处长、副处长

中国气象局公共气象服务中心人事处处长、副处长（局事前备案）

中国气象局公共气象服务中心计划财务处处长、副处长

中国气象局公共气象服务中心资产监管处处长、副处长

中国气象局公共气象服务中心党委办公室（纪检监察处）主任、副主任

中国气象局公共气象服务中心服务产品室主任、副主任

中国气象局公共气象服务中心行业气象室主任、副主任

中国气象局公共气象服务中心气候生态评价中心主任、副主任

中国气象局公共气象服务中心预警运控室主任、副主任

中国气象局公共气象服务中心预警工程室主任、副主任

中国气象局公共气象服务中心风能太阳能中心主任、副主任

中国气象局公共气象服务中心气象服务研究所所长、副所长

中国气象局公共气象服务中心五级职员、六级职员

二、公共气象服务中心科级机构干部职务名称表

中国气象局公共气象服务中心各单位科长、副科长

中国气象局公共气象服务中心各单位七级职员、八级职员

三、公共气象服务中心党委管理的其他干部职务名称表

中国气象局公共气象服务中心领导班子以外的党委常务委员（局事前备案）、党委委员（报

机关党委批准）

中国气象局公共气象服务中心纪委副书记、纪委委员（报机关党委批准）

中国气象局公共气象服务中心副总工程师（局事前备案）

中国气象局公共气象服务中心工会主席、副主席（报局工会批准）

中国气象局公共气象服务中心各党支部书记、副书记和委员

四、公共气象服务中心挂靠单位机构干部职务名称表

中国气象服务协会秘书处专职副秘书长（局事前备案）

中国气象服务协会秘书处综合管理部主任、副主任

中国气象服务协会秘书处会员服务部主任、副主任

中国气象服务协会秘书处发展研究部主任、副主任

中国气象服务协会秘书处信用咨询中心主任、副主任

中国气象服务协会秘书处气象服务评价部主任、副主任

（以上干部参照处级干部管理）

五、公共气象服务中心所属企业干部职务名称表

北京华新天力能源气象科技中心董事长、总经理、副总经理

（以上干部参照处级干部管理）

（起草人：程洪娜、范静　发布时间：2020 年 4 月）

中国气象局公共气象服务中心首席总师管理办法（试行）

（公气发〔2020〕71号）

第一章　总　则

第一条　为推动中国气象局公共气象服务中心（以下简称中心）科技创新人才队伍建设，充分发挥领军人才在业务发展和科技创新中的关键作用，根据国家相关政策和中国气象局有关要求，结合中心工作实际，制定本办法。

第二条　本办法适用范围为中心的首席、总师等科技创新领军人才。

第三条　首席、总师实行年度工作积分制考核管理和协议工资制。

第二章　资格条件

第四条　中心首席、总师须具备以下基本条件：

（一）坚决拥护中国共产党的领导，增强“四个意识”，坚定“四个自信”，做到“两个维护”，有浓厚的家国情怀、强烈的社会责任意识和严谨的科学态度。

（二）热爱气象事业，奉献气象事业，立足岗位，勤奋进取，勇于创新。

（三）恪守学术道德和职业道德，学风正派，诚实守信，廉洁从业。

（四）工作积分达到合格分数以上。

第五条　首席、总师应在气象科技重点领域具有很强的创新能力和业务把关能力，在气象科技发展前沿和气象现代化发展关键领域取得显著进展，带领相关科研团队取得了重要创新性成果；或在国家级、省部级重大气象业务工程建设中做出重要贡献；或通过业务信息系统开发设计，在增强重大气象服务保障能力和业务服务能力上做出创新性贡献；或在科技成果转化、技术推广应用和科技服务方面做出突出贡献。

一般应具有正高级工程师或研究员资格。

第三章 遴选程序与聘任

第六条 中心根据业务发展需要，发布首席、总师招聘公告。

第七条 申请人按要求提出申请，提供相关报名材料。中心人事处会同业务科技处对申请人资格和业绩材料进行审核，对其工作积分情况进行核算。

第八条 中心组织同行专家组，对申请人进行答辩评议，评审工作坚持品德、能力、业绩导向，综合考虑创新成果、获奖、工作经历、岗位贡献等因素，注意克服“四唯”倾向，不搞“一刀切”。

第九条 根据专家组评审意见，提出拟定人选名单，报中心党委常务会审定。拟确认人员名单进行不少于5个工作日的公示。最终名单由中心发布，聘期一般为3年。

国家重点人才工程人选，以及气象“十百千”杰出人才、领军人才和首席气象专家，可根据人选工作经历和业务需求情况，经中心党委常委会审定后，直接确认为中心首席、总师。

第四章 积分考核

第十条 中心首席、总师日常工作应围绕业务服务、工程技术、经济效益、人才培养、开放合作、社会活动等方面开展。

第十一条 首席、总师培养人才试行备案导师制，明确指导对象，制定培养目标并进行年度考核；也可通过研究生导师、访问学者导师等形式培养外单位业务科技人才。

第十二条 首席、总师的年度考核评价以工作积分制考核的形式开展。

首席、总师年度工作积分分为6档，分别为2000分以上（含2000分）、1700～1999分、1400～1699分、1100～1399分、700～1099分和700分以下。1700分及以上为优秀，1100～1699分为良好，700～1099分为合格，未达到700分为不合格。

第十三条 首席、总师年度工作考核由本人填写《首席、总师积分制考核测算表（试行）》（见附件）。人事处会同业务处、相关业务单位对个人工作考核积分及证明材料进行审核确认。年度积分结果在中心范围内进行公告。

第十四条 首席、总师聘期届满后，由人事处会同业务处，组织同行专家评议进行聘期考核。考核结果报中心党委常委会审议，决定是否续聘。聘期考核结果在中心范围内进行不少于5个工作日的公示，公示无异议后进行续聘工作。

第十五条 首席、总师年度工作积分考核测评指标随实际情况可以进行动态调整。

第五章 薪酬待遇

第十六条 首席、总师薪酬待遇实行执行协议工资制。按国家有关规定，参考积分情况，经协商由中心党委确定其薪酬待遇水平，并由人事处签订薪酬协议。聘期内可对协议工资进行动态调整。

第十七条 协议工资的确定原则由基本年薪和奖励性年薪组成。

基本年薪按照国家事业单位有关岗位工资制度执行，按月固定发放，以确保人才流动、社会保险参保缴费及转移等得到政策性接轨。

奖励性年薪按照首席、总师实际贡献和作用以及工作积分情况，对应不同档次奖励性年薪。奖励性年薪的60%按月发放，余下40%根据年度或聘期考核情况一次性发放，激励首席、总师发挥能动性，提升人才创造动力。

首席、总师当年度各类创新成果转化收益、科技服务收益纳入年薪统筹核算。

第六章 管理与服务

第十八条 中心党委将建立直联专家机制，强化对首席、总师的联系服务，加强思想联系、感情交流和政治引领。

第十九条 人事处负责首席、总师的组织遴选、岗位聘任、年度工作积分考核及任期届满考核工作，负责协议工资的核定。

第二十条 业务科技处负责首席、总师的日常管理协调。会同人事处协助首席总师组建专业技术（服务）团队。会同所在单位开展工作积分核算和服务工作。

第二十一条 各业务单位应支持首席、总师开展工作，并为其创造有利的工作环境和条件。

第二十二条 出现下列情形之一者，经中心党委常委会研究决定后，将予以解聘或降低岗位聘任：

（一）思想道德品质差，丧失社会公德、职业道德的；

（二）弄虚作假，学术不端，谎报荣誉、称号和成果的；

（三）受到党纪、政纪处分，不宜继续作为首席、总师的；

（四）连续两年年度积分考核为不合格等次的；

（五）因中心业务调整，专业方向不符合发展需要的；

（六）长期因病或个人原因不能正常工作超过一年的；

（七）出国擅自不归的；

（八）其他应解聘或降级聘任的情形。

此外，因工作变动调离中心的，不再作为中心首席、总师进行日常管理，可根据中心工作需要转为中心特聘专家管理。

第七章 附 则

第二十三条 副首席、副总师的管理参照执行，薪酬待遇按现行制度执行。

第二十四条 本办法自印发之日起施行。《公共气象服务中心首席总师队伍管理办法》（公气发〔2019〕78号）同时废止。

第二十五条 本办法由人事处联合业务科技处负责解释。

（起草人：梅艳、吕宸、范静、陈辉 发布时间：2020年5月）

附件

公共气象服务中心首席总师积分制考核测算表（试行）

一、业务服务

序号	类别	牵头	联合牵头	参与	加分项	备注	得分
1	专业领域	120	50	/		具有明确的专业领域，不超过2项，一主一副，以文件为准，副方向 ×0.5	
2	编写规划、计划，重要工程项目可研报告、初设	50	40	10	省部级 ×4 分项 ×0.5	组织编写业务或科技发展规划、计划、方案、项目可研或初设等，以文件为准，技术排名第一即牵头，排名第二即联合牵头（下同）；参加气象以外部门省部级规划视为联合牵头	
3	标准	100	80	20	/	公开发布（不限标准类型）	
4	业务规范	50	40	10	/	司局级或以上业务主管部门印发实施	
5	业务任务	60	40	10	中国气象局业务化 +150 中心业务化 +100	中心下达的业务任务，指定专家牵头；获得业务化验收，以文件为准	
6	关键技术引进	80			业务化 +100	按照中心气象服务中试基地平台管理办法要求，开展的关键技术遴选、中试以及转化应用	
7	咨询报告	30	20	10	国家领导批示 ×4 局领导批示 ×2	包括调查报告、调研报告、发展建议、决策咨询报告等，以正式完成并呈报为准	
8	评估报告	20	10	5	/	牵头完成业务或服务工作形成的技术评估报告	
9	科普（文化）作品	20	10	5	/	科普产品设计制作、文化作品创作	
合计							

二、工程技术

序号	类别	牵头	联合牵头	参与	加分项	备注	得分
10	科研项目（课题）	经费总额	经费 50%	个人承担经费	业务化 +100	不限科研项目类型和经费渠道，完成年度任务的获得相应得分；跨年项目按年度平均计算	
11	重点工程项目	经费总额	经费 50%	承担经费	业务化 +100	新立项项目或承担在建工程项目，完成年度任务的获得相应得分；跨年工程按年度平均计算	
12	专利	80	60	20	外观专利 ×0.5	已取得专利证书（受理通知单不算）	
13	专著	80	60	20	/	已出版，合著即联合牵头，其他即参与（包含编著）	
14	论文	50	30	10	SCI/EI×3	核心期刊已发表的论文	

续表

序号	类别	牵头	联合牵头	参与	加分项	备注	得分
15	软件著作权	20	10	5		已取得软件著作权证书	
16	科技成果认定	50	40	20	业务化 +100	获得中心科技成果认定，分数累加	
17	科技成果奖	省部级（前三） 一等 / 120、二等 / 90、三等 / 50			国家级前五 ×2 中心前三 ×0.5 其他 ×0.1		
合计							

三 、经济效益

序号	类别	牵头	联合牵头	参与	加分项	备注	得分
18	科技成果转化	转化收益总额			/	以本人牵头科技成果（经业务管理部门认定）当年转化到账经费为测算依据	
19	科技服务	实际收益 × 贡献度			/	以科技服务项目到账经费为测算依据，贡献度以科技服务奖励发放个人比例为准	
合计							

四、人才培养

序号	类别	牵头	联合牵头	参与	加分项	备注	得分
20	人才奖励	省部级 100			国家级 ×3	入选省部级以上人才工程，分数不累加，取分数高的一项计入分值	
21	人才培养	30 / 人			/	带研究生、访问学者、备案导师等，以文件为准，当年累计积分不超过 3 人次	
合计							

五、开放合作

序号	类别	牵头	联合牵头	参与	加分项	备注	得分
22	国际合作	50				以签署国际合作协议为准。	
23	学术交流、授课	10 / 次			国际会议交流 ×3	包括学术报告、科普讲座、会商发言、新闻发布、连线、采访，分数累加；决策服务材料制作	
24	团队建设	100	50	10	/	牵头组建跨部门、跨单位、跨行业合作团队（团队不区分级别），以正式文件为准。最多牵头 2 个，并有明确年度计划或任务，接受考核	

续表

序号	类别	牵头	联合牵头	参与	加分项	备注	得分
25	专家特聘	100	50	/	/	受聘联合实验室、研究中心或其他研究机构的首席专家、研究方向领头人等，以文件为准	
26	技术推广	10/每个应用证明			/	支撑各级气象服务相关部门开展业务建设、业务服务工作；年度内，每个专业领域产品每个省级气象局获得应用算1次（单个省多次应用不累加）	
27	援藏援疆援青	100				援藏援疆援青等艰苦地区技术支持半年以上，以文件为准	
合计							

六、社会活动

序号	类别	牵头	联合牵头	参与	加分项	备注	得分
28	社会兼职	国家级/100、省/50、地市/20			/	政府机构的兼职（一级社团组织、大学客座教授视同国家级），以机构正式文件为准；累计不超过200分	
29	学术兼职	其他兼职15			国际兼职×2	如学会、协会专委会、标准委、期刊编委等，最多不超过3个	
合计							

七、合计

序号	一级项目	得分
1	业务服务	
2	工程技术	
3	经济效益	
4	人才培养	
5	开放合作	
6	社会活动	
合计		

说明：除特别说明外，项目分数累加。经费单位为万元。

中国气象局公共气象服务中心导师制管理办法（试行）

（公气发〔2020〕82号）

第一章 总 则

第一条 为推动中国气象局公共气象服务中心（以下简称中心）人才队伍建设，坚持党管人才的原则，充分发挥领军人才在人才培养上的传帮带作用，指导科技人才职业发展，实现中心与员工共同进步的实际需求，制定本办法。

第二条 本办法导师适用范围为中心首席、总师，培养对象为中心员工。

第二章 培养对象招募与管理

第三条 每个导师最多可同时指导3名培养对象，每名培养对象培养期一般不超过3年。

第四条 培养对象：

（一）年龄一般不超过45周岁（重点在40岁以下）；

（二）专业技术水平以中、高级职称为主；

（三）具有较强的发展潜力，有志于在气象业务科研一线潜心攻关；

（四）1名培养对象可同时接受2名导师的指导。

第五条 培养对象招募工作采取导师结对、双向选择的方式进行：

（一）导师与意向培养人结对并报人事处；

（二）人事处会同业务科技处报中心党委常委会研究；

（三）公示1周；

（四）公示无异议，中心发布确定培养人选通知。

第六条 导师须主动与培养对象沟通，签订《培养任务书》（附件 1）。培养任务和考核指标经培养对象和所在部门负责人签字认可后，报人事处备案，并认定为导师年度人才培养积分项目。

若导师发生变动时，培养对象可联系确认新导师。新导师应在一周内明确是否有必要对原《培养任务书》进行调整；如需调整，需在调整 1 周内将新《培养任务书》提交人事处备案。

第七条 培养对象出国进修或参加业务培训不影响《培养任务书》的执行。挂职、借调工作超过半年的，培养期暂停，待返回后继续执行《培养任务书》至培养任务完成。培养对象调离中心即终止培养，导师在被培养人离职前填写《导师制培养期考核表》（附件 2），提交人事处备案。

第三章 考 核

第八条 培养对象和导师实行年度考核与培养期考核相结合的考核形式。

第九条 培养对象考核主要考察其在培养期内工作、学习表现和技术水平提升情况。

（一）年度考核：结合中心年度考核，由培养对象和导师填写《导师制年度考核表》（附件 3），提交人事处备案。

（二）培养期考核：由培养对象和导师填写《导师制培养期考核表》，由中心组织培养对象考核答辩，形成书面考核评估意见和优秀、合格、不合格等考核等次。培养期考核结果将作为职称评审、岗位聘用、作为核心成员参与创新团队、项目申请以及推荐参评国家级人才工程等重要参考。

第十条 导师考核主要考察其在《培养任务书》中的培养目标达成情况，以培养对象工作学习表现和业务水平的提高作为导师工作的考核结果，包括但不限于以下内容：

（一）是否定期与培养对象沟通，帮助解决其职业发展、技术提升上的疑难问题；

（二）针对培养对象的弱点、不足以及共同制定的发展目标、培养计划，在日常工作中开展业务指导和经验传授，促使培养对象达到培养要求或预计的目标；

（三）创造和提供机会让培养对象参加各种培训；

（四）及时调整和完善年度培养任务。

第四章 附 则

第十一条 本办法自正式印发之日起施行。

第十二条 本办法由人事处负责解释。

（起草人：梅艳、范静 发布时间：2020 年 7 月）

附件（略）

中共中国气象局公共气象服务中心党委发现培养选拔优秀年轻干部若干措施

（公气党发〔2020〕3号）

为深入贯彻习近平新时代中国特色社会主义思想，贯彻落实全国组织工作会议精神和中共中央《关于适应新时代要求大力发现培养选拔优秀年轻干部的意见》、中国气象局党组《关于适应新时代要求大力发现培养选拔优秀年轻干部的实施意见》等要求，建设一支符合新时期好干部标准，适应中心事业发展需要，忠诚干净担当、数量充足、充满活力的高素质专业化年轻干部队伍，现提出以下措施。

一、拓宽选人视野。注重从中心各部门、挂靠单位、所属企业等各个层面发现优秀年轻干部。坚持基层和实践导向，注重从中心业务科研管理服务等各个领域第一线发现优秀年轻干部，注重在关键时刻、完成重大任务的实践中发现优秀年轻干部。加强进人源头管理，不断改进中心毕业生招录工作，注重挑选有管理潜质的优秀毕业生，将各类优秀人才充实到中心干部队伍中。

二、改进人选产生方式。坚持组织主导，中心党委不定期对中心处、科两级年轻干部队伍情况进行调研，按照干部管理权限，建立中心优秀年轻干部队伍。中心党委根据工作需要，不定期开展对各部门班子进退情况、配备需求和年轻干部队伍储备情况分析研判，随时更新掌握第一手情况，对重点人选加深考察了解。结合日常工作和重点工作完成情况，发现识别优秀年轻干部，对有发展潜力、需要递进培养的抓紧放在关键岗位上历练，对各方面条件比较成熟的及时提拔使用，注重优化干部资源配置，打破身份限制，多渠道统筹使用。

三、严格标准条件。突出政治标准，注重政治品行、职业操守、道德品质的一贯表现，坚持新时期好干部标准，广泛听取群众意见，突出把好政治关、品行关、作风关、能力关、廉洁关，发现培养和选拔使用对党忠诚、堪当重任、作风优良，同时具有创新担当精神的优秀年轻干部。对于政治素质不高、廉政情况不佳、现实表现不好，不敢担当、不服从组织安排，规矩、纪律和自律意识不强的人坚决不用。

四、坚持动态管理。及时关注中心干部职数与实配数量之间的数量平衡，选好优秀年轻干部并实行组织掌握、分类管理。对优秀年轻干部不搞标签化，实行动态调整，不以一次入选定终身。对政治不成熟、工作状态不佳、因违纪违法受到组织处理或纪律处分的，及时调整出优秀年轻干部队伍。

五、营造教育氛围。积极按要求选送人员参加中国气象局党校中青班、青干部和处级干部任职培训班等，做到新提任干部全覆盖；不定期组织中心年轻干部能力提升培训，做到年轻干部全覆盖；同时注意选派优秀年轻干部参加国（境）外培训。中心党委、分管中心领导日常工作中一年内应与年轻干部组织 1 ～ 2 次座谈会，教育引导年轻干部正确认识自己、摆正位置，对年轻干部苗头性、倾向性问题，早提醒早纠正。

六、强化锻炼交流。加强岗位锻炼和轮岗交流，不定期选派年轻干部参加中国气象局上挂下派、援疆援藏援青、扶贫、博士服务团等工作，注重在关键、吃劲岗位培养锻炼年轻干部。政治素养过硬、专业素质高的年轻干部，积极选送至国际组织、涉外岗位上培养干部的国际视野和专业素养。

七、完善约束激励并重。中心党委、各部门领导班子要关心爱护年轻干部，做到政治上激励、工作上支持、待遇上保障、心理上关怀；充分调动年轻干部积极性、主动性、创造性，宽容在改革创新中的失误错误，及时为受到不实反映的干部澄清正名，激励年轻干部担当履职。

八、加强组织领导。中心党委将发现培养选拔优秀年轻干部纳入日常工作中，做到大胆提拔优秀年轻干部的同时，也要用好各年龄段干部，充分调动整个干部队伍积极性。中心党委注重建设良好政治生态，为年轻干部健康成长创造有利条件，营造良好氛围。

（起草人：范静　发布时间：2020 年 1 月）

中国气象局公共气象服务中心特殊引进人才管理办法

（公气发〔2019〕50号）

第一章 总 则

第一条 为加快领军人才建设，创造有利于人才发展的环境，吸引优秀人才来中国气象局公共气象服务中心（以下简称中心）工作，促进中心现代化建设，根据《关于深化人才发展体制机制改革的意见》（中发〔2016〕9号）、《中共中国气象局党组关于增强气象人才科技创新活力的若干意见》（中气党发〔2017〕25号），结合中心实际，制定本办法。

第二条 本办法所称特殊引进人才是指在中心事业发展中急需引进的国内外高端人才，一般应具有博士学位或正研级专业技术资格。

特别优秀或者工作特殊需要的高端人才，可以突破学历学位和职称要求进行引进。

第三条 特殊人才引进坚持党管人才、广纳贤才，服务发展、以用为本，按需引进、高端引领，阳光操作、公平公正原则。

第二章 引进流程

第四条 特殊引进人才一般采用组织推荐的方式，根据工作需要也可通过公开招聘、专家推荐等其他渠道申请。

第五条 中心领导班子成员以及业务处、人事处负责人组成特殊引进人才专项工作组，优先考虑能为中心科研创新、业务拓展与应用等发挥重要作用的人才，通过资格审查、考察面试等程序后，报中心党委常委会审批确认。

应届毕业生录用后进入中心工作拟作为特殊引进人才的，可直接报中心党委常委会审批确认。

第六条 资格审查环节重点审核特殊引进人才本人学习经历、工作简历、学术成就证明、任职资格证明、重要社会兼职等内容。

第七条 考察面试环节重点审核特殊引进人才政治素质、综合能力、创新思维、团队协作能力、业务科研成果等内容。

第三章 使用考核

第八条 对特殊引进人才做到量才适用，根据实际需要，优先参与中心各类科研和业务项目和团队，充分发挥其专业技能。

第九条 特殊引进人才可根据需要，经中心党委常委会审批确认，可以突破资格要求直接聘任为中心高层次业务岗位。

第十条 特殊引进人才一般与中心签订两年期工作协议，并明确工作目标、工作方式、预期贡献、考核待遇等内容。

非事业编制的特殊引进人才须同时与中心签订劳动合同，按《中华人民共和国劳动合同法》进行日常管理。

第十一条 中心对特殊引进人才实行定期考核机制。

（一）工作协议期满，组织中心科技委从技术先进性水平和科研能力、解决业务关键问题能力以及成果应用前景和价值等方面进行分项考核，分项考核和总体评价结果报中心党委常委会审议。分项考核和总体评价均分为好、较好、一般、差四个等级。

（二）每年年末，特殊引进人才所在部门结合年度考核工作，对当年工作任务完成情况和业绩进行考核，考核结果报中心人事处备案。

第十二条 工作协议期间，特殊人才出现下列情况之一的，用人单位或中心人事处提出解除约定建议，报中心党委常委会审定确认：

（一）违法犯罪；

（二）不遵守职业道德、弄虚作假，有学术不端行为；

（三）严重失职、失位，违反规章制度并造成重大损失；

（四）出国逾期不归；

（五）长期（一个年度内累计 4 个月以上）因病或其他各类原因不能正常履行规定协议内容和工作时长要求；

（六）缺乏协作精神，不服从中心工作安排，且不听劝说和指导；

（七）工作协议期满，考核总体评价等级为“一般”及以下。

第四章 待 遇

第十三条 中心在有事业编制、京籍户口等名额时可优先考虑特殊引进人才。

第十四条 中心对特殊引进人才实行协议工资制，工资待遇由中心党委常委会专题研究决定。

工作协议期满，考核总体评价等级为“好”，并经中心党委常委会审定同意延续期限的，可对下一期协议工资进行增幅调整；

工作协议期满，考核总体评价等级为“较好”，并经中心党委常委会审定同意延续期限的，下一期协议工资维持原有水平；

工作协议期满，考核总体评价等级为“一般”及以下的，经中心党委常委会审定，不再作为特殊引进人才管理，岗位及薪酬待遇按照事业单位有关规定重新确认。

第十五条 特殊引进人才的其他福利待遇与中心相应岗位人员相同。

第五章 附 则

第十六条 特殊引进人才如与其他单位发生人事或劳动争议等事项，由本人负责处理。

第十七条 本办法由中心人事处负责解释。

第十八条 本办法自印发之日起施行。

（起草人：梅艳、范静 发布时间：2019 年 7 月）

中共中国气象局公共气象服务中心党委激励科技人才创新发展的若干措施

（公气发〔2019〕78号）

为贯彻落实中共中央、国务院鼓励人才发展、推动科技创新的有关文件精神，进一步夯实《中共中国气象局党组关于增强气象人才科技创新活力的若干意见》（中气党发〔2017〕25号）、《中共中国气象局党组关于进一步激励气象科技人才创新发展的若干措施》（中气党发〔2019〕95号）及《新时代气象高层次科技创新人才计划实施办法》（气发〔2019〕75号）文件要求，结合中国气象局公共气象服务中心（以下简称中心）近年来推动落实的有关经验，提出如下措施。

一、加大科技创新人才支持激励力度

（一）强化对高层次科技创新人才的激励

创新党管人才方式方法，建立健全中心科技创新人才梯队（简称中心“一二三”人才计划），与中国气象局“十百千”人才计划有机衔接。中心“一二三”人才计划由三个层次的梯队构成：第一梯队为中心领军人才（中心首席、总师，10名左右）；第二梯队为中心优秀人才（中心副首席、副总师，20名左右）；第三梯队为中心青年骨干人才（关键岗、创新人才、特殊引进青年人才等，30名左右）。其中，中心领军人才对标中国气象局领军人才培养使用；中心优秀人才对标中国气象局优秀人才培养使用。上述人才在岗位期限内享受中心相应绩效激励机制，满足条件的可在国家级省部级高层次科技创新人才遴选时优先重点推荐。中心领军人才（中心首席、总师）作为事业发展急需紧缺、业绩突出的少数高级专业技术人才，可按国家有关规定和要求，实行协议工资等灵活多样分配形式，所需绩效工资不占中心绩效工资总额。

（二）注重高层次科技创新人才优势作用发挥

加大对国家级及中心高层次科技创新人才的支持，鼓励立足岗位干事创业，积极领衔国家及中心科研项目、重大业务工程、核心技术攻关任务等，实行中国气象局等国家级重大工程项目首席、总师技术负责制。用好中心首席、总师团队，完善首席、总师对中心发展关键领域的决策咨询和建言献策机制，明确首席、总师研究方向和外部合作单位，发挥首席、总师外部影响力和对业务一线人员的指导作用。

（三）开放合作柔性引进急需紧缺高层次人才

用好《公共气象服务中心特聘专家管理制度》和《公共气象服务中心特殊人才引进管理办法》，柔性聘用中心外部高层次人才和急需紧缺人才，实行协议工作制等灵活分配形式，通过主动参与、接收委托等多种参与形式，对中心科技创新人才培养发挥支撑作用，并对做出突出贡献和取得显著效益的特聘专家进行表彰奖励。承担中试平台、联合实验室和局校合作等建设任务的中心业务部门加大开放力度，积极申请推荐各类高层次人才，条件成熟也可申请国家引进国外智力项目和基地。

（四）带动培养优秀青年骨干成长

注重青年人才的日常成长，积极搭建各类学习交流平台，促进青年骨干人才脱颖而出。鼓励青年骨干作为中心创新团队核心成员参与团队建设；有针对性地制定面向40岁以下青年骨干实施中心青年创新基金项目；对业绩突出青年骨干，通过科技创新基金等方式进行专项奖励；充分利用中国气象局提供的半年至一年海外访问交流机会，鼓励申请与中心重点业务任务方向一致的自然基金等留学项目。

二、用好科技成果转化政策激励人才

（五）切实落实中心成果转化政策

鼓励中心业务部门和团队发挥各自优势，在保障完成重点业务任务的前提下，积极推动科技成果的社会转化。依照《公共气象服务中心科技成果转化管理办法》等要求，区分科技成果主要完成人和其他重要贡献人不同情况给予奖励报酬，强调规范相关信息公示等程序，推动科技成果转移转化。

（六）完善成果转化收益激励导向机制

中心部门和团队依照《公共气象服务中心科技成果转化管理办法》等要求转化科技成果所取得的净收入，提取60%的比例用于贡献人的奖励；特别对于完成和转化科技成果做出主要贡献的人员，奖励份额不低于奖励总额的50%。科技成果转化收入不受各部门工资绩效总量限制。

（七）发挥科技成果收入延伸效益

依照《公共气象服务中心创新基金项目管理办法（试行）》规定，中心从科技成果转化收益中提取一定比例资金设立创新基金项目，按照面向范围各有侧重分类组织重点项目、面上项目、青年项目和指令性项目，推动中心与部门内外各类创新主体共同推进中心服务科级创新水平和核心技术支撑能力。探索建立多种形式的科技创新奖励形式，用好《公共气象服务中心科技创新奖励办法》，扩大奖励范围，对做出突出贡献的创新成果、人才、团队和单位给予奖励。

三、完善创新人才团队和评价机制

（八）鼓励引导优秀创新人才领衔业务难题

大力提升公共气象服务事业发展业务成果水平，围绕公共气象服务业务发展规划，以解决重点领域业务科研难题和关键技术及应用为重点，以业务科技项目为纽带，依照《公共气象服务中心创新团队建设与管理办法》，跨部门整合科技开发力量完成中心创新团队组建，遴选创新思路明晰的高层次人才领衔，突出对团队核心成员的确认和培养，完善团队流动机制，加大有科研经历创新担当精神的创新人才参与力度，促进业务真正出成果、出人才。

（九）完善创新人才多方位评价机制

强调创新环境的诚实守信和职业道德，建立完善以创新质量和业务贡献为导向的多方位评价机制。在科技项目、人才推荐、职称评审等管理工作和人才评价工作中，去除“四唯”倾向，不把发表论文、获得专利、荣誉称号、承担项目、获奖等情况作为唯一条件或限制性条件，突出创新成果的质量效益、对气象业务服务的支撑能力、成果转化效益等情形。

四、营造人才创新发展良好环境

（十）加强政治引领和组织领导

中心党委加强人才工作的组织领导和统筹协调，中心其他领导和职能部门密切配合，形成党管人才、及时研究解决重大问题的工作机制，强化使命担当。

（十一）加强人才服务和关怀

中心党委强化人才服务意识，不定期召开不同层级人才交流座谈会，了解人才所思所想，引导人才为中心发展凝心聚力。加大对创新业绩贡献突出的团队和人才的宣传力度，通过在办公场所、网站等显要位置，加大对技术创新难点、研发过程中业务科研人员科学求索精神的宣传力度，提升人员创新成就感、荣誉感。在每年中心工作会议上，为入选国家级人才工程、获得重要科技和人才奖励的科技人才颁发证书，弘扬科学精神，彰显创新荣誉。

（起草人：范静　发布时间：2019 年 12 月）

中国气象局公共气象服务中心职称评审管理办法

（公气发〔2020〕39号）

第一章 总 则

第一条 为进一步建立健全科学客观公正的气象专业技术人才评价机制，加强职称评审管理工作，促进中国气象局公共气象服务中心（以下简称中心）气象服务专业技术人才开发使用，根据国家职称改革精神和《中国气象局职称评审管理办法》（气发〔2019〕89号）、《中国气象局人事司关于做好副高级以下职称评审改革工作有关事项的通知》（气人函〔2019〕326号）要求，结合中心实际，制定本办法。

第二条 职称评审是按照评审标准和程序，对专业技术人才品德、能力、业绩的评议和认定。职称评审结果是专业技术人才聘用、考核、晋升的重要依据。

第三条 职称评审坚持党管人才原则，坚持德才兼备、以德为先原则，科学公正评价专业技术人才的职业道德、创新能力、业绩水平和实际贡献，克服唯学历、唯资历、唯论文、唯奖项倾向。

第四条 中心职称评审一般应在岗位结构比例内开展，推动职称评审与岗位管理、聘期考核、绩效管理等事业单位人事管理制度有机融合、良性运转，促进评价与使用紧密衔接。

第五条 本办法适用于中心开展专业技术人才的气象专业工程系列副高级及以下职称评审和认定工作。气象专业工程系列副高级及以下职称包括副高级、中级、初级三个层次。

第六条 未经中国气象局授权的有关专业（或系列）的职称评审，可委托评审。中心不接受相关行业单位以及非公有制经济组织、社会组织、自由职业专业技术人才的委托职称评审。

第二章 职称评审委员会

第七条 根据中国气象局授权，中心组建高级职称评审委员会（以下简称高评委会）和中级职称评审委员会（以下简称中评委会），承担相应职称评审工作。评委会负责评议、认定专业技术人才学术技术水平和专业能力，对中心负责，受中心监督管理。

按照授权，中心组建职称评委会专家库，从中遴选规定数量的评审专家组成职称评委会。建立职称评委会专家库和组建职称评委会时，统筹不同岗位、不同专业方向等方面的专家结构，注意专家单位分布的广泛性，注重从业务科研一线遴选专家，适当遴选外部门、外单位的同行专家。职称评委会中，45岁以下的青年专家占适当比重；中评委会中，具有高级职称的专家不少于二分之一。

第八条 职称评委会的评审专家应具备以下基本条件：

（一）遵守宪法和法律法规，具有良好的职业道德，作风正派，办事公道，群众公认。

（二）在本专业领域具有相应层级或更高层级的职称。

（三）从事本专业领域工作，熟悉气象事业发展规划和布局，了解国内外本专业领域最新发展动态，系统掌握本专业领域相关理论知识，实践经验丰富。

（四）能够认真履行评审工作职责，自觉遵守评审工作纪律。

第九条 评委会组成人员是单数。高评委会的评审专家不少于25人；中评委会的评审专家不少于15人。

每年应适当调整评委会评审专家的构成，调整人数不应少于三分之一，同时为保证评审工作的连续性，亦不应多于三分之二。

第十条 评委会设主任委员1人，副主任委员1～2人。评委会在主任委员的领导下，按照规定程序开展职称评审工作。

评委会应遵循公平、公正原则，严格遵守评审纪律，全面履行评审职责，切实保证评审质量。

第十一条 评委会专家库由中心审定后向人事司核准备案，有效期不超过3年，有效期满后重新核准备案。从专家库内抽取专家组成的高评委会不再备案。

第三章 职称申报基本要求

第十二条 申报职称评审的应为在职专业技术人才。按照国家有关规定，在气象业务服务一线岗位从事技术技能工作的高技能人才，具有高级工以上职业资格或职业技能等级，符合气象专业工程系列职称评审条件，可参加工程系列职称评审。离退休人员不得申报参加职称评审。

申报评审的职称系列应与岗位工作相一致。其中，岗位工作以气象业务服务为主的人员，一般应申报气象专业工程系列职称。鼓励岗位工作以科研开发、成果转化应用为主的人员申报气象专业研究系列职称。

第十三条 申报职称评审的人员（以下简称申报人），应当遵守宪法和法律，具备良好的职业道德，符合相应职称系列或者专业、相应层级职称评审规定的基本条件。

在党纪处分影响期内，或在记过以上处分期间的人员，以及近3年在科研诚信方面有不良信誉记录的人员，不得申报。

第十四条 申报人一般应当按照职称层级逐级申报职称评审。破格申报应从严要求，原则上学历、资历不能同时破格；一般情况下，学历破格只能降低一个学历层次，资历破格只能提前1年。破格申报条件按照权限在评审条件中设定。

第十五条 实行代表性成果制度。代表性成果应与所从事工作密切相关，除论文、论著或译著外，还包括规划（计划）、咨询（服务）报告、专利成果，项目（工程）规划设计方案、技术报告、技术工作总结，软科学研究报告，以及标准规范、培训教材（教案）、视频（音频）作品、业务系统（平台）、科普策划方案等成果。

第十六条 外语水平和计算机应用能力不作为气象专业职称申报的必备条件。外语和计算机应用能力学习可作为专业技术人才继续教育学习内容之一。

第四章 职称评审程序

第十七条 中心副高级以下职称评审工作一般每年开展一次。

第十八条 职称评审工作程序一般包括评审信息发布、个人申报、资格审查、专家评议、评委会评审、资格确认等。

（一）评审信息发布。中心人事处在中心范围内发布年度职称评审工作安排。

（二）个人申报。申报人按照申报要求向中心人事处提交申报材料。

（三）资格审查。中心人事处组织对申报材料进行审核，确认申报人具备申报资格且申报材料真实、完整、规范，并对申报材料进行不少于5个工作日的公示。申报材料不符合规定要求的，人事处一次性告知申报人需要补正的全部内容。逾期未补正的，视为放弃申报。

（四）专家评议。专家评议可以由评委会根据年度申报情况分组实施。

（五）评委会评审。职称评委会根据申报人专业技术水平和业绩贡献、专家评议情况，以及推荐单位的推荐意见和推荐排序，对申报人进行综合评议并投票。

（六）资格确认。评审结果上中心党委常委会审定，并进行不少于5个工作日的公示。公示无异议后，由中心发文确认通过评审人员的职称。资格时间自职称评委会投票通过之日起计算。

（七）备案。副高级职称评审结果由人事处在评审工作结束1个月内，函报中国气象局人事司备案。备案材料包括评审工作总结、通过评审人员名单，以及其他应当报告的事项。

第五章　组织评审

第十九条　中心组织召开职称评审会议。评审会议由主任委员或副主任委员主持，出席评审会议的专家人数应当不少于职称评委会人数的三分之二。

第二十条　评委会经过评议，通过无记名投票表决，同意票数达到出席评审会议的评审专家总数三分之二以上的即为评审通过。因故未出席评审会议或中途离会、未参加审议过程的评审专家不得投票，任何评审专家不得委托他人投票或补充投票。

第二十一条　评委会在主任委员的领导下，按照规定程序开展职称评审工作。职称评委会应遵循公平、公正原则，严格遵守评审纪律，全面履行评审职责，切实保证评审质量。

第二十二条　评审会议结束时，由主任委员或者主持评审会的副主任委员宣布投票结果，并对评审结果签字确认，加盖职称评委会印章。

第二十三条　评审会议应当做好会议记录，内容包括出席评审专家、评审对象、评议意见、投票结果等，会议记录归档管理。

第二十四条　评审会议实行封闭管理，评审专家名单不对外公布。评审专家和职称评审有关工作人员不得对外泄露评审内容，不得私自接收评审材料，不得利用职务之便谋取不正当利益。

第二十五条　评审专家与评审工作有利害关系或者其他关系可能影响客观公正的，应当主动申请回避。人事部门发现上述情形的，应当通知评审专家回避。

第二十六条　职称评审实行诚信承诺制度。申报人应当对业绩成果等申报材料的真实性、准确性负责，并做出书面承诺；评审专家和评审工作人员须在评审会议前签订诚信承诺书，自觉接受监督，确保评审客观公正。

第二十七条　申报人对涉及本人的评审结果不服的，可以按照有关规定申请复查、进行投诉。

第二十八条　从外单位调入中心的气象专业工程系列副高级以下职称及研究系列中级以下职称专业技术人才，其职称按照职称评审管理权限重新评审或者确认，国家另有规定的除外。职称重新评审或确认前后的任职时间连续计算。

第六章　气象专业职称认定

第二十九条　符合下列条件，可在首聘专业技术岗位时认定相应的气象专业工程系列职称：

（一）具备博士学位的，可认定气象专业工程师。

（二）具备硕士学位的，可认定气象专业助理工程师。具备大学本科学历或学士学位，1 年见习期满并经考核合格的，可认定气象专业助理工程师。具备第二学士学位的，可认定气象专业助理工程师职称。

第三十条 认定结果由人事处报中心党委常委会审定，并在中心范围内进行不少于5个工作日的公示，公示无异议后发文确认。认定资格时间从符合认定条件之日起计算。

第七章 委托评审与转系列评审

第三十一条 中心职称评审工作中，委托外部门（或单位）评审或接受外部门（或单位）委托评审按以下规定实施：

（一）中心自行组织评审的职称不得委托外部门（或单位）评审。气象部门未经授权的有关专业（或系列）的职称一般应委托相关专业技术方向的主管部门（或单位）评审。

（二）委托外部门（或单位）评审职称，须由中心按照有关规定进行资格审查、材料公示，并根据本单位岗位设置情况、申报人岗位和工作情况，由中心党委常委会研究决定是否同意推荐其委托评审。同意其委托评审的，按照权限出具单位委托函；未经单位同意取得的职称，不予认可。委托评审结果须按照职称评审管理权限确认，资格时间自职称评委会投票通过之日起计算。

委托评审人员的学历和资历应同时符合气象部门和被委托部门（或单位）的评审条件要求。

对会计、新闻出版等需要通过考试取得相应职称的人员，参照以上要求，按照职称评审管理权限对其进行资格审查、决定是否同意其参加考试，并对考试通过者予以资格确认。

（三）外单位委托中心评审职称，须按有关规定由申报人所在单位或所属人事（职改）部门出具委托函，且符合相应职称评审条件。

第三十二条 专业技术人才因工作需要调整专业技术岗位，一般应转系列评审与现岗位相适应的职称。转系列评审职称分为平级转评和晋级转评两种形式，按以下规定实施：

（一）平级转评职称的人员，转评系列应与其现专业技术岗位相对应，在现专业技术岗位工作满1年，且符合转评系列的职称申报条件。转评职称前后的任职时间可连续计算。

（二）气象专业工程系列和研究系列之间的晋级转评，以及与现从事气象专业技术岗位密切相关的非气象专业职称和气象专业职称之间的晋级转评，应与其现从事专业技术岗位相对应，并符合转评系列的职称申报条件。具有其他非气象专业职称的专业技术人才，须先平级转评至气象专业职称，取得气象专业职称2年后可申报高一层级职称。

第八章 监督管理

第三十三条 人事处负责对职称评审相关政策、条件、程序、结果进行公开，受理举报、申诉，并负责核查和裁定。党委办公室（纪检监察处）应加强对职称评审工作的监督检查。

第三十四条 各单位开展职称评审应当依法执行物价、财政部门核准的收费标准，自觉接受监督和审计。

评审专家的劳务报酬参照有关标准执行。

第三十五条 职称评审工作实行责任追究制度。

（一）申报人在申报材料中弄虚作假的，一经查实，取消其申报资格；已凭借此申报材料取得职称的，撤销其职称，对申报人记录不良信誉，在之后3年内不允许其申报职称。

（二）评审专家在评审过程中出现不遵守回避制度、徇私舞弊、泄露工作秘密、为申报人说情拉票等违反评审纪律情况的，取消其评审专家资格，记录不良信誉，并按相关规定追究责任。

职称评审工作人员违反评审工作纪律的，不得再从事职称评审工作，给予通报批评；造成严重后果的，按相关规定追究责任。

（三）申报人所在单位和推荐单位对申报材料未按要求履行审核职责，或审核把关不严或弄虚作假，造成严重后果的，对直接责任部门和个人，按相关规定追究责任。

第九章 附 则

第三十六条 本办法由人事处负责解释。联合评审单位参照执行有关程序。以往有关文件与本办法不一致的，以本办法为准。

第三十七条 本办法自印发之日起施行。《公共气象服务中心职称评定管理办法》（公气发〔2017〕96号）同时废止。

（起草人：梅艳、范静 发布时间：2020年4月）

附件

公共气象服务中心气象专业工程系列副高级及以下职称评审条件（2020年修订）

为客观公正地评价气象专业技术人员的业务、技术和学术水平，根据《气象专业工程系列职称评审条件》（气人函〔2019〕305号）有关规定，结合公共气象服务中心（以下简称中心）实际，制定本评审条件。本评审条件是从事气象业务服务专业技术人员申报和评审气象专业的工程系列副高级及以下职称的依据。

一、热爱祖国，拥护中国共产党的领导，奉献气象事业，具有良好的职业道德和团队精神，爱岗敬业，遵纪守法，学风作风端正。

二、在应用气象、气象服务、综合观测、装备保障、预报预测、信息技术、雷电防御、科普宣传、教育培训等领域从事气象业务服务或管理工作，具备相应的专业知识和技术水平，认真履行岗位职责。

三、按照要求参加继续教育。

四、气象专业技术人才申报工程系列副高级及以下职称评审，除必须达到上述基本条件外，还应分别具备以下条件。

（一）助理工程师

1. 掌握气象专业相关领域基础理论知识和专业技术知识。

2. 具有独立完成一般性气象业务服务工作的实际能力，能处理本专业领域一般性技术问题。

3. 具有指导技术员或其他专业技术人员工作的能力。

4. 具备硕士学位或第二学士学位；或者具备大学本科学历或学士学位，1年见习期满，经考核合格；或者具备大学专科学历，取得技术员职称后，从事气象相关业务技术工作满2年；或者具备中等职业学校毕业学历，取得技术员职称后，从事气象相关业务技术工作满4年。

（二）工程师

1. 系统掌握并能够灵活运用气象专业相关领域的基础理论知识和专业技术知识，熟悉气象相关领域业务服务技术标准和规范，了解本领域国内外现状和发展趋势，取得有实用价值的技术成果。

2. 具有较强的综合分析能力和一定的技术研究能力，能独立承担气象相关领域业务服务工作，能解决本领域工作中较复杂的技术问题，并撰写研究成果或技术报告，获得同行专家认可。

3. 具有指导初级或其他专业技术人员工作的能力。

4. 具备博士学位；或者具备硕士学位或第二学士学位，取得助理工程师职称后，从事气象相关业务技术工作满2年；或者具备大学本科学历，或学士学位，或大学专科学历，取得助理工程师职称后，从事气象相关业务技术工作满 4 年。

（三）高级工程师

1. 在气象专业相关领域具有扎实的理论基础和专业技术知识，掌握本领域国内外发展前沿，熟悉本领域业务服务技术标准和规范，在气象现代化建设的某一专业方向具有较高的业务技术水平，是本领域业务骨干。

2. 取得工程师职称后，专业能力和业绩成果符合下列一项或多项要求：

（1）在气象业务服务工作中发挥骨干作用、做出重要贡献，获得司局级以上人才奖励（称号）、科技奖励或者业务技术个人表彰、奖励；或入选司局级以上人才工程较高层次人选。对长期从事一线工作满 15 年且目前在技术把关岗位的，作为主要完成者获得司局级以上业务技术或科技奖励。

（2）主持完成或骨干参加完成司局级以上本领域科技项目、业务技术项目，或重大气象业务工程建设中的专业技术工作，解决本领域业务服务工作中的复杂技术问题或关键技术难题，形成集成性或创新性成果；或者取得本专业相关领域的国家发明专利、实用新型专利，使相关专业工作有较大改进；或者业务运维保障技术水平、业务管理水平突出，能力得到普遍认可，或在业务运维保障工作中，对业务流程、系统功能、资源管理、资料质控等方面提出了建设性的优化方案或建议并被采纳，或解决了关键性业务运维、管理问题，使相关业务保障工作效率（或效益）明显提升。

（3）作为主要完成人参加撰写或编制完成司局级及以上单位事业发展规划（计划），气象业务、科技、服务等专项规划（计划），本专业行业或地方技术标准，重大科技咨询报告、重大服务报告、科技业务统计报告和工程项目调研报告、与本专业相关的业务技术手册、业务规程、部门技术规范、培训教材（教案）、管理制度、视频（音频）作品、科普策划方案等，获得实施或被正式采用，成效显著；或者主笔撰写了多篇业务运行故障分析报告，解决了重要运维问题，产生了良好业务效益；或作为主要完成人参加编制司局级及以上项目的可行性研究报告、任务书、技术方案设计报告或技术总结报告等，项目获批立项或通过验收。

（4）作为骨干参加完成新产品、新技术等研究开发或转化推广应用工作，取得较为重要研究成果和社会经济效益；或者作为骨干参加建设的业务体系、服务产品体系或培训课程体系等获得一定的应用。

（5）在本领域发表有一定学术价值或影响力的论文等研究成果，获得同行专家认可。

3. 在指导、培养中青年技术骨干方面发挥重要作用，能够指导中初级专业技术人员或研究生的工作和学习。

4. 具备博士学位，取得工程师职称后，从事气象相关业务技术工作满 2 年；或者具备硕士学位，或第二学士学位，或大学本科学历，或学士学位，取得工程师职称后，从事气象相关业务技术工作满5年。

五、符合下列条件之一的专业技术人才，可以破格申报相应层级职称评审。原则上学历、资历不能同时破格；一般情况下，学历破格只能降低一个学历层次，资历破格只能提前1年。

1. 在气象关键核心领域取得重大突破，解决业务服务重大问题，或在气象事业发展做出突出贡献、取得显著业绩的，获省部级及以上业务技术、科技奖励一等奖排名前五或省部级以上业务技术、科技奖励二等奖排名前三的，可以破格申报高一层级职称评审。

2. 援派期为3年的援藏援疆援青人员，援派期满后可提前1年申报高一层级职称评审。

3. 引进的海外高层次人才和急需紧缺人才，可合理放宽资历、年限等条件限制，破格申报气象专业相应层级职称评审。

4. 作为第一作者，在SCI、SCIE、EI收录的期刊上发表1篇以上学术论文以上；或作为第一作者在二级以上核心期刊上发表5篇以上学术论文。

5. 主持完成省部级科研项目（课题）一项，经省部级权威部门评审鉴定，其成果达到国内先进水平及以上，或直接促进省部级项目立项。

6. 主持完成新产品研究开发，获得国家专利，并推广应用取得社会经济效益。

六、本评审条件由人事处负责解释。

七、本评审条件自印发之日起施行。

中国气象局公共气象服务中心特聘专家管理办法

（公气发〔2019〕33号）

第一条 为规范中国气象局公共气象服务中心（以下简称中心）特聘专家管理制度，进一步创新党管人才方式方法，充分发挥特聘专家对中心科技创新、人才培养等方面的支撑作用，制定本办法。

第二条 本办法所指特聘专家，须为高层次人才和急需紧缺人才，包括：

（一）国家级、省部级重点学科、重点实验室、企业技术研发中心学术技术带头人和优秀拔尖人才；

（二）拥有中心业务发展所需要的专利、发明或专有技术的人才；

（三）中心急需紧缺的其他人才。

第三条 特聘专家条件一般需同时满足以下基本条件：

（一）具有相当于副高级以上专业技术职称资格；

（二）从事相关研究工作10年以上；

（三）在国内外具有一定的知名度和影响力。

第四条 特聘专家不受其国籍、户籍、档案、人事关系等方面的限制，在遵照中心科研项目相关管理办法的基础上，可通过以下方式在中心开展工作：

（一）可牵头或参与中心重点领域、重点工程、重点项目中某方面的科研、技术创新工作；

（二）可牵头或参与在中心开展专利、专有技术、科研成果推广应用或实施转化；

（三）可利用所在地先进科学技术、设备和资金等条件，牵头与中心进行合作研究、人才团队培养等工作；

（四）可接受中心委托，承担项目或课题研究，提供智力服务；

（五）可牵头申请并组织实施国家级、省部级项目、课题；

（六）可由中心与特聘专家本人协商确定的其他方式。

第五条 可参加中心科技奖励和其他表彰奖励活动的评选。

第六条 推荐程序：

（一）推荐。特聘专家可由业务部门或首席（总师）专家推荐，填写特聘专家推荐表，提交人事处。

（二）资格审查。由人事处联合业务处对被推荐人选进行资格条件审查把关，满足条件人选提请中心党委常委会审议。

（三）确认聘任。经中心党委常委会审议通过，中心发文聘任。

第七条 出现下列情形之一者，经中心研究决定后，将予以解聘：

（一）受党纪政纪处分者。

（二）不遵守职业道德、弄虚作假者。

（三）严重失职、违反规章制度并造成重大损失者。

（四）长期因病或个人原因不能正常工作超过半年者。

第八条 本办法自印发之日起实施。本办法由中心人事处负责解释。

（起草人：梅艳、范静　发布时间：2019 年 4 月）

科技创新篇

科技创新篇是围绕气象服务事业需求，落实国家科技创新政策，以发展业务、提升科技、鼓励创新、加强成果保护为目的，编制的包含项目、人员、团队、机构、经费以及成果培育、生产、转化、知识产权保护等科技活动的一系列管理制度。科技创新管理规范的宗旨是激发员工开展气象服务科技研发、成果转化和应用推广的积极性和创造性，提升员工的知识产权保护意识。既支持首席领军人才解决业务服务紧迫需求、发展重点需要的问题，也支持培养锻炼青年科技人才打造科研梯队。同时，强调气象科技成果的保护与转化应用，以知识产权管理办法规范科技成果的保护程序，以气象科技奖励办法、创新工作奖励办法、促进科技成果转化管理办法等，全面提升员工参与科研的积极性和创新活力。

中国气象局公共气象服务中心创新工作管理办法

（公气发〔2020〕48号）

第一章 总 则

第一条 为推动中国气象局公共气象服务中心（以下简称中心）的创新工作，激发创新工作活力，营造创新环境氛围，开拓创新工作局面，推动创新工作持续发展，提高气象服务经济社会发展的能力和水平，根据《气象部门创新工作管理办法》（气发〔2018〕101号）的要求，制定本办法。

第二条 本办法所称的创新工作，是指围绕中心改革与发展的大局，针对完成重点工作中存在的共性和突出问题，在工作思路、发展理念、管理模式、制度建设、体制机制、方式方法等方面的开拓创新，并在实际工作中得到应用且取得明显成效的工作。

创新工作范围包括气象业务服务、科技和科学管理三类。

第三条 办公室负责创新工作评比的组织管理，组织创新工作评选，指导创新工作的宣传、评估和推广等管理职责。

第四条 相关职能部门结合工作实际，注重对创新工作培育的引导。

第五条 中心各处室负责创新工作的培育、申报及推广应用。

第六条 中心根据创新主题、创新内容、实施效益等综合情况，开展中心创新工作评比及中国气象局年度创新工作推荐。

第二章 创新工作的申报

第七条 办公室根据当年全国气象部门年度创新工作评比活动的要求，启动中心创新工作评比活动，组织开展申报工作。

第八条 中心各处室将年度创新工作的申报材料报送办公室。申报处室应严格控制申报数量，原则上每处室牵头申报项目不得超过2项。

第九条 申报材料应包括《公共气象服务中心创新工作申报表》（见附件）、创新工作成果书面材料等。申报材料要全面、详细介绍创新工作的背景或出发点、主要内容和过程、创新点、取得的预期成效等。可附有省部级以上的表彰奖励证书、肯定性评价的有关文件和领导批示、主流媒体肯定性报道及其他能够证明创新性且效益突出的辅助材料。

第十条 创新工作项目申报条件包括：

（一）率先性。首创或率先在气象服务行业内完成某项特定工作或任务；在借鉴和推广外部经验基础上再完善、再创造并充分体现本地化特色的新做法、新机制、新模式。

（二）实效性。对促进气象服务事业发展具有明显的推动意义，在实践中充分证明能够有效解决重点、难点问题，能够创造显著的社会和经济效益。

（三）完整性。具有清晰的创新思路、完善的创新方案、详细的工作要求、具体的措施方法以及科学的实施过程，具有较高的示范借鉴价值且能被推广运用。

第三章　创新工作的评比

第十一条 中心创新工作评比程序包括初审、复审和报中心审定三个环节。

第十二条 办公室负责组织对中心创新工作申报材料进行初审。主要审查其是否符合评选条件，对符合评选条件的创新工作在征询分管领导意见的基础上，根据其创新主题、创新内容、实施效益等综合情况，分类进行优先排序。

第十三条 办公室负责遴选评审专家，组成复审小组，对年度创新工作进行评审，形成推荐候选项目。

第十四条 复审小组推荐的候选项目报中心党委常委会审定，研究确定中心年度创新工作评选结果及中国气象局年度创新工作推荐项目。

第十五条 中心创新工作评比项目分设一等奖、二等奖两个等次。中心推荐并获得中国气象局年度创新工作表彰项目一般作为中心创新工作一等奖，未获评项目作为中心创新工作二等奖。

第十六条 获评中心年度创新工作的主持单位授予中心年度创新工作先进单位奖。参照《中国气象局公共气象服务中心科技创新奖励办法（试行）》（公气发〔2019〕66号）的规定进行奖励。

第四章　创新工作的应用

第十七条 中心对年度创新工作进行通报表彰，办公室负责组织相关处室进行宣传。

第十八条 中心年度创新工作的主持单位应积极开展推广工作。

第十九条 创新工作推广应用将纳入相关处室年度目标考核。

第五章 监督与检查

第二十条 承担创新工作评选的处室及相关人员，要严格按照规定程序进行评选，严守纪律，公正廉洁。对在评选过程中造成不良后果的，按照有关规定严肃处理。

第二十一条 凡在申报和评选过程中有弄虚作假行为的，经查属实后，取消获评资格，并按照有关规定给予通报批评。

第六章 附 则

第二十二条 本办法由办公室负责解释。

第二十三条 本办法自印发之日起执行。2017年印发的《公共气象服务中心创新工作管理办法》（公气发〔2017〕108号）同时废止。

（起草人：韩笑、李蕊　发布时间：2020年5月）

附件（略）

中国气象局公共气象服务中心创新团队建设与管理办法

（公气发〔2020〕39号）

第一章　总　则

第一条　为推动中国气象局公共气象服务中心（以下简称中心）创新团队建设，凝聚和造就一批高层次人才，提升公共气象服务科技创新能力和业务水平，参照《中国气象局创新团队建设与管理办法（试行）》（气发〔2010〕152号），制定本办法。

第二条　创新团队应围绕公共气象服务业务发展规划，以解决重点领域业务科研难题和关键技术及应用为重点，以业务科技项目为纽带，通过创新人才工作机制，在公共气象服务领域形成以高层次人才为核心、以青年骨干为主体的人才队伍。

第二章　建设条件和要求

第三条　创新团队是跨部门整合科技开发力量的创新型组织，按照需求牵引和任务导向的原则建设，其工作目标应明确，绩效应可评。中心流程再造团队纳入创新团队统一管理。

第四条　创新团队应围绕中心战略目标，依托重大业务建设项目、重大科研项目等支撑平台完成有关工作。团队的组建采用组织确认的方式，直接隶属于中心。中心业务科技处负责根据业务整体发展需要，提出创新团队组建方向和带头人的建议。

第五条　创新团队设立技术创新、集成创新、应用创新、机制创新等方向，应由能够承担重大业务、科研项目，能从事公共气象服务业务管理、技术研发与应用的人员组成；一般设团队带头人 1 名，核心成员、一般成员若干。

第六条　创新团队带头人应政治过硬，具有较高的业务、研发能力和创新思维，品德优良，作风严谨，有较强的组织协调能力、国际视野和合作精神；有主持省部级及以上的重点业务建设项目或科研项目的经历。一般应为中心首席总师或具有正研级专业技术职务；中心各部门主要负责人一般不作为创新团队的带头人；创新团队带头人同期不能负责两个及以上的创新团队。

第七条 创新团队成员应有较深厚的业务、科研功底，已经取得了较为突出的业务、科研成果，具备良好的协作精神。团队成员参加创新团队工作每年不少于三个月，同期参加团队不超过两个。

第八条 每个创新团队的核心成员一般不超过5人，实行动态管理。团队成员鼓励吸收其他局直属单位、省（区、市）气象部门以及有关高校和科研院所中的相关人员参加。创新团队的具体规模可根据实际攻关需求进行确认和调整。

第三章 建设流程

第九条 拟确认的创新团队带头人负责填写创新团队组建方案（附件）。组建方案中要明确工作方向、工作目标、考核指标、主要技术路线，以及团队成员人数、职责要求、工作方向、团队内部激励办法等内容。

第十条 业务科技处和人事处初步审核组建方案，报请中心科技委员会审议创新工作可行性，通过后上报党委常委会最终审定。

第十一条 组建方案通过党委常委会审定后，创新团队带头人根据实际需要完成成员组建工作，报人事处备案。人事处对拟入选的人员名单、创新团队组建方案进行不少于5个工作日的公示，公示无异议后，由中心发文确认创新团队完成组建。

第四章 运行管理

第十二条 团队带头人应组织制定创新团队实施方案并报业务科技处备案，方案应明确各成员的主要职责、任务内容、时间、目标、进度、计划、学术交流活动等内容。

第十三条 创新团队应通过多种途径开展成果宣传。定期发布工作简报，及时为中心提供科技创新素材。

第十四条 各创新团队方向涉及主要任务目标等重大事项调整或变更时，团队带头人应及时向业务科技处提出申请，报中心审定。

第十五条 各团队带头人应在每季度末对近期工作计划执行情况进行总结讨论，分析取得的工作进展、存在的问题、下一阶段工作计划及需要协调的事项，形成阶段总结分析报告，并报送业务科技处备案。业务科技处视情况组织向中心分管领导汇报工作进展。

第十六条 在创新团队运行期间，团队成员出现下列情形之一的，应由团队带头人提出解除其团队成员聘用的建议，由业务科技处联合人事处报请中心审定。

（一）违法犯罪；

（二）不遵守职业道德、弄虚作假，有学术不端行为；

（三）严重失职、失位，违反规章制度并造成重大损失；

（四）出国逾期不归；

（五）长期（一个年度内累计 4 个月以上）因病或其他各类原因不能正常履行团队规定岗位职责和工作时长要求；

（六）缺乏团队协作精神，不服从工作安排，出现两次阶段性检查无显著性工作进展的情况，且不听劝说和指导。

第五章 考核评估

第十七条 创新团队考评秉承注重实绩、逐级考评的原则。

（一）中心对创新团队工作的考评，依据团队工作实施方案，重点考评创新团队的工作进展、成果、目标完成情况等。

（二）创新团队实行团队带头人负责制。团队带头人负责创新团队的运行和管理，根据团队成员的工作贡献，对成员进行考评。

第十八条 中心对各创新团队实行定期考评机制。中心业务科技处具体负责组织创新团队的工作考评；团队带头人具体负责成员的工作考评。

（一）定期考评原则上每季度开展一次，业务科技处根据每季度团队进展汇报情况组织考评。定期考评结果作为确定团队奖励激励方案的依据。

（二）对工作跨年度的创新团队，业务科技处根据实际工作需要及团队每年度的考评结果，商人事处提出团队是否继续保留以及团队带头人是否胜任等意见，报中心审定。

（三）团队带头人根据团队组建方案明确工作量等考评指标，结合任务完成情况对团队成员及实际参与工作的人员进行日常考评。定期考评结果作为团队奖励激励分配的依据，报业务科技处及人事处备案。

（四）创新团队工作完成后，应提交工作总结至业务科技处备案。

第十九条 创新团队考评等次与比例。

（一）等次。团队与团队成员考评等次分为优秀、良好、合格、不合格，优秀和良好等次评价应在团队内公示无异议。

（二）退出。在当年的半年和年度考评 2 次均为不合格，或个人主动申请退出获团队带头人同意的团队成员，由中心发文确认退出创新团队。

第二十条 根据实际工作需要，团队带头人可以提出拟定补充调整人选，报业务科技处、人事处备案。为确保工作持续性，创新团队成员的调整和补充每年不超过团队总人数的30%。

第六章 保障措施

第二十一条 创新团队工作激励、经费保障等措施将按照中心科技创新奖励激励有关管理办法实施。

第二十二条 创新团队成员所在中心工作单位应保障其在创新团队的工作时间。根据工作实际情况，可按其原岗位平均绩效工资水平合理发放月度绩效。

第二十三条 同时在2个创新团队工作的成员工作奖励激励部分，须经所在各团队负责人协商后发放。

第二十四条 中心优先安排创新团队承担与其研发方向一致的重点建设、科研项目，并选取考评结果优秀的创新团队作为中国气象局创新团队申报等各类评选优先推荐集体。

第七章 附 则

第二十五条 本办法由业务科技处、人事处联合负责解释。

第二十六条 本办法自印发之日起施行。《公共气象服务中心创新创新团队建设与管理办法》（公气发〔2019〕50号）同时废止。

（起草人：梅艳、吕宸、范静、陈辉　发布时间：2020年4月）

附件（略）

中国气象局公共气象服务中心科技创新奖励办法（试行）

（公气发〔2019〕66号）

第一章　总　则

第一条　为奖励中国气象局公共气象服务中心（以下简称中心）在气象服务科技创新中做出突出贡献的集体和个人，进一步激发中心科技与业务人员推动气象服务核心技术研发、促进科技成果转化应用的积极性和创造性，根据中共中央、国务院《关于深化科技体制改革加快国家创新体系建设的意见》（中发〔2012〕6号）、《中共中央 国务院关于印发〈国家创新驱动发展战略纲要〉的通知》（中发〔2016〕4号）等有关政策以及《中共中国气象局党组印发〈关于增强气象人才科技创新活力的若干意见〉的通知》（中气党发〔2017〕25号）文件精神，制定本办法。

第二条　中心设立科技创新奖励专项资金，纳入年度预算管理，资金来源于中心科技成果转化、科技服务等非财政收入。

第三条　科技创新奖授予中心在气象服务科技创新中做出突出贡献的科技人员、创新团队和先进单位。奖项种类包括创新成果奖、创新人才奖、创新团队奖、创新工作先进单位奖。其中创新成果奖、创新人才奖每两年评选一次，创新团队奖、创新工作先进单位奖每年评选一次。

第四条　科技创新奖贯彻“尊重人才、尊重知识、尊重贡献”的方针，鼓励多种形式团队协作和联合攻关，鼓励积累自主知识产权，注重科技创新成果解决关键技术难点问题以及在中心气象服务业务中的应用和贡献。

第五条　中心维护科技创新奖的严肃性，按照公开、公平、公正的原则进行奖项的推荐、评审和授奖。

第二章　组织管理

第六条　科技创新奖励的重大事项由中心领导班子集体决策。集体决策内容包括科技创新奖励制度、财务预算、奖励方案等。

第七条　业务科技处负责科技创新奖的日常组织管理工作，负责牵头制定创新成果奖、创新人才奖及创新团队奖评奖方案及奖励发放，协助制定创新工作先进单位奖奖励方案；计划财务处会同办公室负责牵头制定创新工作先进单位奖奖励方案及奖励发放；人事处负责协助制定各类奖项奖励方案，并协助开展创新人才奖、创新团队奖评选；资产监管处负责协助制定创新成果奖评奖方案；党委办公室（纪检监察处）负责科技创新奖评选的监督及异议处理。

第八条　中心依托科学技术委员会成立专家组，负责依照本办法的规定进行科技创新奖的评审评价工作。专家组名单由业务科技处提出建议，报中心审定。

第三章　奖项设置

第一节　创新成果奖

第九条　创新成果奖包括技术创新类、应用创新类两类。

（一）技术创新类：利用原创技术或利用最新科技，填补中心特定领域气象服务空白，或能够显著提高中心业务服务水平和技术能力，且已开展应用或试验的技术创新成果。

（二）应用创新类：利用先进技术研发完成并已经在中心气象服务业务中应用，取得突出应用效益，促进气象服务提质增效的应用创新成果。

第十条　申报创新成果奖必须同时满足以下要求：

（一）创新成果须具有专利证书、著作权证书、已发表的论文等知识产权证明，或已公开发布的标准，或已在中国气象局登记备案的科技成果，或具有评估资质的第三方机构出具的科技成果评价报告，或通过中心科技成果认定。

（二）成果的第一完成单位或第一完成人仅限于中心单位或个人，且成果完成者中中心人员比例占 50% 以上。

第十一条　创新成果奖实行分档授奖，分设三个等级，无符合条件项目宁缺毋滥。

（一）一等奖须符合下列标准：

1. 技术创新类：在气象服务技术研究方面取得重大创新性成果，主要学术观点在学术界产生较大影响，得到国内外同行的公认和引用。

2. 应用创新类：在气象服务业务中应用，解决了关键性技术难题或取得重大实质性创新，创新成果在总体技术中占重要部分，具有重大应用价值，对推动中心乃至气象服务行业的科技进步起到积极作用。

（二）二等奖须符合下列标准：

1.技术创新类：在气象服务技术研究方面取得较大创新性成果，主要学术观点在学术界产生一定影响，被国内领域或同行承认、引用。

2.应用创新类：在气象服务业务中应用，解决了重要技术难题或在有明显突破和创新，取得具有重要应用价值的成果。

（三）三等奖须符合下列标准：

1.技术创新类：在气象服务技术研究方面有所创新，主要学术观点在学术界一定范围内产生影响，被气象部门学术界承认、引用。

2.应用创新类：在气象服务业务中应用，解决了技术难题或有一定突破和创新，取得具有应用价值的成果。

第十二条 鼓励中心科技人员积累高质量科技成果，积极参与国家级、省部级相关科技奖项评选。中心对符合以下条件的成果，直接认定并授予创新成果奖。通过认定方式获奖的成果，不再参与创新成果奖评选，不重复授奖。

（一）对以中心为第一完成单位获国家科学技术奖、中国气象学会气象科学技术奖、气象服务创新大赛奖，或在SCI或SCIE收录期刊上正式发表的论文，或获批发明专利，或正式发布实施的国家标准，直接授予创新成果奖一等奖。

（二）对以中心为第一完成单位获中心推荐参与国家科学技术奖、中国气象学会气象科学技术奖、气象服务创新大赛奖评选，或在EI收录期刊和一级核心期刊上正式发表的论文，或获批实用新型专利，或正式发布实施的行业标准，直接授予创新成果奖二等奖。

（三）在二级核心期刊上正式发表的论文，或获批外观设计专利，直接授予创新成果奖三等奖。

第十三条 认定的创新成果奖必须满足以下要求：

（一）科技论文及专利，须与作者本人的工作岗位或中心业务科研工作密切相关。论文第一作者为中心职工，第一作者和作者单位均明确标注为“中国气象局公共气象服务中心”。

（二）论文收录期刊级别的确定。根据《中国科技期刊引证报告》和《中国科学期刊引证报告》中收录期刊的排名确定核心期刊认定级别，同一种期刊在上述不同指标排序中不同时，按就高原则确认。在国外学术期刊上以通讯作者发表的论文视同为第一作者。以摘要、增刊或论文集等形式发表的论文不属于本办法所适用的范围。

第二节　创新人才奖

第十四条 创新人才奖分设优秀创新人才奖、青年创新人才奖两个奖项。

（一）优秀创新人才奖。主要面向中心做出突出科技贡献的优秀科研和业务技术骨干，实行申报评奖机制。主要授予取得创新性研究成果，解决了制约中心业务服务领域关键科学技术问题，有效促进了公共气象服务业务发展和服务水平提高的科技工作者。申报者应同时具备以下条件：

1. 评奖年度前5年（含当年）内主持完成1项及以上国家级或2项及以上省部级立项的科研及业务研发项目（标准项目和业务建设项目不属其中）；

2. 作为第一完成人获得司局级以上（含司局级）科技、业务管理部门认可的科技成果，或取得国家发明或专利、软件著作权，并在中心业务中得到良好的推广应用效果。

（二）青年创新人才奖。主要面向中心40周岁以下青年科研和业务技术骨干人员，实行申报评奖机制。主要授予取得了一定创新性研究成果，解决了中心业务服务领域核心科技问题，切实提升了中心气象服务业务和科研能力的中心青年科技工作者。申报者应同时具备以下条件：

1. 评奖年度前5年（含当年）内主持完成2项及以上司局级（含司局级），或作为主要参加人（前5名）完成2项及以上省部级（含省部级）或1项及以上国家级科研及业务研发项目；

2. 作为主要完成人获得司局级以上（含司局级）科技、业务管理部门认可的科技成果，或取得国家发明或实用专利、著作权并在中心气象服务业务中得到良好的推广应用效果。

第十五条 对获得中国青年科技奖、全国创新争先奖（状）、全国杰出科技人才奖、全国优秀青年气象科技工作者、全国创新人才推进计划、万人计划、全国科普讲解大赛、全国气象行业职业技能竞赛、全国气象科普讲解大赛、邹竞蒙人才奖、涂长望青年气象科技奖、中国气象局重大气象服务先进个人等重要创新及科技人才奖励，以及组织认可的国际人才奖项的个人，直接认定并授予中心创新人才奖。

第三节 创新团队奖

第十六条 创新团队奖授予依据《公共气象服务中心创新团队建设与管理办法》（公气发〔2019〕50号）组建的中心创新团队。创新团队按照既定目标取得一定创新性科研或业务应用成果，定期考评达标的，按本办法评奖流程授予创新团队奖。

第四节 创新工作先进单位奖

第十七条 创新工作先进单位奖授予对中心科技创新工作做出突出贡献的处级单位。

（一）在年度全国气象部门创新工作评比中，获中心推荐参与评选中国气象局年度创新工作的，按本办法评奖流程授予创新工作先进单位奖。其中获评中国气象局年度创新工作的，奖励额度适度提高。

（二）获评中国气象局年度重大气象服务先进集体等其他省部级及以上集体奖项或表彰的，

按本办法评奖流程授予创新工作先进单位奖。

（三）创新开展中心对外科技服务工作，完成年度任务，取得突出效益，按本办法评奖流程授予创新工作先进单位奖。

第四章　评奖与授奖流程

第一节　创新成果奖、创新人才奖评选流程

第十八条　评奖方案。业务科技处会同人事处、计划财务处、资产监管处提出创新成果奖、创新人才奖评奖方案，方案包括拟奖励规模、获奖比例、评审规则等内容，报中心主任常务会审定。

第十九条　单位推荐。中心各部门作为创新成果奖、创新人才奖推荐单位，在推荐时应当依据本办法奖项设置和相关要求，填写统一格式的推荐书（附件 1 或附件 2），提供真实、可靠的评价和证明材料并在完成单位范围内公示，按相关要求在规定的时间内报送业务科技处。

第二十条　形式审查。业务科技处对推荐材料进行形式审查，对不符合规定的推荐材料，可以要求推荐单位在规定时间内补正，逾期未补正或者经补充仍不符合要求的，不提交评议。

第二十一条　专家评议。业务科技处组织科技创新奖专家组进行奖励评议工作，评议采取无记名投票方式表决，形成建议授奖名单，报中心主任常务会审定。

第二十二条　获奖条件。专家组评议通过的获奖项目（人）条件：

（一）创新成果奖一等奖获奖项目所获得的一等奖赞成票数，应当占专家投票总数三分之二以上（含三分之二）；二等奖获奖项目所获得的一等奖和二等奖赞成票数之和应当在二分之一以上（不含二分之一）；三等奖获奖项目所获赞成票数总和应当在二分之一以上（不含二分之一）。

（二）创新人才奖获得赞成票数应达到投票总数的三分之二。

（三）在满足上述条件的项目（人）中，建议授奖名单按得票数由高到低排序。

第二十三条　中心科技创新奖评议实行回避制度。若评议专家为候选项目的完成者，在评议过程对与其相关的候选项目进行审议时，该委员须退场回避，不参加针对该候选项目的投票表决。

获得中心创新成果奖、创新人才奖的，由业务科技处组织奖金发放。其中，创新成果奖由成果第一完成人提出具体奖励比例，并在成果完成团队范围内公示，公示无异议后发放奖金。

中心优先推荐获奖成果（人）参加中国气象局相关科技类奖项的申报。

第二节　创新团队奖、创新工作先进单位奖评奖流程

第二十四条　创新团队奖评奖流程：

（一）业务科技处会同人事处、计划财务处，提出年度创新团队奖总体奖励方案，总体奖励方案包括拟奖励团队、拟奖励规模、团队奖励考评指标等内容。

（二）总体奖励方案报中心主任常务会审定。

（三）业务科技处按照《公共气象服务中心创新团队建设与管理办法》相关要求，组织对创新团队的按期考评，并根据考评结果，拟定当期团队奖励规模。

（四）创新团队负责人提出当期团队奖励具体分配比例，并在创新团队范围内公示，公示无异议后形成当期团队奖励方案。

（五）当期团队奖励方案报中心主任办公会审定后，由业务科技处组织奖励发放。

第二十五条 创新工作先进单位奖评奖流程：

（一）计划财务处会同办公室、业务科技处根据中心各处室开展对外科技服务工作情况及年度创新工作等奖项评选情况，牵头提出创新工作先进单位奖奖励方案，奖励方案包括拟授奖单位名单、拟奖励额度等。

（二）奖励方案报中心主任常务会审定。

（三）处室负责人提出奖励具体分配比例，并在处室范围内公示，公示无异议后，由计划财务处组织奖励发放。

第三节 授 奖

第二十六条 中心科技创新奖实行以精神奖励为主、物质奖励为辅的原则。

（一）创新成果奖、创新人才奖由中心颁发证书；创新团队奖、创新工作先进单位奖不颁发证书。

（二）中心科技创新奖具体奖金额度在各类奖项奖励方案中明确，报中心主任常务会审批。

第五章 异议及其处理

第二十七条 中心科技创新奖评选工作实行异议制度。

（一）公示期内，任何单位和个人对候选项目（人）持有异议，应当在公示期内向党委办公室（纪检监察处）提出，逾期不予受理。

（二）提出异议的单位或个人应当以真实身份提交书面异议材料，并提供证明文件；匿名异议不予受理；推荐单位、推荐人及项目的完成人和完成单位对评审等级的异议，不予受理。

第二十八条 参与异议调查、处理的有关单位和人员应当对异议者的身份予以保密。确实需要公开的，应当事前征求异议者的意见。

第六章 罚 则

第二十九条 参与评选工作的有关工作人员应当对评审内容严格保密。参与科技奖评审活动的有关人员在评审活动中违反保密规定、弄虚作假、徇私舞弊的，依照中心有关规章给予纪律处分。

第三十条 剽窃、侵夺他人的发现、发明或者其他科学技术成果的，或者以其他不正当手段骗取科技奖励的，由中心业务科技处报中心批准后撤销奖励，追回奖金，依照中心有关规章给予纪律处分。

第三十一条 各类科技创新奖励申报人和推荐单位提供虚假数据、材料的，在中心内部予以通报批评；情节严重的，暂停其申报或推荐资格两年；对负有直接领导责任的人员和其他直接责任人员，依照中心有关规章给予纪律处分。

第七章 附 则

第三十二条 本办法由中心业务科技处、计划财务处联合负责解释。

第三十三条 本办法自发布之日起施行。《公共气象服务中心气象科技奖励办法》（公气发〔2014〕50号）同时废止。

（起草人：吕宸、陈辉、贺姗姗、刘欣、范静、韩笑 发布时间：2019年10月）

附件（略）

中国气象局公共气象服务中心科技成果转化管理办法

（公气发〔2019〕61号）

第一章 总 则

第一条 为深入贯彻落实创新驱动发展战略，更好地规范、引导和促进中国气象局公共气象服务中心（以下简称中心）成果转化工作，激发广大科技人员的创新潜力和活力，根据《中华人民共和国促进科技成果转化法》（2015年修订）、《国务院办公厅关于印发实施〈中华人民共和国促进科技成果转化法〉若干规定的通知》（国发〔2016〕10号）、《中共中央办公厅 国务院办公厅印发〈关于实行以增加知识价值为导向分配政策的若干意见〉》（厅字〔2016〕35号）、《中共中国气象局党组印发〈关于增强气象人才科技创新活力的若干意见〉的通知》（中气党发〔2017〕25号）等有关法律、法规和相关政策，结合中心实际情况，制定本办法。

第二条 本办法所称科技成果，是指执行中心的工作任务或利用单位物质资源和技术条件，开展科学研究与技术开发所产生的具有实用价值的职务性科技成果。科技成果须具有专利证书、著作权证书等知识产权证明，或已在中国气象局登记备案的科技成果，或具有评估资质的第三方机构出具的科技成果评价报告，或通过中心科技成果认定。科技成果类型涵盖技术、方法、模型、系统、平台、产品等。

第三条 本办法所称科技成果转化，是指对科技成果进行后续试验、开发、应用、推广进而形成新技术、新工艺、新材料、新产品或发展新产业，通过转让、许可、合作和作价投资等方式开展转移转化，并取得相应收益的活动。科技成果转化活动应当遵守法律法规，维护国家利益，不得损害社会公共利益和他人合法权益。

第四条 中心面向用户的常规性、日常性专业气象服务收费，不适用本办法科技成果转化收益分配政策。

第五条 对中心科技成果进行转化，不得影响原有正常业务运行。如科技成果已纳入中心与其他单位以协议等方式另行约定的，不再按照本办法进行科技成果转化收益分配。

第二章 组织管理

第六条 科技成果转化的重大事项由中心领导班子集体决策。集体决策内容包括科技成果转化制度、财务预算、重大科技成果转化项目（投标、合同、协议等）（50 万元以上）、大额现金奖励分配方案（30 万元以上）、公示环节异议的处理意见等。

第七条 中心各相关职能部门负责科技成果转化工作的组织实施：业务科技处负责科技成果认定、转化申请受理、转化协议审核、转化项目实施监督、转化备案管理等工作，牵头负责科技成果认定和拟交易价格公示异议的处理；资产监管处负责组织科技成果登记、备案管理等工作；计划财务处负责科技成果转化财务预算审核等相关工作；人事处负责科技成果转化中心职工奖励的发放、现金奖励分配方案公示异议的处理；党委办公室（纪检监察处）负责科技成果转化财务审计工作，并按年度出具科技成果转化收支事项的专项审计报告。

第八条 科技成果转化主体负责科技成果转化的具体执行，包括科技成果的研发、登记、推广，转化过程中的公示、合同的签订，项目的实施、跟踪、验收，制定现金奖励具体分配方案并按要求进行公示。协助完成现金奖励方案、合同登记、公示异议的处理、完成并上报科技成果转化年度工作报告等相关材料。

（一）由司局级及以上科技管理机构正式批复立项的科技项目形成的科技成果、团队及个人自主研发形成的科技成果，科技成果转化的执行主体为项目团队，实行项目负责人制。

（二）各业务单位组织开展的科技成果转化活动，科技成果转化的执行主体为项目牵头承担单位负责人（中心处级单位）。

第三章 转化流程

第九条 根据中心业务发展和外部需求情况，各业务单位应积极对已登记的科技成果进行对外宣传和推广，促进科技成果转化。

第十条 申请。科技成果转化主体根据科技成果转化意向，向业务科技处提出科技成果转化申请，须提交以下材料：

（一）科技成果转化申请书。

明确科技成果名称、完成单位、技术成熟程度和水平、转化对象和转化方式、团队人员及收益分配比例建议等事项（格式详见附件 1）。

（二）科技成果认定材料。

科技成果认定材料可以为专利证书、著作权证书、科技成果认定或登记证书、第三方科技成果评价报告等。

（三）拟签订的科技成果转化合同（协议）。

明确转化方式以及转化过程产生知识产权归属、违约责任、分年度经费预算等。

（四）其他需要提供的证明材料。

第十一条 审批。科技成果转化应当通过协议定价、在技术交易市场挂牌交易、拍卖等市场化方式确定价格。协议定价的，通过业务科技处形式审核后，由科技成果转化主体公示科技成果名称和拟交易价格，公示时间不少于15个工作日。公示期满没有提出异议的，经中心主任办公会审议通过后，签订科技成果转化合同（协议）。公示期内如有异议，由业务科技处会同计划财务处，在公示单位配合下进行调查核实，提出处理方案，报中心主任常务会审定。

第十二条 签署。开展科技成果转化应以“中国气象局公共气象服务中心”的名义统一对外签订书面合同（协议），在合同（协议）中依法约定转化科技成果有关权益的归属、成果使用方式，注明转化科技成果的名称和编号，并按照中心有关规定审核和签署合同。如联合企业或社会组织对外开展科技成果转化，须签订科技成果转化合作或委托合同（协议），明确成果转化收益分配比例、转化成本、违约责任等内容。

第十三条 实施。科技成果转化主体应按照合同（协议）履行责任义务，不得随意更改合同（协议）约定的工作内容和时间节点、更换任务负责人、改变约定的经费用途等，确须变更的，应征得委托方、合作方同意。单一业务单位承担的科技成果转化项目，由承担业务单位组织实施及验收，多个业务单位承担的科技成果转化项目，由牵头业务单位组织实施及验收。

第十四条 科技成果转化项目实行年度报告制度。科技成果转化主体应按年度对获得的科技成果情况、科技成果转化情况、收入及分配情况等内容进行梳理，形成年度报告报业务科技处备案。

第四章 财务管理

第十五条 科技成果转化收入全部留归中心，纳入中心部门预算。转化收益分配额度不受当年本单位工资总额限制。

第十六条 科技成果转化取得的收入，由中国气象局财务核算中心开具等额发票。科技成果转化分次收款的，发票金额与分次收入的金额应对应一致。

第十七条 科技成果转化收益由中心按规定进行分配和奖励。科技成果转化收益是指中心签署科技成果转化合同（协议）约定的收益，包括科技成果转化成本、税费和净收入三部分。

科技成果转化成本：是指按照协议约定开展该科技成果转化工作的相应成本，包括但不限于发生的直接物化成本（设备费、办公费、资料费、水电费、采暖费、通信费、差旅费、交通费、会议费等）、劳务咨询及委托业务费、转化转移机构服务费等。科技成果转化成本由科技成果转化执行主体测算提出，业务科技处会同计划财务处审核确定。

税费：是指按国家税法规定应缴纳的税费，含当年收到款项应缴纳的流转税费，当年形成的结存资金应缴纳的所得税等。

净收入（收益）：是指科技成果转化合同金额扣除科技转化成本、税费支出后的剩余经费，由计划财务处负责核算。净收入（收益）部分用于对完成和转化科技成果做出重要贡献人员的奖励和报酬，另一部分用于中心科技研发投入以及科技创新奖励相关工作。

第五章　收益奖励分配

第十八条　以技术转让或者许可方式转化科技成果的，应当从技术转让或者许可所取得的净收入中提取 60% 的比例用于奖励。以科技成果作价投资实施转化的，应当从作价投资取得的股份或者出资比例中提取 60% 的比例用于奖励。

第十九条　奖励分配方案由科技成果转化主体提出（格式详见附件 2），方案中应包括奖励人员范围、奖励份额等。其中对完成和转化科技成果做出主要贡献的人员，奖励份额不低于奖励总额的 50%。

第二十条　奖励分配方案由科技成果转化主体在成果完成单位和合作单位公示，公示时间不少于 10 个工作日。公示期满没有提出异议的，经业务科技处和计划财务处审核通过，由人事处负责中心职工的奖励发放，由科技成果转化主体负责中心以外人员的奖励发放。公示期内如有异议，由人事处在公示单位配合下，进行调查核实，提出处理方案，报中心主任常务会审定。

第六章　权益保障与法律责任

第二十一条　违反本办法规定，在科技成果转化活动中弄虚作假，采取欺骗手段，骗取奖励和荣誉称号、诈骗钱财、非法牟利的，由中心依照管理职责责令改正，取消该奖励和相关荣誉称号，追回违规经费支出，没收违法所得，并处以罚款。给他人造成经济损失的，依法承担民事赔偿责任。构成犯罪的，依法追究刑事责任。

第二十二条　科技成果属国有资产，职工未经单位允许，泄露本单位的技术秘密，或者擅自转让、变相转让或提供第三方使用科技成果的，参加科技成果转化的有关人员违反与本单位的协议，在离职、离休、退休后约定的期限内私自从事原单位科技成果转化活动，给本单位造成经济损失的，依法承担民事赔偿责任；构成犯罪的，依法追究刑事责任。

第二十三条 中心科技成果的知识产权权利人、成果登记完成单位均为“中国气象局公共气象服务中心”。中心联合其他单位或者企业承担实施的财政性科研项目、与其他部门、企业或社会组织联合开展的科技项目取得的科技成果，其权属依据相关国家法律法规或者合同进行约定。

第七章 附 则

第二十四条 本办法由中心业务科技处负责解释。

第二十五条 本办法自发布之日起施行。《中国气象局公共气象服务中心促进科技成果转化管理办法（试行）》（公气发〔2017〕94号）同时废止。

（起草人：吕宸、陈辉、贺姗姗、刘欣、范静　发布时间：2019年9月）

附件（略）

中国气象局公共气象服务中心创新基金项目管理办法

（公气发〔2020〕62号）

第一章 总 则

第一条 依据中共中央、国务院《关于深化科技体制改革加快国家创新体系建设的意见》（中发〔2012〕6号）、《中共中央 国务院关于印发〈国家创新驱动发展战略纲要〉的通知》（中发〔2016〕4号）等一系列国家科技创新政策和《中共中国气象局党组印发〈关于增强气象人才科技创新活力的若干意见〉的通知》（中气党发〔2017〕25号）等文件精神，设立中国气象局公共气象服务中心（以下简称中心）创新基金项目。为规范创新基金项目管理，发挥创新基金使用效益，结合中心实际情况，制定本办法。

第二条 设立创新基金项目旨在推动中心与部门内外各类创新主体共研创新技术、共促成果转化、共用科技人才、共享科技资源，充分调动科技人员的积极性、创造性，提升气象服务科技创新水平与核心技术支撑能力。

第三条 创新基金项目由中心谋划设立，经费来源以中心自筹为主，重点支持解决中心气象服务业务发展面临的关键科学技术问题，或能够推动中心创新发展的机制制度研究、核心产品和系统平台研发。同时接受各类创新主体资助或自带项目经费，利用中心资源条件开展项目研究。创新基金项目包括重点项目、面上项目、青年项目以及指令性项目四类。

第四条 中心各部门、各省（区、市）气象局、科研院所、高校和社会企业等相关人员均可作为创新主体，依据创新基金项目申报要求进行项目申请。

第二章 组织管理与职责分工

第五条 中心业务科技处负责创新基金项目的总体协调与组织管理。其主要职责是：

（一）组织编制与发布申报指南。

（二）组织项目申报、评审与立项。

（三）对项目实施进行监督检查。

（四）组织项目结题验收。

（五）协调解决项目申报、实施、科技成果管理等过程中出现的重大问题。

中心计划财务处负责项目预算审核和财务验收。

中心党委办公室（纪检监察处）负责项目综合验收前出具财务审计报告。

第六条 项目承担单位对项目总体目标完成情况及项目实施效果负责。其主要职责是：

（一）对项目申请书、项目任务书进行审核，并保证所提交材料的合法性、真实性和可行性。

（二）协调并处理项目执行过程中出现的有关问题，及时报告项目实施相关重大事项。

（三）及时组织提交项目验收有关材料，汇交项目形成的技术报告、论文、数据、绩效评价报告等资料，并按有关要求归档。

（四）组织项目形成的科技成果登记，加强科技成果转化和应用推广，条件成熟时提出科技成果业务转化的建议。

（五）按照有关政策法规，加强对项目科技成果的知识产权管理和保护工作。

第七条 中心依托科技委员会成员及各专业领域专家代表组成创新基金项目咨询专家组。其主要职责是：

（一）为中心创新基金项目申报指南、科学技术研究方向、技术路线和实施方案等提供咨询建议。

（二）参与中心组织的创新基金项目立项评审、过程管理、项目结题验收等工作。

（三）参与年度优秀创新基金项目评议工作。

第八条 项目负责人负责项目的具体组织实施工作。其主要职责是：

（一）根据创新基金项目申报指南，按要求编制项目申请书（附件1）。

（二）根据创新基金项目批复情况，按要求编制项目任务书（附件2），并根据签订的项目任务书实施项目研发工作，按规定使用项目经费。

（三）接受不定期检查、验收和绩效评估，按要求报告项目实施进展情况、预算执行进度等有关信息报表及有关重大事项，按照规定时间及时报送项目结题验收材料。

（四）推动项目成果业务转化、推广应用等工作。

第三章 项目申报与立项

第九条 创新基金项目按照重点项目、面上项目、青年项目以及指令性项目分类组织，面向范围各有侧重。

（一）重点项目、面上项目主要解决影响和制约中心业务发展较为突出的业务技术瓶颈、核心产品系统平台和运行管理机制等问题。根据项目研究方向、目标任务及支持力度划分重点项目及面上项目。

（二）青年项目仅面向中心内部，主要培养中心青年科技骨干在业务工作中积极创新，解决业务技术难题的能力。

（三）指令性项目主要支持中心确定的定向任务。

第十条 创新基金项目负责人需符合以下条件：

（一）重点项目负责人一般具备高级专业技术职称，且在申请领域方向具有一定的业务技术基础。

（二）面上项目负责人一般具备中级专业技术职称，或取得博士学位并具有1年及以上业务工作经验，且在申请领域方向具有一定的业务技术基础。

（三）青年项目负责人须在40周岁以下，并具有1年及以上业务工作经验。

（四）指令性项目由业务科技处提出项目负责人建议，经中心审定后确定。

（五）项目负责人同期只能主持1项创新基金项目，非项目负责人不得同时参加超过2项创新基金项目。

第十一条 创新基金项目申报指南发布。中心业务科技处围绕中心业务发展和科技支撑的迫切需求，一般每年第四季度面向中心各单位征集下一年度创新基金项目建议，汇总形成年度创新基金项目申报指南，并提出项目数量建议，报中心主任办公会审定后发布。

第十二条 创新基金项目申报。项目承担单位根据项目申报指南和申报条件，组织项目负责人编写项目申请书（附件1）。项目申请书须明确研究内容、技术路线、考核指标、参加人员、项目预算等内容，并经所在单位审批同意，加盖单位公章。项目负责人须获得所在单位认可或承诺开展的项目研究工作不涉及产权纠纷，不影响所在单位本职工作，相关纠纷与责任均由个人承担。

中心以外相关单位人员申请项目时，须与中心的固定人员合作（未填写合作者由中心根据研究内容指定1名中心参与研究人员）。

第十三条 创新基金项目审查。中心业务科技处组织咨询专家组对项目申请书进行审查和评议，形成项目综合评审结果，报中心审批确定年度立项项目。

第十四条 创新基金项目立项批复。中心业务科技处发布项目立项通知，项目承担单位根据项目审查环节的专家评议意见填报项目任务书（附件2）。业务科技处会同计划财务处组织与项目承担单位签订项目任务书。

第十五条 指令性创新基金项目立项。项目承担单位或项目负责人填报项目任务书，业务科技处组织咨询专家组对项目任务书进行审查，报中心审批，并按照有关程序完成后续立项工作。

第四章　项目实施与管理

第十六条　项目研究时间一般不超过 12 个月。对于业务中急需应用的紧迫性研究任务，其依托项目要尽可能缩短开发周期。

第十七条　项目实施期间，如确需进行项目计划任务调整、项目负责人变更，项目承担单位应及时向业务科技处提出申请，并组织填报项目任务变更申请书（附件 3），经业务科技处审核批准后方可执行。

第十八条　项目负责人应严格按照项目任务书所签订的研究内容及进度完成全部工作。如确因主客观因素不能按期完成，只能申请延期一次，延期时间一般不超过 6 个月。需要延期的项目应在预定执行期终止前 2 个月，经项目负责人所在单位同意后，向中心业务科技处提出申请，并填写项目延期申请表（附件 4），经业务科技处审核批准后执行。当年项目延期的，原则上从应结题之日算起，项目负责人两年内不得申报中心创新基金项目。

第十九条　中心业务科技处视情况组织对在研项目进行中期检查或抽查，未通过中期检查或抽查的项目要限期整改，情节严重的将中止项目执行并做相应的处理，必要时可追溯项目已执行经费。

第五章　项目经费管理

第二十条　创新基金重点项目支持额度一般不超过 15 万元，面上项目一般不超过 5 万元，青年项目一般不超过 1 万元。重点项目数量占比一般不超过 20%。

第二十一条　创新基金项目经费一次核定总额，专款专用，包括直接经费和间接经费。直接经费主要用于项目研究相关的会议费、专家咨询费、劳务费、差旅费、交通费、出版印刷费（文献 / 信息传播 / 知识产权事务费）、培训费、其他等开支，如有其他经费使用计划，须写出具体支出说明。间接经费主要用于激励科研人员的绩效支出，以及其他有关管理费用的补助支出。直接经费中劳务及咨询费合计总额不得超过项目经费总额的 30%。间接经费不超过项目经费总额的 20%。项目经费支出严格按照项目任务书批准的款项、额度和期限执行，项目任务书未批的款项不得列支。

第二十二条　项目执行过程中，项目承担单位和项目负责人应严格按照下达的项目预算执行，如确有必要调整的，应当按以下程序审批：

（一）项目预算总额和项目承担单位变更，应由项目负责人经由项目承担单位向中心业务科技处和计划财务处提出申请，业务科技处会同计划财务处报中心领导审定后批复。

（二）项目总预算不变，预算支出类型如需调整，调整额度不超过10%的，可由项目承担单位自行调整。

（三）项目总预算不变，预算支出类型如需调整，调整额度超过10%的，由项目负责人向计划财务处提出申请并得到确认。

第二十三条 中心以外单位申请创新基金项目，原则上按照项目负责人所属单位确定经费使用管理单位。

第二十四条 项目承担单位或项目研究人员参加中心创新基金项目，项目经费的开支范围参照创新基金项目经费开支范围确定。

第六章 项目结题与验收

第二十五条 项目验收以正式签订的项目任务书、任务变更批复文件等为依据。项目验收包括财务审计和综合验收。

（一）财务审计：项目负责人最迟应在项目执行期结束后一周内经项目承担单位提交相关材料。如项目组提前完成研究建设任务，可提前提交。党委办公室（纪检监察处）在接到申请后及时出具财务审计意见。

（二）综合验收：业务科技处组织项目综合验收。验收重点主要针对项目的执行情况、业务化程度、服务效益等。项目负责人应向业务科技处提交项目验收材料（附件5），同时提交项目成果附件，包括技术报告、论文、知识产权证书等。

第二十六条 综合验收评价结论分为优秀、验收通过和验收不通过。业务科技处在验收过程中组织评选出优秀项目。

（一）评选为优秀项目的，项目承担单位以及项目负责人在申请下一年度创新基金项目时考虑优先支持。

（二）项目验收不通过的，原则上项目负责人三年内不得再申请中心创新基金项目。

第二十七条 项目成果所有权或知识产权，一般情况下归中心所有；自带资金的项目成果所有权或知识产权归属应在项目任务书中进行约定。

第七章 项目成果应用

第二十八条 创新基金项目通过验收后，项目负责人应将项目形成的科技成果在中心科技创新信息管理系统中登记备案，并配合做好科技成果业务转化和推广应用工作。

第二十九条 项目科技成果转化取得的收益分配，依照《中国气象局公共气象服务中心科技成果转化管理办法》实施。

第八章 附 则

第三十条 本办法由中心业务科技处、计划财务处联合负责解释。

第三十一条 本办法自发布之日起施行。《中国气象局公共气象服务中心创新基金项目管理办法（试行）》（公气发〔2019〕60号）和《中国气象局公共气象服务中心首席专项工作基金管理办法（试行）》（公气发〔2015〕57号）同时废止。

（起草人：张礼春、陈辉、吕宸、乔亚南、刘欣 发布时间：2020年5月）

附件（略）

中国气象局公共气象服务中心共建联合机构管理办法（试行）

（公气发〔2020〕82 号）

第一条 为提升中国气象局公共气象服务中心（以下简称中心）服务能力和水平，满足快速增长的气象服务多元化需求，中心鼓励和支持业务单位与地方政府、企事业单位、高校和研究机构共建联合非法人机构（以下简称联合机构）。为加强对联合机构的运行管理，特制定本办法。

第二条 与地方政府、事业单位合作设立的联合机构一般称研究院（研究中心）；与企业、高校和研究机构合作设立的联合机构一般称研究基地（实验室）。联合机构按照协议约定共同管理。

第三条 联合机构一般按照专项领域具体命名，并在共建协议中进行明确。联合机构如需变更名称，需经中心党委常委会审议批准。

第四条 联合机构由相关业务单位与合作方协商起草共建协议，共建协议应包括（不限于）共建目标、研究或应用方向领域、合作运行机制、人员组成、经费来源等内容。

第五条 业务科技处负责初审共建协议，人事处负责提出拟委派至联合机构的管理人员、专家或其他人员，提请中心党委常委会审议决定。

第六条 业务科技处会同人事处负责对联合机构的日常监管。联合机构每年应制定年度实施方案，明确年度工作目标、任务内容、预期成果、人员和进度安排等内容，报业务科技处备案。中心每年不定期组织联合机构业务技术交流会，沟通交流合作进展和取得的成果，研究下一年度工作计划，促进联合机构协议顺利实施。

第七条 委派至联合机构的人员采取兼职工作方式，兼职不得领取薪酬、奖金、津贴等报酬；所兼任职务实行任期制的，任期届满拟连任必须重新审批或备案。按照管理权限，相关人员应在年度考核中对兼职工作情况一并进行述职。

第八条 相关业务单位应在研究条件、人员配备等方面给予必要的支持，并作为年终考核的内容，以促进合作共建取得实效。

第九条 联合机构的合作期限一般不超过5年。结合业务技术交流会情况，中心组织专家对联合机构进行效果评估。合作期满根据需要可续签协议。

第十条 联合机构所依托的单位如有变更或撤销，或兼职管理人员、专家工作职务和岗位等如有调整不再适合担任兼职岗位的，业务科技处应会同人事处及时提出调整方案并报中心党委常委会审定。

第十一条 本办法自印发之日起施行。本办法制定之前成立的联合机构，由中心统一进行评估，做出延续、变更或取消的决定。

第十二条 本办法由人事处联合业务科技处负责解释。

（起草人：范静、陈辉　发布时间：2020年7月）

中国气象局气象服务科技成果中试基地运行管理办法

（公气发〔2020〕60号）

第一章 总 则

第一条 为贯彻落实《气象科技创新体系建设指导意见（2014—2020）》（气发〔2014〕99号）、《中国气象局关于加强气象科技成果中试基地（平台）建设的指导意见》（气发〔2015〕80号）和《中国气象局办公室关于印发科技成果中试基地（平台）管理办法（试行）的通知》（气办发〔2018〕6号）等文件精神，中国气象局公共气象服务中心（以下简称公服中心）负责中国气象局气象服务科技成果中试基地（以下简称中试基地）建设和运行管理。为促进科研与业务紧密结合，提高科技成果在公共气象服务业务中的转化应用水平，特制定本办法。

第二条 中试基地坚持“创新发展、开放合作、成果共享”的原则，面向国内外科研机构、高等院校、气象部门、气象服务企业及个人开放，开展和提供有利于气象服务业务发展和服务开展的科技成果准入遴选、测试与检验、集成与开发、评估与评价、技术应用推广等中试服务和平台支撑功能，发挥促进科技成果产出和实现业务转化应用的重要载体作用。

第二章 组织机构

第三条 中试基地主任由公服中心分管科技工作的副主任兼任。

第四条 中试基地设办公室，挂靠公服中心业务科技处，负责中试基地制度建设、运行管理和协调监督等，组建中试团队，保障和推动中试基地相关工作顺利开展。

第五条 公服中心气象服务研究所负责中试基地的技术支撑，包括中试仿真平台、检验平台的总体设计和具体建设，组织开展科技成果中试各个环节的落实；公服中心预警运控室负责中试业务环境搭建。

第三章　主要任务

第六条　中试基地承担的主要任务是：

（一）建立科技成果中试环境。搭建开展气象服务科技成果中试所需的业务环境，包括高性能硬件服务环境和数据、模式运行、系统测试等软件环境，为气象服务科技成果中试提供基础保障。

（二）开展科技成果中试活动。中试基地对申请开展中试的气象服务相关科技成果进行准入遴选，并在仿真业务环境下开展测试或检验，测试内容包含科技成果在基本业务系统以及各类服务平台应用环境的适配性、可用性、稳定性与系统兼容性、开放性与标准化等。

（三）开展科技成果业务准入评估与认可。依托和利用中试基地，对科技成果的技术创新和核心技术突破、业务应用前景和应用价值、业务准入条件和资格等进行分类评估评价，为科技成果业务准入提供决策依据。对于达到业务准入标准的科技成果，由中试基地予以认可。

（四）开展科技成果的集成开发。根据中试基地对科技成果的检验评估结果，依托中试平台环境，通过协商共识，可组织对气象服务领域中的关键性、基础性和共性的关键技术以及具有重大应用前景和应用价值、但尚不能满足业务化考评标准的科技成果进行业务应用所需的二次开发，最终形成具备业务应用条件的成果。

第四章　中试流程

第七条　成果中试流程包括成果遴选准入、测试与检验、效果评估、集成开发等环节。

第八条　成果遴选准入

对申请进入中试基地的气象服务科技成果进行遴选与评审。

（一）成果准入申请

有中试需求的气象部门、高校、科研院所及个人均可向中试基地办公室提出科技成果中试申请，经中试基地办公室统一组织审核通过后进入评审阶段，并须提供如下申请材料：

1. 气象服务科技成果中试准入申请表（附件1）；

2. 科技成果技术报告和验收证明材料；

3. 与科技成果相关的证明材料。

（二）成果准入专家评审

1. 专家组成。建立由职能管理人员、科研专家和业务技术人员组成的专家库，专家应具有副高级（含）以上技术职称。评审专家组成员由中试基地办公室提出建议，报中试基地主任审定，专家人数不少于5人。

2.评审方式。一般采用会议评审方式，由成果持有单位或个人进行成果介绍与答辩，评审专家根据评审标准严格进行评审，并给出评审意见。

3.评审标准。科技成果评审标准包括是否满足实际业务服务需求、是否解决业务服务中面临的主要问题、是否具有推广应用价值和开放共享前景等。

4.评审结果。专家组出具是否同意准入中试平台的评审意见，对评审意见为通过准入的科技成果，由中试基地办公室确定进入测试与检验环节。

第九条 测试与检验

（一）测试条件准备。气象服务科技成果通过准入评审后，成果持有单位、成果拟应用单位与中试基地技术支撑单位共同制定气象服务科技成果中试实施方案，并组成由成果持有者、中试基地技术支撑人员、成果拟应用单位人员共同参与的中试团队，共同开展中试工作。

（二）测试与检验。中试团队依据气象服务科技成果中试实施方案，开展和完成成果功能模块、业务流程、运行性能、数据标准等各项测试与检验。

第十条 效果评估

公服中心气象服务研究所会同成果拟应用单位开展科技成果测试效果评估，并编写《气象服务科技成果中试业务运行测试效果评估报告》。

第十一条 开展科技成果集成开发。依据检验评估结果，对气象服务领域中的关键性、基础性和共性的关键技术以及具有重大应用前景和应用价值的科技成果，但尚不能满足业务运行标准和条件的科技成果组织进行二次开发，形成具备业务服务业务化应用条件的成果。

第五章 人员和经费管理

第十二条 中试基地办公室可根据实际需求组建中试团队。

第十三条 公服中心争取中国气象局对中试基地运行的专项资金支持，每年度根据需要向中试基地匹配一定的资金。同时，研究制定成果测试方对成果中试的资金支持机制。中试基地试验所用设备和仪器，由依托单位按国有资产管理办法进行管理。

第十四条 中试基地建设资金实行专款专用。

第六章 附 则

第十五条 中试结论可作为项目验收、科技成果转化应用和业务准入的重要依据。通过中试基地业务准入评估的科技成果以及成果完成团队，同等条件下优先申报公服中心科技创新奖项。对于可在全国气象部门推广应用的成果，中试基地通过公服中心向中国气象局职能司提出推广的具体推荐意见和建议。

第十六条 本办法由公服中心业务科技处负责解释。

第十七条 本办法自印发之日起实施。《气象服务科技成果中试基地管理办法（试行）》（公气发〔2017〕95号）同时废止。

（起草人：吕宸、陈辉　发布时间：2020年5月）

附件（略）

中国气象局公共气象服务中心科技成果认定办法（试行）

（公气发〔2018〕5号）

第一章　总　则

第一条　为激励中国气象局公共气象服务中心（以下简称中心）广大气象科技人员致力于气象服务现代化建设和服务技术突破，完善科技成果激励机制，推动科技成果转化应用，结合中心实际，制定本办法。

第二条　本办法规范的科技成果是指中心各单位通过科学研究与技术开发所产生的、具有实用价值的成果。包括重大发展规划计划、重大业务技术方案、系统平台、指标模型、创新性气象服务节目和产品等不同形式的成果。

第三条　在气象科学研究、工程业务建设和气象服务过程中形成的已按程序进行过确认并获得公开认可的成果，包括正式发表的论文、正式出版的论著、已公开发布的标准、获得授权的专利或著作权，以及通过结题验收、评审、行业准入、评估等方式评价的气象基础理论研究成果和气象应用技术成果，不再重复认定。

第四条　科技成果认定坚持客观、公正、规范原则，实行分类认定，确保科技成果认定工作的科学性和规范性。

第五条　中心业务科技处归口管理中心科技成果认定工作，组织择优向中国气象局推荐候选认定的科技成果。

第二章　认定范围

第六条　申请中心认定的科技成果须符合公共气象服务事业发展定位。重大发展规划计划、重大业务技术方案须在中国气象局或公共服务中心正式发布实施；自主研发的系统、平台、模型、指标等科技成果，或者引进成果经过二次开发或本地化后，须解决了核心业务技术问题、在同行中具有影响力及先进性，展现显著创新性，经过实践检验，产生明显的社会效益或经济效益，有良好的可推广性；创新性气象服务节目和产品，须具有明显创新性，并产生显著社会或经济效益。

第七条 推荐候选认定的科技成果，其成果主要完成人应为对该项成果做出重要贡献者，按实际贡献进行排序，主要完成人不超过9人。

第三章 认定组织

第八条 中心业务科技处组织召开专家评审会议进行科技成果的认定工作，原则上每半年组织一次。

第九条 中心科技成果认定专家组应由中心科学技术委员会委员、相关行业专家组成。专家名单由业务科技处提出。

第十条 认定程序：

（一）推荐。成果主要完成部门按要求在认定范围内择优推荐拟认定成果，填写《公共气象服务中心科技成果认定申请表》(附件1)，并提供相关证明材料。

（二）审查。业务科技处组织开展申请材料初审。

（三）认定。对通过初审的拟认定成果，业务科技处组织专家召开成果认定会，有三分之二及以上专家通过则成果通过认定，现场出具认定意见，专家签字确认。

（四）公示。在中心办公网进行科技成果认定公示（公示信息详见附件2)，公示时间不少于5个工作日，公示无异议视为正式通过认定。

第十一条 科技成果完成者和委托认定单位应当保证提供资料的真实性，因提供虚假数据和资料而产生的相关法律责任由提供者承担。成果申请认定单位对提供成果及相关资料的真实性负责。

第四章 异议及其处理

第十二条 科技成果认定工作实行异议制度。任何单位和个人对候选认定的科技成果持有异议，应当在公示期内以真实身份向业务科技处提出书面异议材料及证明文件，逾期不予受理。

第十三条 业务科技处在接到异议材料后，将异议内容（不记名）通知候选认定科技成果的推荐单位，要求其在规定的时间内核实异议内容，并将调查、核实情况及处理意见报送业务科技处审核。

第十四条 业务科技处向中心报告异议核实情况及处理意见，处理意见同步告知异议方。

第五章 认定结果应用

第十五条 科技成果完成单位须在当年将认定的科技成果在中国气象局进行科技成果登记，并按照中心档案管理规定成果认定材料交至中心办公室进行归档。

第十六条 申请认定单位须将通过认定的科技成果基本信息纳入中心科技信息管理系统进行交流与展示，推进共享和交流。

第十七条 经认定的科技成果作为成果登记及人才评价的重要依据。同时也是科技成果中试、转化、应用、业务准入的基础。

第六章 附 则

第十八条 本办法由中心业务科技处负责解释。

第十九条 本办法自印发之日起施行。

（起草人：范晓青、乔亚茹　发布时间：2018 年 1 月）

附件（略）

中国气象局公共气象服务中心科研项目和经费管理办法

（公气发〔2020〕75号）

第一章　总　则

第一条　为贯彻落实《中共中央办公厅 国务院办公厅印发＜关于进一步完善中央财政科研项目资金管理等政策的若干意见＞》（中办发〔2016〕50号）、《中共中国气象局党组印发＜关于进一步激励气象科技人才创新发展的若干措施＞的通知》（中气党发〔2019〕95号）精神，进一步加强中国气象局公共气象服务中心（以下简称中心）科研项目的科学化、规范化和制度化管理，保证科研项目的顺利开展和经费的合理使用，促进科研成果的推广应用，全面提升中心的业务能力和科研水平，特制定本办法。

第二条　本办法所指的科研项目是指以中心为依托单位承担和作为参加单位参与的中央财政资金、地方财政资金、单位自筹资金以及其他渠道资金支持的科研项目。

第三条　中心严格执行项目承担单位法人责任制。业务科技处为中心科研项目的归口管理部门，牵头负责科研项目的全过程组织管理，包括科研选题、项目申报、评审立项、中期检查、进度审查、合同管理、项目验收、成果管理与推广应用等；计划财务处负责项目经费管理，包括科研项目预算编制审核、经费使用过程中的审批和监督、财务验收等；党委办公室（纪检监察处）负责项目经费的监督和审计；办公室协助负责项目的合同管理；中心科学技术委员会协助负责对科研项目的咨询和审议；各项目承担部门协助业务科技处组织、管理、监督项目实施，并按要求及时组织上报进展报告。

第四条　科研项目经费严格按照国家和中国气象局有关财务规章制度的要求，实行合同化管理，专款专用。

第二章　申报与立项

第五条　中心鼓励科研业务人员积极申请国家级科技计划（专项、基金等）及其他各类科研项目。业务科技处负责建立公平竞争的项目遴选机制，对与中心业务发展联系不紧密、关联度不大的科研项目建议一般不予推荐。

第六条　科研项目申请内部审核流程如下：

（一）项目负责人依据科研项目来源部门的具体要求，提出申请建议，明确研究内容和参加人员，对参加人员是否满足限项要求进行核对，并填写《项目申报审批流程表》（附件 1），经所在处室领导审核同意后，报业务科技处。作为参加单位参与申报其他科研项目，接受企业和其他社会组织的横向委托项目也须填写此表。

（二）业务科技处对项目申请内容是否符合中心业务发展方向进行审查，提出支持申请建议，报中心分管领导审定后，组织申报单位或申报人完成后续项目申报工作。

（三）项目申请人根据项目来源部门要求填写项目申请书，并按规定科学合理、实事求是地编制项目预算。业务科技处对项目申请书进行形式审核，计划财务处对项目经费预算编制进行审核。确认后由业务科技处提交项目来源部门。

第七条　经立项主管部门批准的科研项目须签订项目任务书，由项目负责人所在单位审核通过，并经业务科技处确认后进行签订，签订流程按照《公共气象服务中心合同管理办法》执行，业务科技处按照要求及时将项目任务书报送项目计划主管部门。

第八条　中心人员参与中心以外单位主持的横向科研项目，原则上不再在中心内部进行下一级子课题和经费分解。

第三章　实施与管理

第九条　已获批的科研项目，须在中心科技创新信息管理系统中进行立项备案，填写基本信息，将项目申请书、项目任务书、批复文件（包括合同、协议书、委托书等）等相关资料电子版上传系统，纸质版提交业务科技处备案。需要进行合同存档的，按照《公共气象服务中心合同管理办法》提交办公室存档。

第十条　科研项目报业务科技处备案审核后，由计划财务处按项目经费预算制发项目经费报账卡。所有项目支出必须使用报账卡报销。

第十一条　已立项的科研项目实行项目负责人制。项目承担单位和业务科技处按照项目批复要求监督项目按计划执行，所有科研项目均应建立完整的科研档案。

第十二条　科研项目研究任务的分解须签订课题任务书，明确任务负责人、研究目标与内容、经费预算等。项目如有变动（内容变更、预算变更、执行进度变更、成员增减、撤销等），项目负责人应及时向业务科技处提出申请，业务科技处按照项目主管部门有关规定程序报批。

第十三条 科研项目（课题）负责人调离中心，其承担的科技计划项目按照国家相关规定执行报批手续，国家自然科学基金项目可仍由原项目负责人组织实施。

第十四条 除上级主管部门有特殊规定的项目外，在法定退休年龄内不能全程参加所申报项目研究工作的人员，一般不担任项目负责人。科研项目外聘或返聘人员，只能在项目执行期内聘用，并需办理相应的聘用手续。

第十五条 业务科技处负责对科研项目进行全过程跟踪管理，各项目负责人或项目承担单位根据有关要求及时编制年度执行报告，并按有关规定程序上报。

第十六条 项目负责人或项目承担单位在项目实施过程中应及时跟踪国内外研究发展动态，对能形成自主知识产权的发明创造及时以专利、技术秘密或著作权等形式进行保护。

第十七条 科研项目资助下发表的论文、研究报告等技术材料上必须按照有关规定的格式，标注“本论文（或 ×××）由 ××× 项目（项目编号）资助”。

第四章　经费使用与管理

第十八条 科研项目经费的使用必须严格按照项目立项部门批复的项目经费预算执行。项目经费的列支、审批、使用程序等严格按照中国气象局财务核算中心财务报销规定和中心财务支出管理办法执行。科研项目经费的使用实行合同化管理，专款专用，不得用于支付各种罚款、捐款、赞助费、保证金、投资等支出。

第十九条 科研项目经费到账后，项目负责人应填写到款信息，经业务科技处和计划财务处审核后，由计划财务处向中国气象局财务核算中心申请开立报账卡，对项目资金单独核算。

第二十条 项目预算编制和执行要求，依照《国家重点研发计划资金管理办法》《国家自然科学基金资助项目资金管理办法》等国家相关规定执行。

第二十一条 中央财政科技计划（专项、基金等）中实行公开竞争方式的研发类项目，间接费用核定比例按照不超过项目直接费用扣除设备购置费的一定比例核定：500 万元及以下的部分为 20%，超过 500 万元至 1000 万元的部分为 15%，超过 1000 万元以上的部分为 13%。中心在间接经费中统一提取 30% 的管理费用于单位统筹安排，剩余 70% 用于为项目研究提供的房屋占用，日常水、电、气、暖消耗，有关管理费用的补助支出，以及激励科研人员的绩效支出等。

第二十二条 科研项目绩效支出安排与科研人员在项目工作中的实际贡献挂钩，由项目负责人对项目参加人员研究贡献评估后安排使用。绩效分配方案须由项目负责人提交所在处室主要负责人审核后，并经计划财务处确认资金渠道，由各项目承担处室按季度发放。

第二十三条 科研项目经费的使用必须严格按照项目立项部门批复的项目经费预算执行，确有必要进行预算调剂时，当按照以下调剂范围和权限，履行相关程序：

（一）项目预算总额调剂，项目预算总额不变、课题间预算调剂，课题预算总额不变、课题参与单位之间预算调剂以及增减参与单位的，由项目承担部门通过公文系统提出申请，经业务科技处、计划财务处会签，中心分管领导同意后，逐级报送项目（经费）主管部门审批。

（二）在项目总预算不变的情况下，课题直接费用中的材料费、测试化验加工费、燃料动力费、出版/文献/信息传播/知识产权事务费及其他支出预算科目可以根据项目实际需要进行调整，由课题承担部门通过公文系统报送，经业务科技处、计划财务处会签，中心分管领导同意后，报项目牵头承担单位备案。

（三）设备费、差旅/会议/国际合作交流费、专家咨询费、劳务费预算一般不予调增，如需调减用于课题其他直接支出的，按照上一条程序办理审批手续。如有特殊情况确需调增的，由项目承担部门通过公文系统提出申请，经业务科技处、计划财务处会签，中心分管领导审核后，经项目牵头承担单位同意，报送项目（经费）主管部门审批。

（四）课题间接费用预算总额不得调增，由项目承担单位与项目负责人协商一致后，可申请调减用于直接费用，按照上一条程序办理审批手续。

第二十四条 项目实施期间，年度剩余资金可结转下一年度继续使用。项目完成任务目标并通过验收后，由中心每年度对结余资金进行统筹安排用于科研活动的直接支出。项目验收2年后未使用完的，由科技项目主管机构按规定收回。

第二十五条 中心对科研项目实行内部公开制度，主动公开科研项目预算、预算调剂、资金使用（重点是间接费用、外拨资金、结余资金使用）等情况。

第五章 验收与结题

第二十六条 科研项目负责人应严格按照项目任务书或合同书所签订的研究内容及进度完成全部研究工作。若不能按期完成，应在预定执行期终止前2个月内向业务科技处提交《项目延期结题申请表》（附件2），由业务科技处按项目主管部门有关规定申请办理延期事宜。如未获批准，项目仍需按原定期限进行验收。

第二十七条 科研项目研究任务完成后，项目负责人按项目主管部门要求开展财务审计，通过财务审计后再向业务科技处提出业务结题验收申请，并提交项目主管部门要求的结题验收材料，一般主要包括项目任务书、审计报告、财务验收报告、结题申请书、项目验收自评价报告、成果登记表、论文复印件及论文清单、程序源代码及说明等。与业务系统有关的软件成果，应有完整的测试报告，并由软件或成果应用单位出具接收或应用证明。业务科技处负责审核项目结题验收材料，并协助完成项目结题材料的上报及验收工作。

第二十八条 对未按时结题且未办理延期的科研项目，原则上从应结题之日算起，项目负责人两年内不得申请新的项目。

第二十九条 用科研项目经费购置的资产属于国有资产，应纳入中心固定资产管理。

第三十条 科研项目形成的知识产权，除合同特殊约定外，知识产权权利人为“中国气象局公共气象服务中心”。

第三十一条 科研项目通过验收后，项目负责人和项目承担单位须填写中心科研项目结题验收备案表（附件3），提供验收档案材料（纸质装订成册和电子版），一个月内报送业务科技处存档。验收档案材料一般包括项目申请书、实施方案、任务（合同）书、年度执行报告、专题总结、样品照片、技术规程、成果评价意见、获奖情况、知识产权证明、工作报告、技术报告、决算报告、审计报告、专家验收意见等。保密资料按有关保密规定执行。

第六章 成果应用

第三十二条 科研项目取得的成果应按照《气象科技成果登记实施细则》等有关规定进行登记和管理。对完成较好且具有一定学术水平的科研项目，业务科技处可组织申报中心和上级科技成果奖。申报程序按照相关规定执行。

第三十三条 对具有明确业务化应用考核目标的科研项目成果，项目负责人在项目通过验收后向业务科技处提出准业务应用或正式业务应用申请，并负责向应用单位推广项目研究成果，开展应用培训。

第三十四条 科研项目实行后效评估制度，具体由业务科技处组织实施。

第七章 附 则

第三十五条 本办法由业务科技处、计划财务处负责解释，未尽事宜请参照国家和项目主管部门的有关规定执行。

第三十六条 本办法自颁布之日起施行，《公共气象服务中心科研项目和经费管理办法》（公气发〔2017〕89号）同时废止。

（起草人：张礼春、乔亚南、陈辉、刘欣、乔亚茹、范晓青、韩萌、范静

发布时间：2020年6月）

附件（略）

外部专业技术人员依托公共气象服务中心申报科技项目管理办法（试行）

（公气发〔2019〕34号）

第一条 （目的和依据） 为规范中国气象局公共气象服务中心（以下简称中心）外部专业技术人员以中心为依托单位申报重大科技类项目的管理，防范项目实施风险，确保项目建设质量，根据中国气象局有关规定和中心实际情况，依据和借鉴《国家重点研发计划管理暂行办法》和《国家自然科学基金依托单位基金工作管理办法》，制定本办法。

第二条 （适用人员范围） 本办法所指中心外部专业技术人员包括华风气象传媒集团有限责任公司在职专业技术人员以及其他单位在职专业技术人员。

第三条 （项目类型） 本办法所指重大科技类项目包括由国家自然科学基金委、科技部、中国气象局以及其他有关部委、企业等提供科研经费并立项的各类科研（课题）项目。

第四条 （申报方向） 科技项目申报应围绕中心重点业务发展方向，解决业务发展急需的关键科学技术问题，促进气象服务科技创新。

第五条 （管理部门职责） 业务科技处为中心科技项目的归口管理部门，负责申报项目的全过程组织管理，包括项目申报、评审立项、中期检查、进度审查、项目验收、成果鉴定管理与推广应用等。办公室负责项目合同管理。计划财务处负责项目经费管理。党委办公室（纪检监察处）负责项目经费的监督和审计。

第六条 （申报流程）

（一）提出申请。项目负责人依据科技项目来源部门的具体要求，提出项目申请建议，明确项目参加人员，并对项目参加人员是否满足限项要求进行核对。

（二）提交申报表。项目负责人填写《项目申报表》（见附件），报所在单位审批同意后，提交业务科技处。

（三）审核确认。业务科技处对项目申请内容进行审核，是否与中心业务发展相关，是否与项目申报指南符合。

（四）签订书面协议。经业务科技处审查通过后，由中心和项目负责人签订书面协议，书面协议应当明确项目保障条件、工作时间、管理权限、经费使用、知识产权、违约责任以及争议解决等方面内容。

（五）项目申报。业务科技处为项目负责人开通项目申报权限，并指导做好项目申报。

第七条 （实施与管理） 中心对外部专业技术人员以中心为依托单位申报重大科技类项目提取相应的管理费。一般在项目间接经费中统一提取不低于30%用于中心进行项目管理。项目实施与管理以及经费使用与管理按照《公共气象服务中心科研项目和经费管理办法》（公气发〔2017〕89号）执行。

第八条 （成果归属） 项目研究形成的成果和知识产权归属依据国家法律法规、项目立项机构具体管理办法，以及项目签订的有关协议书（合同书）认定。

第九条 本办法由中心业务科技处负责解释。

第十条 本办法自颁布之日起施行。

（起草人：张礼春、陈辉　发布时间：2019年4月）

附件（略）

中国气象局公共气象服务中心知识产权管理办法

（公气发〔2019〕87号）

第一章　总　则

第一条　为规范和加强中国气象局公共气象服务中心（以下简称中心）知识产权管理，充分发挥知识产权在中心科技创新发展中的作用，提升中心知识产权的社会效益和经济效益，防范法律风险，依据《中华人民共和国商标法》《中华人民共和国专利法》《中华人民共和国著作权法》及财政部《事业单位国有资产管理暂行办法》（财政部令第36号）等相关法律法规，结合中心实际，制定本办法。

第二条　中心知识产权管理工作以鼓励员工积极进行发明创造，推动中心科技进步为宗旨，遵循统一管理、分工协作、规范有序的管理原则。

第三条　本办法所称知识产权，是指中心对其智力劳动所创作的成果和社会活动中形成的标记等依法享有的专有权利，包括专利（申请）权、商标权、著作权（版权）、专有技术以及依照法律法规或者合同约定由中心享有或者所有的其他知识产权。中心的各种智力创造比如发明创造、科技成果、文学和艺术作品，在商业中使用的标志、名称、图像，以及中心引进购买的技术成果等，都属于中心拥有的知识产权。

第二章　组织管理

第四条　资产监管处为中心知识产权主管部门。资产监管处负责制定知识产权管理制度、受理知识产权注册申请、组织知识产权登记备案及档案管理、审核对外合同中知识产权的权属及运营方式的合理性、编制知识产权年度报告、组织开展知识产权管理培训、建设及维护知识产权管理平台、组织知识产权价值评估委员会开展价值评估工作、监督检查各部门的知识产权管理工作等。

第五条 中心相关职能部门共同参与知识产权管理工作的组织实施。业务科技处负责按照中心发展方向确定知识产权注册申请需求，负责审核知识产权对外运营的必要性、可行性等工作；计划财务处负责审核知识产权对外运营定价的合理性，以及运营收入的统筹管理等工作。

第六条 中心各部门为知识产权工作的具体执行部门。负责承办本部门知识产权注册申请、登记备案、档案管理、开展知识产权运营、商标续展、专利年费缴纳等具体事项。各部门须设定知识产权管理员负责专项工作。

第三章 权利归属

第七条 中心各部门或工作人员为完成中心工作任务或主要利用中心的物质技术条件所完成的智力劳动成果，属职务成果。职务成果的知识产权属于中心，法律另有规定或合同另有约定的除外。

第八条 中心各部门或工作人员为完成中心工作任务所创作的职务作品，有下列情形之一的，作者享有署名权，著作权的其他权利由中心享有：

（一）主要是利用中心的物质技术条件创作，并由中心承担责任的工程设计图、产品设计图、地图、计算机软件等职务作品；

（二）法律、行政法规规定或者合同约定著作权由中心享有的职务作品。

第九条 中心各部门对外签订的委托开发合同（协议），须包含知识产权权利归属的条款，对知识产权归属予以明确。

第十条 中心委托他方研究、开发、设计、制作等所形成的知识产权，原则上属于中心。中心与他方已签订合同（协议）另有约定的从其约定。

第十一条 中心受他方委托研究、开发、设计、制作等所形成的知识产权，原则上中心作为成果研发单位，由中心享有知识产权。委托方与中心已签订合同（协议）另有约定的从其约定。

第十二条 未经中心批准，任何部门或个人不得以任何形式放弃、转让、销售、使用或侵吞中心的知识产权。

第四章 注册申请

第十三条 中心各部门在进行产品研发、项目建设的过程中，应及时根据工作进展挖掘潜在的专利技术，根据实际情况向资产监管处提出专利注册申请。形成科技成果的单位应根据中心业务发展需要及时办理知识产权申请事项。

第十四条 中心各部门根据业务及品牌发展规划设计的图文标识，需要取得商标专用权的，须及时注册商标。

第十五条 中心各部门利用中心的物质技术条件创作，并由中心承担相应责任的计算机软件，对涉及中心核心技术成果的，须根据中心业务发展需要及时申请注册计算机软件著作权；文字作品、音乐作品、美术作品、摄影作品、影视作品、图形作品等，须根据中心业务发展需要及时注册作品著作权。

第十六条 中心各部门对拟注册的专利、商标及著作权开展注册前，须对权利人、发明人、署名人等事项予以确认。部门负责人负责参照本办法对所注册的知识产权权利归属进行审核把关。

第十七条 中心各部门在完成部门内部审核后，以签报形式将知识产权注册申请提交资产监管处审核，同时提请业务科技处会签。经职能部门审核后，由资产监管处对拟申报知识产权的名称、类型、权利人、发明人、署名人等信息进行公示，公示期为7个工作日。公示期满无异议的，提交国家知识产权管理部门进行注册申请。公示期内如有异议，由资产监管处会同业务科技处，在相关处室配合下进行调查核实，提出处理方案。

第十八条 中心各部门在完成知识产权登记注册后，原则上不得就知识产权的权利人及发明人等事项做出变更。如确有需要变更的，须向资产监管处提交变更申请，并同时提交书面报告阐述变更必要性，经资产监管处、业务科技处审核后，方可向国家知识产权管理部门提交变更申请。

第五章 登记备案

第十九条 中心知识产权实行编号管理及备案制度。资产监管处负责将中心各部门知识产权纳入中心知识产权管理平台予以统一管理，并按著作权、专利、商标、科技成果等类别予以编号及备案。

第二十条 中心各部门在完成知识产权注册之日起10日内，须就该项知识产权的注册完成情况填写注册登记备案表（见附件1、2、3），报资产监管处备案。

第二十一条 中心各部门在完成知识产权信息变更之日起10日内，须就该项知识产权的信息变更情况填写变更备案表（见附件4），报资产监管处备案。

第六章 价值评估

第二十二条 中心各部门出于商业目的发生专利购买、知识产权授权许可、知识产权作价投资等情形时（科技成果转化情形除外），须向资产监管处提交价值评估需求。

第二十三条 资产监管处负责联合业务科技处、计划财务处、党委办公室（纪检监察处）等职能处室及相关技术专家，组成知识产权价值评估委员会，根据业务需要确定价值评估工作的必要性及可行性，并会同资产评估机构专业人员开展价值评估工作。评估报告报中心主任办公会审定。

第七章 对外运营

第二十四条 本办法中涉及的知识产权对外运营主要是指中心及各部门就商标、专利、著作权开展转让、许可、作价投资等对外合作。符合科技成果转化条件的对外合作依照中心科技成果转化有关管理办法执行。

第二十五条 中心各部门就知识产权开展对外运营须签订书面合同，明确权利归属及运营方式。对外运营合同按照中心合同审批流程执行。

第二十六条 中心各部门在签订对外运营合同之日起10日内，须就本次对外运营情况填写对外运营备案表（见附件5），连同对外运营合同副本报资产监管处备案。

第二十七条 中心各部门不得对未经登记备案的知识产权进行对外运营。

第八章 档案管理及报告制度

第二十八条 中心各部门在进行产品研发、项目建设及知识产权注册申请过程中，应加强知识产权档案管理，对所形成的各项知识产权技术资料及文档材料须妥善保管。

第二十九条 中心各部门在完成知识产权注册申请或变更申请之日起10日内，须将知识产权申请材料及权属文件移交资产监管处予以统一管理。

第三十条 知识产权申请材料主要包含中心各部门在注册或变更专利、商标及著作权时，向国家知识产权管理部门提交的各项纸介质及电子介质文件。知识产权权属文件主要包含专利证书、商标证书、计算机软件著作权证书及作品著作权证书等表明知识产权权属的纸介质及电子介质文件。

第三十一条 中心申请注册的专利、商标及著作权涉及国家安全或者重大利益需要保密的，按照国家及中心有关保密规定办理。

第三十二条 中心员工因工作需要或其他原因（包括离职、辞职、退休等）调离原工作岗位或离开中心，须将接触到的涉及中心知识产权的数据、程序、文档等资料如数交回原工作部门。

第三十三条 资产监管处按年度编制中心知识产权情况报告。

第九章　奖励制度

第三十四条　中心各部门知识产权注册情况为中心年度综合考评的重要参考指标。

第三十五条　中心依照科技创新奖励相关办法，对在知识产权研发工作中表现突出的个人予以表彰奖励。

第十章　附　则

第三十六条　对违反本办法造成知识产权流失、经济损失或不良社会影响的，中心保留追究及问责的权利。

第三十七条　本办法未尽事宜，按照《中华人民共和国专利法》《中华人民共和国商标法》《中华人民共和国著作权法》等相关法律法规执行。

第三十八条　本办法由资产监管处负责解释。

第三十九条　本办法自发布之日起施行。

（起草人：汪岩、吴瑞艳　发布时间：2019 年 12 月）

附件（略）

业　务　篇

业务管理制度是指导业务人员行为的导向灯，业务的高效运转离不开制度的规范管理。中心的业务范围广泛，是包括突发事件预警信息发布、气象防灾减灾技术服务、重点行业领域气象服务、气候资源开发利用以及公众气象服务等在内的立体化全方位服务体系。业务篇的制度涉及应急气象服务、气象服务会商、业务运行管理、评价及考核等各方面。这些规章制度使得业务责任界限清晰，营造了中心业务发展健康良好的管理秩序，也有力保障了服务业务的安全有序开展。

中国气象局公共气象服务中心应急气象服务预案

（公气发〔2020〕58号）

一、目的

为深入贯彻落实《中国气象局气象灾害应急预案》（气发〔2011〕55号）精神，切实履行气象防灾减灾职责，建立中国气象局公共气象服务中心（以下简称中心）内部统一指挥、科学高效、规范有序的应急气象服务业务和管理体系，保证中心的应急气象服务工作科学、有力、有序和有效进行，提高应急气象服务响应能力和防灾减灾能力，制定本预案。

二、编制依据

参照《中国气象局气象灾害应急预案》《新冠肺炎疫情控制应急气象保障预案》编制。

三、适用范围

本预案适用于中心组织的气象灾害、突发事件、重大活动等应急气象服务保障工作。

四、组织机构及职责

中心成立应急气象服务领导小组（以下简称领导小组）统一领导和指挥中心应急气象服务各项工作，下设应急管理办公室。视情况临时设立业务服务组、新闻宣传组、后勤保障组、现场工作组等中心应急气象服务专项工作组。各组工作职责如下。

（一）领导小组

组　长：中心主任

副组长：分管应急的中心副主任、分管业务服务工作的中心副主任

成　员：应急管理办公室和中心职能处室、业务科技处室主要负责人及有关人员

主要职责：

1. 组织领导中心各单位开展应急气象服务；

2. 负责组织落实中国气象局及有关上级部门下达的应急气象服务保障任务；

3.负责制定完善中心应急气象服务管理工作的政策措施和规章制度；

4.负责调度应急处置所需的人力、物力、财力、技术装备等资源，协调解决应急气象服务保障工作中出现的问题；

5.决定和宣布中心应急响应和特别工作状态的启动、变更和终止。

（二）应急管理办公室

领导小组下设应急管理办公室（以下简称“应急办”）。应急办挂靠办公室。

主　任：由办公室主要负责人兼任

成　员：办公室负责人、业务科技处负责人以及办公室、业务科技处分管和联系应急工作的有关人员

主要职责：

1.及时发布中心应急响应和特别工作状态启动、变更和终止的信息；

2.协助组织中心各单位开展应急响应工作，协调解决应急工作中出现的问题；

3.对中心应急值班值守情况进行检查；

4.负责组织应急气象服务工作的宣传报道，协调新闻采访和组织对外宣传。

（三）应急气象服务专项工作组

1.业务服务组

组　长：业务科技处主要负责人

副组长：中心业务单位主要负责人

成　员：业务科技处、服务产品室、行业气象室、气候生态评价中心、预警运控室、预警工程室、风能太阳能中心、气象服务研究所有关人员

主要职责：

（1）负责组织开展决策、公众和专业气象服务，负责预警信息发布、应急气象服务产品和信息的制作和发布；

（2）负责灾情调查、收集及应急气象服务效益评估；

（3）负责应急气象服务总结工作；

（4）完成领导小组交办的其他任务。

2.新闻宣传组

组　长：办公室负责宣传工作副主任

成　员：中心各单位宣传员

主要职责：

（1）负责应急气象服务和宣传工作动态、零报告等材料的组织、把关和报送；

（2）负责组织应急科普宣传；

（3）完成领导小组交办的其他任务。

3.后勤保障组

组　长：办公室主要负责人

成　员：办公室、人事处、计财处等单位有关人员

主要职责：

（1）负责保障办公系统的稳定运行，负责应急气象服务工作的后勤保障等；

（2）负责应急资金保障；

（3）负责中心应急气象服务的保障奖励；

（4）完成领导小组交办的其他任务。

4.现场工作组

由领导小组根据应急需要视情派出中心现场工作组加入局现场工作组，赴现场了解、参与应急气象服务工作，并完成局现场工作组交办的其他任务。

五、应急响应级别和启动标准

根据事件的严重性和影响范围，预警响应级别从低到高一般为Ⅳ级、Ⅲ级、Ⅱ级、Ⅰ级四个响应等级。

中心的应急响应启动分为三类：

（一）根据中国气象局启动、变更气象灾害应急响应的级别，或启动专项应急工作，中心启动或变更相应等级的应急响应。

（二）根据中国气象局启动的特别工作状态，中心启动相应的特别工作状态。

（三）根据特殊性、突发性、临时性气象服务保障任务或地震、森林草原火灾等重大灾害事件，中心决定启动进入特别工作状态。

六、应急响应行动

（一）应急响应启动

1.应急响应状态启动

根据中国气象局发布的气象灾害或突发事件等应急响应命令的级别，中心随即启动相应级别的应急响应。

办公室通过办公网、NOTES邮件、微信群等方式向领导小组成员和中心各单位发布启动相应级别的应急响应工作的信息[①]，并根据要求适时向中国气象局上报应急带班领导和行政值班人员名单。

业务科技处业务科技处根据应急响应工作要求立即部署和组织落实相关应急气象服务保障工作。

① NOTES邮件仅发送领导小组全体成员。

2.特别工作状态启动

根据中国气象局启动的特别工作状态，中心随即启动进入相应的特别工作状态。

根据特殊性、突发性、临时性气象服务保障任务或重大灾害事件，经中心领导、办公室、业务科技处共同研究确定，视情况启动中心特别工作状态。

（二）应急响应行动

1.应急响应各单位基本行动

（1）办公室负责应急气象服务的综合协调与联络，负责应急响应启动、变更和解除的信息发布、应急值班统筹安排及后勤保障、宣传等，负责落实应急响应工作要求的零报告、日报告和重大突发事件报告制度及其他专项管理要求。

（2）业务科技处负责组织安排中心应急气象服务工作，协调解决应急和专项保障期间的业务问题等，负责监督、协调华风集团开展做好影视、网站、新媒体等公众应急气象服务，负责根据局有关职能司要求协调做好新闻发布会的材料组织工作。

（3）人事处、党委办公室负责中心应急气象服务的表彰奖励及应急气象服务中先进人物事迹的宣传报道。

（4）计划财务处负责应急气象服务所需资金保障和监管。

（5）服务产品室负责根据相关业务单位应急气象服务需求提供精细化气象服务产品和指导性服务产品支持；本单位值班气象服务首席及时到岗并参与指导气象服务工作。

（6）行业气象室负责制作交通、卫生、森林（草原）火险等领域气象预报服务产品，并根据服务需要提出针对相关行业、领域的防御措施和建议，及时向有关部委和中国气象局决策气象服务中心提供；本单位值班气象服务首席及时到岗并参与指导专业气象预报服务工作。

（7）气候生态评价中心负责根据不同级别的应急响应情况，开展旅游避险科普宣传；通过中国兴农网及时向公众和专业用户发布预报预警信息、提供相关气象服务产品，并视情况策划制作服务专题。本单位值班气象服务首席及时到岗并参与指导气象服务工作。

（8）预警运控室负责保障国家突发事件预警信息安全发布，负责保障中办国办气象服务网站信息安全传输；负责为各业务单位提供应急气象服务基础数据保障；负责做好支撑应急气象服务的网络、设备、业务系统等运行保障和应急处置。

（9）预警工程室负责根据需求制发重大气象灾害/突发事件/重大天气过程预警信息发布效益评估报告，开展防灾减灾科普宣传。

（10）风能太阳能中心负责为面向电力的重大灾害气象服务提供技术和产品支撑。本单位值班气象服务首席及时到岗并参与指导气象服务工作。

（11）气象服务研究所负责为各业务单位完成应急气象服务产品制作提供系统平台技术支撑。

2.重大突发事件应急响应各单位特别行动

在基本行动基础上新增针对重大突发事件的应急气象保障服务产品内容、流程和制作规范等。服务产品室负责为开展地震、森林草原火灾等重大突发事件应急气象保障服务提供精细化服务产品保障，并加强产品的应用检验。行业气象室负责根据地震、森林草原火灾等应急气象保障服务需求，研发制作交通气象抗震救灾、火场保障等专项产品，预报服务结论与中央气象台、相关省份保持一致，并将相关服务产品推送至决策气象服务中心及相关合作单位。气候生态评价中心负责重大突发事件对农业影响相关气象服务信息在中国兴农网的发布。预警运控室负责地震、森林草原火灾等重大突发事件预警信息和灾害防范提示信息的发布，加强对相关省份信息发布的指导；负责为中心各单位开展应急保障服务提供突发事件灾害信息数据保障。预警工程室加强地震、森林草原火灾等重大突发事件预警信息在新媒体端的发布，负责针对地震、森林草原火灾等重大突发事件预警信息发布效益评估及典型案例分析，根据要求及时报送业务科技处。风能太阳能中心负责重大突发事件对电力影响分析评估等服务产品的制作。气象服务研究所负责根据地震等应急保障专项产品制作需求，提供基于1：50000地震灾区地理信息气象服务产品底图（精细到5级河流、县级以上道路、居民点）；负责协助制作新增应急气象服务产品模板并提供技术支持；负责根据应急需要安排业务值班人员配合中心各业务单位完成应急或决策气象服务产品制作。

3.分级应急响应行动

（1）Ⅳ级应急响应

①领导小组全体成员待命，手机24小时保持联络畅通。实行领导带班和行政值班制度。各相关单位应在响应启动3小时内向办公室、业务科技处上报未来3天应急值班表（附件3）。办公室负责统筹安排中心应急值班表，并报中国气象局应急办。

②中心带班领导及业务科技处值班人员参加中央气象台有关天气会商及临时增加的应急天气会商，各单位值班服务首席、其他各相关应急值班人员在中心预警平台收看中央气象台天气会商及临时增加的应急天气会商。

③各业务单位应加强应急服务工作总结报告。遇有突发事件，根据《中国气象局重大突发事件信息报送标准和处理办法实施细则》的有关规定，随时向中国气象局报告。

④视情成立中心应急气象服务专项工作小组。

⑤各单位除根据应急响应基本行动做好应急气象保障服务工作外，还须完成领导小组交办的其他事项。

（2）Ⅲ级应急响应

①领导小组全体成员待命，手机24小时保持联络畅通。实行领导带班和行政值班制度，随时关注中国气象局应急管理平台信息，密切关注灾害性天气的发展和变化情况，根据需要待岗或

到岗。各相关单位应在响应启动3小时内向办公室、业务科技处上报未来3天应急值班表（附件3）。办公室负责统筹安排中心应急值班表，并报中国气象局应急办。

②中心带班领导、业务科技处值班人员参加中央气象台天气会商及临时增加的应急天气会商；各单位值班服务首席、其他各相关单位负责人及应急值班人员在中心预警平台收看中央气象台天气会商及应急天气会商。

③中心各应急业务单位应于每日15时前通过NOTES向业务科技处（业务科技处/业务科技处/公共气象服务中心/CMA，下同）报告每日应急工作情况，业务科技处及时汇总整理并于每日16时前报送中国气象局办公室、应急减灾与公共服务司和中国气象报社（报送地址：中国气象局应急办/局机关/CMA，中国气象局值班室/局机关/CMA，宣传科普处/办公室/局机关/CMA，减灾服务/应急减灾处/减灾司/局机关/CMA，气象报社/气象报社/CMA，下同），同时抄送中心领导小组和应急办成员。遇有突发事件，根据《中国气象局重大突发事件信息报送标准和处理办法实施细则》的有关规定，随时向中国气象局报告。

④视情成立中心应急气象服务专项工作小组。

⑤各单位除根据应急响应基本行动做好应急气象保障服务工作外，还须完成领导小组交办的其他事项。

（3）Ⅱ级应急响应

①接到应急响应通知后，领导小组及应急办全体成员、中心各单位值班首席（副首席）、值班总师（副总师）迅速到达应急工作状态，根据需要迅速到达岗位，手机24小时保持联络畅通，随时关注中国气象局应急管理平台信息，密切关注灾害性天气的发展和变化情况。

②实行24小时中心领导带班和各单位主要负责人行政值班制度以及业务巡视制度。各相关单位应在响应启动2小时内向办公室、业务科技处上报未来3天应急值班表（附件4）。办公室负责统筹安排中心应急值班表，并报中国气象局应急办。

③中心带班领导、应急值班领导（办公室、业务科技处领导组成）轮流参加中央气象台天气会商及临时增加的应急天气会商；各单位值班服务首席、其他各相关单位主要负责人和应急值班人员在中心预警平台收看中央气象台天气会商及应急天气会商。

④各单位除根据应急响应基本行动做好应急气象保障服务工作外，行业气象室视情增加应急服务产品的制作频次；预警运控室增加业务运行应急岗和数据保障、技术保障应急岗，视情制作发布预警信息发布情况专题报告。

⑤业务服务组视情组织中心内部应急气象服务会商和部委间专题会商；及时搜集、整理有关气象灾害/突发事件发生、发展的气象资料，制作决策服务产品；加强气象灾害影响分析，制作有针对性的专题服务材料报中心应急值班领导审定后发送局里有关部门和单位；为新闻宣传组提供对外宣传的预报预警服务材料素材，根据需要协调相关领域专家接受媒体采访；各成员单位每

日 15 时前通过 NOTES 向业务科技处报告每日应急工作情况，业务科技处及时汇总整理并于每日 16 时前报送中国气象局办公室、应急减灾与公共服务司和中国气象报社，同时抄送中心领导小组和应急办成员。遇有突发事件，根据《中国气象局重大突发事件信息报送标准和处理办法实施细则》的有关规定，随时向中国气象局报告。

⑥新闻宣传组统一安排组织对外宣传，收集部门内外相关宣传报道动态情况，及时向领导小组报告；根据应急工作的进展，确定不同阶段的宣传口径和重点，组织策划并协调部门内外媒体宣传报道工作；根据领导小组要求，组织落实新闻发布和舆论引导；每天 17 时前向领导小组书面报告新闻宣传工作动态。

⑦后勤保障组做好办公系统的稳定，做好物资、经费等后勤保障工作。

⑧领导小组视情派出现场工作组参加局里工作组赴现场指导气象服务和灾害防御工作。

（4）Ⅰ级应急响应

①接到应急响应通知后，领导小组成员、应急办全体成员、各单位值班首席（副首席）、值班总师（副总师）迅速到达工作岗位，手机 24 小时保持联络畅通，随时关注中国气象局应急管理平台信息，密切关注灾害性天气的发展和变化情况。

②实行 24 小时中心主要领导带班、带班领导和各单位主要负责人行政值班制度以及业务巡视制度。各相关单位应在响应启动 1 小时内向办公室、业务科技处上报未来 3 天应急值班表（附件 4），办公室负责统筹安排中心应急值班表，并报中国气象局应急办。

③中心主要领导或委托带班领导、应急值班领导（办公室、业务科技处领导组成）轮流参加中央气象台天气会商及临时增加的应急天气会商；各单位值班服务首席、各单位主要负责人和应急值班人员在中心预警平台收看中央气象台天气会商及应急天气会商。

④各单位除根据应急响应基本行动做好应急气象保障服务工作外，行业气象室增加应急服务产品的制作频次；预警运控室增加业务运行应急岗和数据保障、技术保障应急岗，每日制作发布预警信息发布情况专题报告；服务产品室、气象服务研究所要根据服务需要安排专人到业务值班平台提供产品和技术支撑。

⑤业务服务组负责组织中心内部应急气象服务会商和部委间专题会商；及时搜集、整理有关气象灾害发生、发展的气象资料，及时制作决策服务产品；加强气象灾害影响分析，制作有针对性的专题服务材料报领导小组审定后发送局里有关部门和单位；为新闻宣传组提供对外宣传的预报预警服务材料素材，根据需要协调相关领域专家接受媒体采访；各成员单位每日 15 时前通过 NOTES 向业务科技处报告每日应急工作情况，业务科技处及时汇总整理并于每日 16 时前报送中国气象局办公室、应急减灾与公共服务司和中国气象报社，同时抄送中心领导小组和应急办成员。遇有突发事件，根据《中国气象局重大突发事件信息报送标准和处理办法实施细则》的有关规定，随时向中国气象局报告。

⑥新闻宣传组统一安排组织对外宣传，收集部门内外相关宣传报道动态情况，及时向领导小组报告；根据应急工作的进展，确定不同阶段的宣传口径和重点，组织策划并协调部门内外媒体宣传报道工作；根据领导小组要求，组织落实新闻发布和舆论引导；每天17时前向领导小组书面报告新闻宣传工作动态。

⑦后勤保障组保障好办公系统的稳定，做好物资、经费等后勤保障工作。

⑧领导小组视情派出现场工作组参加局里工作组赴现场指导气象服务和灾害防御工作。

（三）特别工作状态响应行动

（1）根据全国气象灾害、重大突发事件及重大活动保障等气象服务的需要，中心领导、服务首席、办公室、业务科技处经过形势研判，由中心领导决定启动中心进入特别工作状态，办公室负责发布，行动标准一般参照中心启动的Ⅳ级应急响应级别，必要时根据情况及时升级。启动重大突发事件特别工作状态，各单位按照重大突发事件应急响应特别行动做好应急气象保障服务工作。

（2）当北京市气象局启动应急响应后，中心启动进入特别工作状态。当北京市气象局启动Ⅳ、Ⅲ级应急响应后，中心特别工作状态的行动标准一般参照中心Ⅳ级应急响应级别，必要时根据情况及时升级；当北京市气象局启动Ⅱ、Ⅰ级应急响应后，中心特别工作状态的行动标准一般参照中心Ⅱ级应急响应级别，必要时根据情况及时升级。

七、应急响应变更和终止

（1）根据中国气象局有关气象灾害应急响应或进入特别工作状态命令，及时变更（或终止）中心应急响应级别或特别工作状态。应急响应的变更程序与启动程序相同（见本预案第六部分）。

（2）根据中国气象局的应急响应命令，根据实际情况，经中心领导、服务首席、办公室、业务科技处研判，中心可决定提升应急响应级别。

（3）中心启动的中心级别的应急响应或特别工作状态，根据情况由中心决定及时予以更新和解除。

应急响应终止程序如下：

根据中国气象局发布的撤销气象灾害应急响应或特别工作状态的命令，由办公室通过办公网、NOTES邮件和微信群、手机短信等方式向领导小组、应急办全体成员和中心各单位发布终止应急响应信息[①]。中心启动的中心级别的应急响应或特别工作状态由中心领导、办公室、业务科技处研究确定后决定终止。

八、其他处置

（一）设备备份和故障应急保障

预警运控室负责中心各业务单位的业务系统备份。当各单位业务系统出现故障后，应立即通

① NOTES邮件和手机短信仅发送领导小组全体成员。

知预警运控室进行应急故障修复。预警运控室按需采购应急设备，并负责安装调试。

故障处理完毕后，应填写《公共气象服务中心业务故障处理报告单》(附件5)，报业务科技处，同时抄送预警运控室、办公室。

（二）应急服务总结

办公室和各业务单位应在Ⅲ级及以上终止后1日内完成本单位应急气象服务工作总结，并通过NOTES报送业务科技处。

业务科技处负责汇总形成公共气象服务中心应急气象服务工作总结，在应急响应终止后2日内报领导小组审批后①，通过NOTES报送中国气象局办公室（应急办）、应急减灾与公共服务司和中国气象报社，同时抄送中心领导小组和应急办成员。

（三）奖励与责任追究

对在应急气象服务工作中做出突出贡献的单位和个人，中心按照中国气象局有关规定予以表彰和奖励；对在应急响应工作中玩忽职守造成重大损失和影响的，将追究当事人的责任。

把党员领导干部在应急响应工作中的表现情况，作为评价、任用和奖惩干部的重要依据。要注意在应急响应服务中培养锻炼和发展入党积极分子，做好在一线发展党员工作。

对在应急响应工作中推诿扯皮、工作不力的，要批评教育；对失职渎职的党员领导干部，要进行组织处理。要及时发现、总结和宣传基层党组织和广大党员、干部在应急气象服务中涌现出来的先进事迹，并利用多种渠道等大力宣传。

（四）应急物资保障

办公室负责应急物资的采买、储存和管理工作。应急物资包括应急食品、应急设备、防寒防暑用品等。其中，应急工作餐由各单位根据当日应急值班需求，统一按标准订购，由办公室按规定报销。应急物资发放由领导小组统一调配，应急资金使用由党委办公室统一监督，由办公室发放登记管理。

（五）应急资金预算、筹措与管理

办公室和计划财务处负责中心应急气象服务保障所需资金的预算与筹措。在年度财务预算中，应留有专款专用的应急资金，用于应急响应工作中的必要开支。资金使用由领导小组统一掌握。

九、预案管理

（一）预案实施后，随着应急救援相关法律法规的制定、修改和完善，部门职责或应急工作发生变化，或发现应急过程中存在问题和出现新的情况，业务科技处应牵头适时组织有关单位进行评估，及时修订完善本预案，并报领导小组审批。

---

① Ⅲ、Ⅳ级应急服务总结报业务科技处主要负责人审批，Ⅰ、Ⅱ级应急服务总结报中心领导审批。

（二）中心各单位应依据本预案，制定完善本单位应急气象服务工作预案，并报办公室、业务科技处备案。

（三）本预案由办公室和业务科技处负责解释。

（四）本预案自印发之日起实施，《中国气象局公共气象服务中心应急气象服务预案（2019年4月修订）》（公气发〔2019〕35号）同时废止。

（起草人：李蕊、高翔、张礼春、陈辉　发布时间：2020年5月）

附件 1

公共气象服务中心应急响应基本行动状态简表

	Ⅳ级应急响应	Ⅲ级变化内容	Ⅱ级变化内容	Ⅰ级变化内容
总体要求	•领导小组全体成员待命，手机24小时保持联络畅通。实行领导带班和行政值班制度 •各相关单位应在响应启动3小时内向办公室、业务科技处上报未来3天应急值班表 •办公室负责统筹安排中心应急值班表，并报中国气象局应急办	•领导小组全体成员待命，手机24小时保持联络畅通。实行领导带班和行政值班制度，根据需要待岗或到岗 •中心各应急业务单位应于每日15时前通过Notes向业务科技处报告每日应急情况，业务科技处及时汇总整理并于每日16时前报局相关单位	•接到应急响应通知后，领导小组及应急办全体成员、中心值班首席（副首席）、值班总师（副总师）迅速到达应急工作状态，根据需要迅速到达岗位 •实行24小时中心主要领导带班和各单位主要负责人行政值班制度以及业务巡视制度 •各相关单位应在响应启动2小时内上报未来3天应急值班表 •成立中心应急气象服务专项工作小组	•各相关单位应在响应启动1小时内上报未来3天应急值班表 •视情派出中心专项工作组参加局里赴现场工作组
会商要求	•中心带班领导和业务科技处按要求参加中央气象台有关天气会商 •带班首席及其他各相关单位负责人和应急值班人员在中心会商室收看中央气象台天气会商及应急天气会商	•中心带班领导和业务科技处按要求参加中央气象台有关天气会商 •值班首席及其他各相关单位负责人和应急值班人员在中心会商室收看中央气象台天气会商及应急天气会商	•中心带班领导、业务科技处、带班首席、其他各相关单位负责人和应急值班人员参加中心内部服务会商 •带班首席视情况组织召开加密服务会商	•中心服务会商调整为应急服务专项会商，中心带班领导、业务科技处、带班首席、其他各相关单位负责人和应急值班人员参加应急服务专项会商
服务产品室	•根据相关业务单位应急气象服务需求提供精细化气象服务产品和指导性服务产品支持 •本单位值班气象服务首席及时到岗并参与指导气象服务工作	无变化	无变化	•根据服务需要安排专人到业务值班平台提供产品和技术支撑
行业气象室	•制作交通、卫生、森林（草原）火险等领域气象预报服务产品，并根据服务需要提出针对相关行业、领域的灾害防御措施和建议，及时向有关部委和中国气象局决策气象服务中心提供 •本单位值班气象服务首席及时到岗并参与指导专业气象预报服务工作	无变化	•视情增加应急服务产品的制作频次	•增加应急服务产品的制作频次

续表

	Ⅳ级应急响应	Ⅲ级变化内容	Ⅱ级变化内容	Ⅰ级变化内容
气候生态评价中心	•开展旅游避险科普宣传；通过中国兴农网及时向公众和专业用户发布预报预警信息、提供相关气象服务产品，并视情况策划制作服务专题 •本单位值班气象服务首席及时到岗并参与指导气象服务工作	无变化	无变化	无变化
预警运控室	•保障国家突发事件预警信息安全发布，保障中办国办气象服务网站信息安全传输 •为各业务单位提供应急气象服务基础数据保障 •做好支撑应急气象服务的网络、设备、业务系统等运行保障和应急处置	无变化	•预警运控室增加业务运行应急岗、数据保障、技术保障应急岗 •视情制作发布预警信息发布情况专题报告	•每日制作发布预警信息发布情况专题报告
预警工程室	•根据需求制发重大气象灾害/突发事件/重大天气过程预警信息发布效益评估报告 •开展防灾减灾科普宣传	无变化	无变化	无变化
风能太阳能中心	•负责为面向电力的重大灾害气象服务提供技术和产品支撑 •本单位值班气象服务首席及时到岗并参与指导气象服务工作	无变化	无变化	无变化
气象服务研究所	•为各业务单位完成应急气象服务产品制作提供系统平台技术支撑	无变化	无变化	•根据服务需要安排专人到业务值班平台提供产品和技术支撑
办公室	•负责应急气象服务的综合协调与联络 •负责应急响应启动、变更和解除的信息发布、应急值班统筹安排及后勤保障、宣传等 •负责落实应急响应工作要求的零报告、日报告和重大突发事件报告制度及其他专项管理要求	无变化	无变化	无变化
业务科技处	•组织安排中心应急气象服务工作 •协调解决应急和专项保障期间的业务问题等 •监督、协调华风集团开展做好影视、网站、新媒体等公众应急气象服务 •负责根据局有关职能司要求协调做好新闻发布会的材料组织工作	无变化	无变化	无变化

续表

<table>
<tr><th></th><th>Ⅳ级应急响应</th><th>Ⅲ级变化内容</th><th>Ⅱ级变化内容</th><th>Ⅰ级变化内容</th></tr>
<tr><td>计划财务处</td><td>●负责应急气象服务所需资金保障和监管</td><td>无变化</td><td>无变化</td><td>无变化</td></tr>
<tr><td>人事处、党委办公室</td><td>●负责中心应急气象服务的表彰奖励
●负责应急气象服务中先进人物事迹的宣传报道等</td><td>无变化</td><td>无变化</td><td>无变化</td></tr>
<tr><td>业务服务组</td><td rowspan="4">视情成立</td><td rowspan="4">视情成立</td><td>●视情组织中心内部应急气象服务会商和部委间专题会商
●及时搜集、整理有关气象灾害/突发事件发生、发展的气象资料，制作决策服务产品
●加强气象灾害影响分析，制作有针对性的专题服务材料报中心应急值班领导审定后发送局里有关部门和单位
●为新闻宣传组提供对外宣传的预报预警服务材料素材，根据需要协调相关领域专家接受媒体采访</td><td>●组织中心内部应急气象服务会商和部委间专题会商</td></tr>
<tr><td>新闻宣传组</td><td>●统一安排组织对外宣传，收集部门内外相关宣传报道动态情况，及时向领导小组报告
●根据应急工作的进展，确定不同阶段的宣传口径和重点，组织策划并协调部门内外媒体宣传报道工作
●根据领导小组要求，组织落实新闻发布和舆论引导
●每天17时前向领导小组书面报告新闻宣传工作动态</td><td>无变化</td></tr>
<tr><td>后勤保障组</td><td>●做好办公系统的稳定，做好物资、经费等后勤保障工作</td><td>无变化</td></tr>
<tr><td>现场工作组</td><td>视情派出</td><td>无变化</td></tr>
<tr><td>应急信息报送</td><td>●各业务单位应加强应急值班信息总结报告
●遇有突发事件，根据《中国气象局重大突发事件信息报送标准和处理办法实施细则》的有关规定，随时向中国气象局报告</td><td>●各业务单位于每日15时前向业务科技处通过NOTES报告应急工作情况
●业务科技处及时汇总整理并于每日16时前报送中国气象局办公室、应急减灾与公共服务司和中国气象报社</td><td>无变化</td><td>无变化</td></tr>
</table>

注：每一级应急响应行动状态均是对比前一级增加的变化。

附件 2

公共气象服务中心重大突发事件应急响应特别行动对照表

服务产品室	负责为开展地震、森林草原火灾等重大突发事件应急气象保障服务提供精细化服务产品保障，并加强产品的应用检验
行业气象室	负责根据地震、森林草原火灾等应急气象保障服务需求，研发制作交通气象抗震救灾、火场保障等专项产品，预报服务结论与中央气象台、相关省份保持一致； 负责将相关服务产品推送至决策气象服务中心及相关合作单位
气候生态评价中心	负责重大突发事件对农业影响相关气象服务信息在中国兴农网的发布
预警运控室	负责地震、森林草原火灾等重大突发事件预警信息和灾害防范提示信息的发布，加强对相关省份信息发布的指导； 负责为中心各单位开展应急保障服务提供突发事件灾害信息数据保障
预警工程室	负责加强地震、森林草原火灾等重大突发事件预警信息在新媒体端的发布； 负责针对地震、森林草原火灾等重大突发事件预警信息发布效益评估及典型案例分析，根据要求及时报送业务科技处
风能太阳能中心	负责重大突发事件对电力影响分析评估等服务产品的制作
气象服务研究所	负责根据地震等应急保障专项产品制作需求，提供基于 1：50000 地震灾区地理信息气象服务产品底图（精细到 5 级河流、县级以上道路、居民点）； 负责协助制作新增应急气象服务产品模板并提供技术支持； 负责根据应急需要安排业务值班人员配合中心各业务单位完成应急或决策气象服务产品制作

附件 3、4、5（略）

中国气象局公共气象服务中心网络安全事件应急预案

（公气发〔2019〕82号）

1 总则

1.1 编制目的

为全面落实《中国气象局网络安全事件应急预案》，建立健全中国气象局公共气象服务中心（以下简称中心）网络安全事件应急工作机制，提高网络安全事件应对能力，预防和减少网络安全事件造成的损失和危害，保障中心气象服务工作正常开展，特制定本预案。

1.2 编制依据

《中华人民共和国突发事件应对法》《中华人民共和国网络安全法》《国家突发公共事件总体应急预案》《突发事件应急预案管理办法》《国家网络安全事件应急预案》《中国气象局网络安全事件应急预案》等网络安全相关规定。

1.3 适用范围

本预案适用于中心网络安全事件的预防、监测、报告、应急处置和调查评估等工作。中心委托华风集团承担的业务的网络安全应急保障按华风集团制定的相关应急预案实施。

1.4 事件分级

中心网络安全事件分为四级：特别重大网络安全事件、重大网络安全事件、较大网络安全事件、一般网络安全事件。

（1）符合下列情形之一的，为特别重大网络安全事件：

①国家突发公共事件预警信息发布网站、中国兴农网、精细化气象服务产品国省共享平台、中心对外门户网站及其他中心重要网络和信息系统遭受特别严重的系统损失，导致系统大面积瘫痪，丧失业务处理能力，对中心及国省气象部门及重要用户造成特别严重的影响。

②国家秘密信息、重要敏感信息和关键数据丢失或被窃取、篡改、假冒，对国家安全和社会

稳定构成特别严重威胁。

③其他对国家安全、社会秩序、经济建设和公众利益构成特别严重威胁、造成特别严重影响的网络安全事件。

（2）符合下列情形之一且未达到特别重大网络安全事件的，为重大网络安全事件：

①国家突发公共事件预警信息发布网站、中国兴农网、精细化气象服务产品国省共享平台、中心对外门户网站及其他中心重要网络和信息系统遭受严重的系统损失，导致系统长时间中断或局部瘫痪，使其业务处理能力受到极大影响，对中心、国省气象部门及重要用户造成严重的影响。

②气象部门的国家秘密信息、重要敏感信息和关键数据丢失或被窃取、篡改、假冒，对国家安全和社会稳定构成较严重威胁。

③其他对国家安全、社会秩序、经济建设和公众利益构成较严重威胁、造成较严重影响的网络安全事件。

（3）符合下列情形之一且未达到重大网络安全事件的，为较大网络安全事件：

①中心气象服务、气象管理或气象信息网络等信息系统瘫痪，对气象工作造成较大影响。

②中心对外门户网站因被攻击造成页面被篡改或系统无法提供服务。

③其他存在对国家安全、社会秩序、经济建设和公众利益构成威胁、造成一定影响的网络安全事件。

（4）符合下列情形之一且未达到较大网络安全事件的，为一般网络安全事件：

①中心的气象服务、气象管理或气象信息网络等信息系统服务中断，对本单位气象工作造成一定影响。

②中心对外网站因被攻击造成页面被篡改或系统无法提供服务。

③其他对中心安全、业务建设、服务用户构成一定威胁、造成一定影响的网络安全事件。

1.5 工作原则

坚持统一领导，分级负责；坚持“谁主管谁负责，谁运行谁负责，谁使用谁负责”的原则；坚持统一指挥、密切协同、快速反应、科学处置；坚持预防为主，预防与应急相结合，充分发挥各方面力量共同做好网络安全事件的预报和处置工作。

2　组织机构与职责

2.1 领导机构与职责

中心网络安全与信息化领导小组（以下简称领导小组）是中心网络安全事件应急工作的领导机构，负责决策、研究中心网络安全工作的重大事项，制定中心网络安全的总体策略等。按照中国气象局网络安全事件应急工作要求，组织协调中心网络安全应急工作，必要时成立中心网络安全事件应急指挥部（以下简称指挥部），负责特别重大或重大网络安全事件处置的指挥和协调，总指挥由中心分管网络安全工作的领导担任，成员由各单位领导担任，根据需要可对成员进行调整。

2.2 办事机构及职责

业务科技处是中心网络安全事件应急工作的办事机构，负责按照领导小组要求组织协调、落实网络安全应急工作和信息通报工作。

2.3 业务技术支撑机构与职责

预警运控室为中心网络安全事件应急工作的业务技术支撑单位，具体负责中心网络安全事件总体应急工作。中心成立由预警运控室牵头组成的应急处置技术工作组（以下简称工作组），按照领导小组的决定与要求，负责中心网络安全事件应急工作的技术支撑保障。

其他各业务单位负责本单位职责范围内的网络安全事件的预防、监测、报告、应急处置工作。

领导小组和工作组成员详见附件1。

3 监测、事件报告

3.1 网络安全监测

预警运控室负责中心网络安全总体监测，指导各单位开展监测工作并为其提供技术支持，开展网络安全信息共享。

各单位负责明确本单位管辖范围内的网络安全责任人；组织开展本单位管辖范围内的网络安全监测工作，重要监测信息及时汇报工作组。

3.2 信息通报

各单位要建立信息互通的机制，确保在发生或可能发生的重大及以上网络安全事件时，第一时间做出响应并报工作组。工作组要建立组内信息互通机制，及时将接收的信息通报组内成员，随时做好网络安全事件技术服务与指导。

3.3 分析研判

各单位对发生网络安全事件或可能发生网络安全风险的监测信息进行研判，重要信息及时报工作组，工作组指导做好应急处置措施，确保做到及时发现、及时报告、及时处理和及时恢复。

工作组对收到中国气象局应急办、预报司、国家气象信息中心等单位或中心相关单位的监测信息进行研判，事件达到预警级别时立即报领导小组（预警运控室主要负责人、业务科技处和相关处室主要负责人）。

预警运控室组织有关部门、工作组和相关专家（含网络安全保障公司相关专家；预计可能发布特别重大网络安全事件时，商国家气象信息中心专家），对网络安全重要监测信息进行分析评估，预测事件发生的可能性，确定事件影响范围和危害程度；协助指导相关单位开展应急处置措施。

业务科技处及时将分析评估结果等重要信息及应急建议报领导小组（中心分管领导或值班领导）审批。

领导小组对评估结果及影响程度进行研判，决定启动（变更、解除）中心安全网络应急预案。

4 预警与应急处置

4.1 预警和应急等级及发布

中心网络安全事件预警（以下简称预警）等级参照《中国气象局网络安全事件应急预案》的要求，由高到低分为红色、橙色、黄色和蓝色四级，一般情况下，相应的应急响应由高到低分为Ⅰ、Ⅱ、Ⅲ、Ⅳ共四级，分别对应特别重大、重大、较大和一般网络安全事件，三者的对应关系详见表1。

表1 中心网络安全事件、预警发布和应急响应级别对照表

网络安全事件等级	事件影响范围	发布气象部门预警等级	启动应急响应等级	预警发布职责分工与流程
特别重大	国省级和重要用户	红色	Ⅰ级	预警运控室商国家气象信息中心及相关专家确定，报业务科技处经领导小组批准后发布；业务科技处负责将应急通知发中心各单位，报送预报司、减灾司和国家气象信息中心
重大	国省级和重要用户	橙色	Ⅱ级	预警运控室确定，报业务科技处经领导小组批准后发布；业务科技处负责将应急通知发中心各单位，报送国家气象信息中心
较大	中心和部分用户	黄色	Ⅲ级	预警运控室确定；业务科技处负责将应急通知发中心各单位
一般	中心内部	蓝色	Ⅳ级	预警运控室确定；业务科技处负责将应急通知发中心各单位

其中，预警信息包括事件的类别、预警级别、起始时间、可能影响范围、警示事项、应采取的措施和时限要求、发布单位等。模板详见附件2。

4.2 应急响应启动流程

网络安全预警由预警运控室确定，Ⅱ级及以上级别应急预案启动（变更、解除）由业务科技处报领导小组审批后确定。其中，Ⅰ级应急响应报中心主要领导审批，Ⅱ级应急响应报中心分管领导或值班领导审批，Ⅲ级及以下级别应急预案启动（变更、解除）由预警运控室直接确定。业务科技处负责将应急通知发中心各单位，模板详见附件3。流程详见图1。

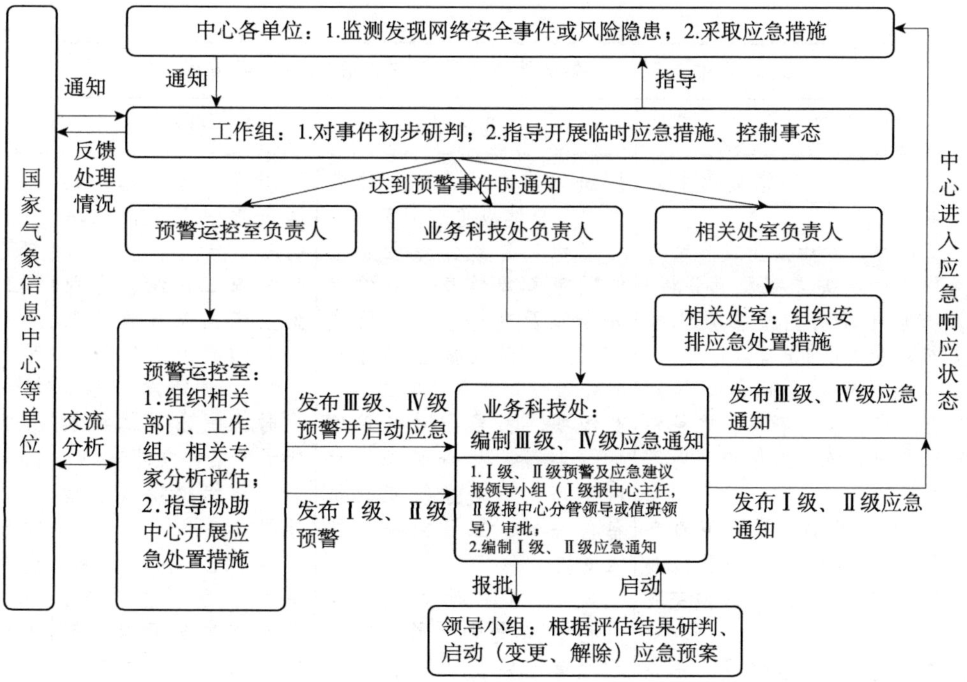

图 1 中心应急预案启动（变更、解除）流程

原则上，当中国气象局启动网络安全事件应急响应时，中心应优先按中国气象局要求启动应急预案，业务科技处报领导小组批准（启动等于或高于中国气象局应急响应级别的应急预案）后发各单位，中心直接进入应急响应状态。

4.3 应急响应措施

中心启动应急预案后，中心全面进入应急响应状态。中国气象局启动应急预案时，按照中国气象局应急预案处置措施执行。中心各单位职责分工和处置措施见表 2。

表 2 中心网络安全事件应急响应职责分工和处置措施

单位	中心网络安全事件应急响应职责分工和处置措施			
	Ⅰ级	Ⅱ级	Ⅲ级	Ⅳ级
业务科技处	1. 收集汇总事态发展、影响范围和处置进展等重要信息，报领导小组和预报司、减灾司和国家气象信息中心，抄报领导小组和工作组成员。启动后 2 小时内完成初报。 2. 根据事件性质，必要时建议成立指挥部，报领导小组批准。 3. 在中国气象局的领导、指挥下，组织、协调中心各单位开展应急处置和信息通报工作。 4. 需要时，负责与国家气象信息中心协调，请求予以技术支持。 5. 相关人员保持 24 小时通信联络畅通	1. 收集汇总事态发展、影响范围和处置进展等重要信息，报领导小组和国家气象信息中心，抄报领导小组和工作组成员。启动后 3 小时内完成初报。 2. 组织、协调中心各单位开展应急处置和信息通报工作。 3. 需要时，负责与国家气象信息中心协调，请求予以技术支持。 4. 相关人员保持 24 小时通信联络畅通	1. 组织、协调有关单位开展应急处置和信息通报工作。 2. 收集汇总事态发展、影响范围和处置进展等相关信息，报领导小组和工作组成员。启动后 4 小时内完成初报。 3. 相关人员保持通信联络畅通	了解事态发展，做好协调工作。收集汇总事态发展、影响范围和处置进展等相关信息，报领导小组和工作组成员。启动后 5 小时内完成初报

续表

单位	中心网络安全事件应急响应职责分工和处置措施			
	Ⅰ级	Ⅱ级	Ⅲ级	Ⅳ级
预警运控室	1.进入应急状态，具体负责中心总体应急响应工作。 2.组织工作组、专业企业或国家气象信息中心的有关专家及时分析，预警发布后1小时内提出具体技术处置方案并立即实施。 3.组织、指导中心各单位加强监测、排查隐患、控制事态、恢复系统或启动备份系统，工作组到现场提供技术支持。 4.实行24小时监测，及时将事态发展、影响范围和处置进展报业务科技处。启动后1.5小时内完成初报。 5.加强值班值守，主管领导、业务管理和技术人员保持24小时通信联络畅通	1.进入应急状态，具体负责中心总体应急响应工作。 2.组织工作组、专业企业或国家气象信息中心的有关专家及时分析，预警发布后2小时内提出具体技术处置方案并立即实施。 3.组织、指导中心各单位加强监测、排查隐患、控制事态、恢复系统或启动备份系统，工作组提供技术支持。 4.实行24小时监测，及时将事态发展、影响范围和处置进展报业务科技处。启动后2小时内完成初报。 5.加强值班值守，主管领导、业务管理和技术人员保持24小时通信联络畅通	1.进入应急状态，具体负责中心总体应急响应工作。 2.组织工作组、专业企业或国家气象信息中心的有关专家及时分析，预警发布后2小时内提出具体技术处置方案并立即实施。 3.工作组提供技术指导和支持。 4.实行24小时监测，做好信息通报工作，及时将事态发展、影响范围和处置进展报业务科技处。启动后3小时内完成初报。技术人员加强值班值守，相关人员保持通信联络畅通	1.了解事件的严重程度、影响范围。 2.工作组保持联络畅通，必要时为事发单位提供技术指导。 3.实行24小时监测，及时将事态发展、影响范围和处置进展报业务科技处。启动后4小时内完成初报。技术人员加强值班值守，相关人员保持通信联络畅通
相关单位	1.组织开展本单位职责范围内应急响应工作。立即启动本单位应急预案，进入应急状态。 2.组织本单位技术支撑队伍和有关专业部门等及时分析，预警发布后1小时内提出本单位具体技术处置方案并立即实施。 3.实行24小时监测，将事态发展、影响范围和处置进展报业务科技处。启动后1.5小时内完成初报。 4.加强值班值守，主管领导、业务管理和技术人员保持24小时通信联络畅通	1.组织开展本单位职责范围内应急响应工作。立即启动本单位应急预案，进入应急状态。 2.组织本单位技术支撑队伍和有关专业部门等及时分析，预警发布后2小时内提出本单位具体技术处置方案并立即实施。 3.实行24小时监测，将事态发展、影响范围和处置进展报业务科技处。启动后2小时内完成初报。 4.加强值班值守，主管领导、业务管理和技术人员保持24小时通信联络畅通	1.组织开展本单位职责范围内应急响应工作。立即启动本单位应急预案，进入应急状态。 2.组织本单位技术支撑队伍和有关专业部门等及时分析，预警发布后2小时内提出本单位具体技术处置方案并立即实施。 3.实行24小时监测，将事态发展、影响范围和处置进展报业务科技处。业务管理和技术人员加强值班值守，保持通信联络畅通。启动后3小时内完成初报	1.立即启动本单位应急预案，进入应急状态，立即开展应急工作。 2.实行24小时监测，将事态发展、影响范围和处置进展报业务科技处；启动后4小时内完成初报。加强值班值守，相关人员保持通信联络畅通

续表

单位	中心网络安全事件应急响应职责分工和处置措施			
	Ⅰ级	Ⅱ级	Ⅲ级	Ⅳ级
中心相关单位	1. 业务科技处组织开展本单位职责范围内应急响应工作，报中心分管领导。中心立即启动本单位应急预案，进入应急状态。 2. 预警运控室组织工作组和有关专业部门等及时分析，预警发布后1小时内提出本单位具体技术处置方案并立即实施。 3. 预警运控室和相关处室实行24小时监测，及时将事态发展、影响范围和处置进展报业务科技处，业务科技处报预报司和国家气象信息中心。 4. 加强值班值守，主管领导、业务管理和技术人员实行24小时值班，保持通信联络畅通	1. 业务科技处组织开展本单位职责范围内应急响应工作，报中心分管领导。中心立即启动本单位应急预案，进入应急状态。 2. 预警运控室组织工作组和有关专业部门等及时分析，预警发布后1小时内提出本单位具体技术处置方案并立即实施。 3. 预警运控室和相关处室实行24小时监测，及时将事态发展、影响范围和处置进展报业务科技处，业务科技处报预报司和国家气象信息中心。 4. 加强值班值守，主管领导、业务管理和技术人员实行24小时值班，保持通信联络畅通	1. 业务科技处组织开展本单位职责范围内应急响应工作。中心立即启动本单位应急预案，进入应急状态。 2. 预警运控室组织本单位工作组和有关专业部门等及时分析，预警发布后2小时内提出本单位具体技术处置方案并立即实施。 3. 预警运控室和相关处室实行24小时监测，及时将事态发展、影响范围和处置进展报国家气象信息中心。业务管理和技术人员加强值班值守，保持通信联络畅通	1. 业务科技处立即启动本单位应急预案。中心进入应急状态，立即开展应急工作。 2. 预警运控室和相关处室实行24小时监测，及时将事态发展、影响范围和处置进展报国家气象信息中心。加强值班值守，相关人员保持通信联络畅通

4.4 预警解除和应急结束

由中国气象局启动的网络安全事件应急响应命令解除后，中心网络安全事件应急响应随之解除。

对于中心自行启动的应急响应，Ⅰ级响应由领导小组决定签发解除命令，业务科技处发通知并报预报司、减灾司和国家气象信息中心；Ⅱ级响应由领导小组决定签发解除命令，业务科技处发通知并报送国家气象信息中心；Ⅲ级和Ⅳ级响应由预警运控室解除命令，业务科技处发通知。

应急处置完毕后，业务信息系统恢复重建工作按照“谁主管谁负责，谁运行谁负责”的原则，工作组指导相关单位做好恢复、整改或重建工作。

5 调查与评估

应急事件处置结束后，工作组牵头组织各相关单位在一周内应对事件进行研究分析和调查处理，要通过调查，查明突发信息安全事件的原因、经过、性质以及危害程度，并提出消除安全隐患的改进措施和相关建议，以防止同类事件再次发生，在应急响应结束后25天内形成《网络与信息安全事件应急响应结果报告表》(见附件4)，并报业务科技处。在工作组协助下，业务科技处按相关要求完成Ⅰ级和Ⅱ级应急调研评估报告并报预报司备案。

6 预防工作

6.1 日常管理

中心职能处室及业务单位按职责做好网络安全事件日常预防工作，制定完善相关应急预案，做好网络安全检查、隐患排查、风险评估和数据备份，开展信息安全检测能力建设，提高主动防御能力，健全本单位信息安全通报机制，及时采取有效措施，减少和避免网络安全事件的发生及危害，提高应对网络安全事件的能力。

6.2 演练

中心每年至少组织一次预案演练，并按要求将演练情况报预报司。

6.3 宣传和培训

加强突发网络安全事件预防和处置的有关法律、法规和政策的宣传，开展网络安全基本知识和技能的宣传活动。

中心将网络安全事件的应急知识列为领导干部和有关人员的培训内容，加强网络安全技术特别是网络安全应急预案的培训，提高防范意识及技能。

6.4 重要敏感时期的预防措施

在国家重要活动、会议等重要敏感时期，要加强网络安全事件的防范和应急响应，确保网络与信息系统安全。加强网络安全监测和分析研判，重点部门、重点岗位保持 7×24 小时值班，及时发现和处置网络安全事件隐患。另外，按照《预报司关于建立信息安全通报机制的函》（气预函〔2016〕40 号）相关要求做好信息通报工作，信息安全负责人、通报联络员及有关人员保持 7×24 小时联络畅通。

7　保障措施

7.1 机构和人员

各单位要落实网络安全应急工作责任制，把责任切实落实到每个具体部门和相关责任人，建立健全应急工作机制。

7.2 技术支撑队伍和专家队伍

中心加强网络安全应急技术支撑队伍建设，做好网络安全事件的监测预警、预防防护、应急处置、应急技术支援工作。工作组作为中心网络安全应急技术支撑队伍，应加强与国家气象信息中心专家沟通、协调，提高应急处置能力。

7.3 社会资源

鼓励各单位积极探索利用社会资源，在政策、法律法规允许的范围内开展与网络安全教育科研机构、企事业单位、协会等的合作，提高应对网络安全事件的能力。

7.4 应急后勤保障

应急工作餐由各单位根据当日应急值班需求，统一按标准订购，由中心办公室按规定报销。

7.5 责任与奖惩

网络安全事件应急处置工作实行责任追究制。

在网络安全事件应急管理工作中做在突出贡献的先进个人视情况给予表彰或奖励。

对不按照规定制定预案和组织开展演练，迟报、谎报、瞒报和漏报网络安全事件重要情况或者应急管理工作中有其他失职、渎职行为的，依照相关规定对有关责任人给予处分；构成犯罪的，依法追究刑事责任。

8　附则

本预案由中心业务科技处负责解释。业务科技处根据实际情况适时修订本预案。

本预案自印发之日起实施。《公共气象服务中心关于印发〈中国气象局公共气象服务中心网络安全事件应急预案〉的通知》（公气发〔2017〕74号）即行废止。

（起草人：翁向宇、贺姗姗、曹之玉、兰海波、郭杰　发布时间：2019年12月）

附件（略）

中国气象局公共气象服务中心参加全国天气会商业务规定

（公气发〔2019〕28号）

第一章　总　则

第一条　参加全国天气会商是全面把握气象服务需求及服务重点、促进气象服务工作提质增效的重要手段。为组织做好参加全国天气会商工作，特制定本规定。

第二条　本规定适用于中国气象局公共气象服务中心（以下简称中心）及华风气象传媒集团有限责任公司（以下简称集团）承担气象服务业务的相关人员参加全国天气会商工作。

第二章　会商种类

第三条　全国天气会商包括全国早间天气会商、重要节日及重大气象服务任务的全国重大天气会商（以下简称全国重大天气会商）以及根据重大灾害性天气或突发事件任务临时组织的应急天气会商（以下简称应急天气会商）。

第三章　参加会商人员

第四条　参加全国天气会商人员包括中心及集团相关行政管理人员以及承担气象服务业务有关部门的业务值班人员。中心及集团业务管理部门应根据实际情况每月组织制定行政管理值班表和有关部门业务值班表。

第五条　全国早间天气会商。汛期期间（4—9月，下同），中心行政管理人员以及预警运控室、行业气象室业务值班人员应每天参加全国早间天气会商，中心其他处室根据服务需求酌情参加；非汛期期间（10月至次年3月，下同），原则上每周一中心分管业务领导、每周五中心业务科技处人员以及预警运控室、行业气象室业务值班人员应参加全国早间天气会商，中心其他处室根据服务需求酌情参加。

汛期期间，集团应每天参加全国早间天气会商；非汛期期间，集团根据服务需求酌情参加。具体参加人员由集团业务管理部统一安排。

第六条 全国重大天气会商。参加会商人员由中心及集团业务管理部门根据具体服务任务确定并协调安排。

第七条 应急天气会商。参加会商人员按照中心和集团应急气象服务预案有关规定执行。

第四章 会商内容

第八条 全国早间天气会商（每周五）和全国重大天气会商（一般为重要节日前夕），由中心行业气象室值班首席代表中心发言。应急天气会商（不定期），由中心业务科技处根据中国气象局会商发言安排协调相关值班首席代表中心发言。

第九条 全国早间天气会商气象服务发言内容包括：

（一）气象灾情、气象服务舆情信息等；

（二）中心承担的交通、旅游、森林草原火险等重点行业气象服务情况以及国家预警信息发布等防灾减灾气象服务情况；

（三）中心委托集团承担的公众气象服务情况和公众气象服务产品，包括社会热点和资讯信息、中国天气网访问量及其分析、媒体合作及转发情况、影视节目量以及关注重点等；

（四）重点行业气象影响预报服务产品及防御措施、建议。

第十条 全国早间天气会商发言材料由中心行业气象室值班首席负责牵头组织制作。每周三16时由行业气象室值班首席组织召开全国早间天气会商发言内容交流会，中心其他业务部门业务值班人员以及集团承担公众气象服务的有关部门业务值班人员参加，并按照值班首席的要求负责提供发言素材和技术支持。交流方式以线上交流为主，值班首席可根据服务需求提出线下交流申请，由中心业务科技处组织在业务值班平台交流。

第十一条 全国重大天气会商和应急天气会商气象服务发言内容由代表中心发言的值班首席按照中国气象局天气会商的有关要求确定，并由值班首席负责牵头制作发言材料。不定期会商发言内容交流会由中心业务科技处适时组织召开，召开时间提前1天通知。

第十二条 中心承担的气象服务业务专题会商工作由牵头的业务部门根据服务需要组织安排；中心委托集团承担的网站、影视、手机等公众气象服务业务会商工作由集团业务管理部根据业务实际统一安排。

第五章　会商组织保障

第十三条　中心业务科技处和集团业务管理部负责参加全国天气会商工作的管理和协调。每月 28 日，集团业务管理部将次月集团行政管理值班表和有关部门业务值班表交给中心业务科技处备案。

第十四条　中心及集团行政管理人员参加天气会商地点为中央气象台二楼会商室，其他业务值班人员参加天气会商地点为影视楼七层（或气象科技大楼三层）业务值班平台。预警运控室负责安排值班人员根据参加会商时间做好会商环境的准备，会商开始前 10 分钟打开大屏幕系统。

第六章　附　则

第十五条　本规定由中心业务科技处负责解释。

第十六条　本规定自发布之日起施行。

（起草人：陈辉、倪敏莉　发布时间：2019 年 4 月）

中国气象局公共气象服务中心业务资源管理办法（试行）

（公气发〔2020〕83号）

第一章 总 则

第一条 为规范中国气象局公共气象服务中心（以下简称中心）业务资源管理，提高业务资源使用与配置效率，促进中心业务集约化、高质量发展，依据《中国气象局关于推进气象业务技术体制重点改革的意见》(气发〔2020〕1号)、《气象资料共享管理办法》(中国气象局令第4号)等相关文件，制定本办法。

第二条 本办法所称业务资源，是指中心业务运行所需的计算资源、存储资源、网络资源、内部数据产品资源，以及以中心名义获得的外部数据资源或者以中心公用账户申请获得的中国气象局气象大数据云平台资源、高性能计算资源、各类业务系统账户、网络接口、专线等其他资源。

第三条 中心业务资源的申请、使用、管理及安全保障等工作适用本办法。

第四条 中心业务资源实行统一配置与管理。任何单位和个人使用中心业务资源应当遵守国家有关法律法规、部门规章规范，不得利用中心业务资源从事危害国家安全、社会公共利益和他人合法权益的活动。

第二章 职责与分工

第五条 业务科技处是中心业务资源的管理部门，负责贯彻落实国家和气象部门业务相关资源管理政策，建立健全中心业务资源的管理制度；负责业务资源的申请审批、协调资源配置，组织业务资源使用效益的评估。

第六条 预警运控室是中心业务资源的运行维护部门，负责中心业务资源池的建设、运行与维护；负责中心统一的数据资源服务；负责中心业务资源使用情况的监控与安全保障；协助业务科技处开展业务资源使用效益评估。

第七条 中心各部门、省（区、市）气象部门以及其他相关部门是中心业务资源的使用部门，负责按照国家、气象部门以及本办法规定，规范开展本部门所需业务资源的申请、使用、应用推广、知识产权保护、保密管理与安全保障工作。

第八条 气象数据相关工作，应当遵守国家和气象部门有关保密和管理规定。涉外的气象数据，按照《涉外气象探测和资料管理办法》《涉外提供和使用气象资料审查管理规定》中的有关规定执行。

第三章 业务资源的管理

第九条 业务科技处会同计划财务处按年度做好中心业务资源的规划与项目建设安排，业务科技处根据业务发展需要统筹协调配置业务资源。

（一）对于工程类或业务建设类项目，预警运控室配合业务资源使用部门做好业务资源建设方案。项目建设实施时，相关业务资源由预警运控室统一采买、建设和运行维护。

（二）对于科技类及其他项目，业务资源使用部门或项目负责人应合理规划业务资源需求和使用方案。项目实施时，计算服务器、存储服务器等设备由预警运控室统一采买和运行维护。

（三）用于对外服务的数据产品和以中心名义接入的各类外部数据资源（合同另有约定的数据资源除外），业务资源使用部门须汇集到中心业务资源池，由预警运控室负责统一存储、统一支撑对外服务。

第十条 预警运控室应对业务资源使用部门提供业务资源保障与服务，做好业务资源的运行、维护、监控与安全保障，跟踪记录业务资源使用的行为，及时提示业务资源使用相关风险。

第十一条 预警运控室负责统一构建和维护中心对外的数据产品服务链路，中心其他部门不得私自建设对外的数据产品服务链路。

第四章 业务资源的申请与使用

第十二条 中心业务资源的申请流程如下。

（一）【申请】业务资源使用部门按要求真实准确地填报业务资源申请表，说明业务资源使用的用途、规模等，经本部门审核确认后报送业务科技处。中国气象局对于相关业务资源使用有单独规定的，须按照规定要求签订相关协议。

（二）【审批】业务科技处对业务资源申请进行审批，审批内容包括：

1. 业务资源的使用是否符合中国气象局相关政策要求；

2. 业务资源的用途是否符合中心业务建设与发展需要；

3. 业务资源的部署、规模以及使用方式是否科学、合理、可行，是否符合中心集约化业务建设与网络安全相关要求。

通过审批后，对于中心内部既有的业务资源，预警运控室一般应在5个工作日内向业务科技处和业务资源使用部门反馈提供情况；涉及需要向中心以外单位申请的业务资源，由业务科技处按照业务资源所属单位相关规定要求协调提供。

（三）【使用】业务资源使用部门应严格按照相关要求合法合规使用业务资源。对于以个人账户申请的业务资源，业务资源使用部门应根据人员变动情况，及时向业务科技处提出申请调整更新。

第十三条 以下两种情况不需要业务科技处审批。

（一）对已列入中心数据资源清单的数据资源，业务资源使用部门用于中心业务建设、科学研究等工作的，由预警运控室直接提供，并报业务科技处备案。涉及对外提供（共享）中心相关数据产品的，应严格按照业务资源申请审批流程执行。

（二）对已纳入工程项目、业务建设项目及科技项目并立项实施的中心计算资源、网络资源、存储资源，由预警运控室按照项目建设方案直接实施建设。

第十四条 中心统一存储的各类数据产品资源应做好标识，明确数据产品来源及用途。使用数据产品资源对外服务或科技成果转化当中产生效益的，应本着尊重知识产权的原则合理分配收益。

第十五条 业务资源使用部门应及时合理调整资源使用策略，提高业务资源使用效率。根据实际情况确需调整业务资源配置的，由业务科技处组织统筹调整。

第五章 业务资源的监督与保障

第十六条 业务科技处负责定期组织开展中心业务资源使用情况通报以及业务资源使用效益评估；预警运控室负责定期提供中心业务资源使用情况数据，配合编制数据产品资源清单、对外开放数据产品目录、禁止对外服务数据目录。

第十七条 业务科技处应组织对业务资源使用的相关业务技术人员进行培训。

第十八条 业务科技处应加强业务资源使用的监督检查，对未按照要求使用业务资源的部门，予以督促整改或者通报。需要对负有责任的领导人员和直接责任人员追究责任的，按程序向中心提出处理建议。

（一）单位或个人违反本规定的有关规定，有下列情形之一的，预警运控室停止提供资源保障，并由业务科技处责令改正：

1. 未按照本办法要求，私自采买或利用业务资源对外开展服务的；

2. 未按照本办法要求汇集业务数据资源的；

3. 私自使用中心业务资源开展与气象服务业务不相关活动的；

4. 在业务资源申请使用过程中弄虚作假，或危害业务资源安全管理的；

5. 其他违反本办法规定但尚未造成严重后果的。

（二）单位和个人违反本规定的有关规定，有下列情形之一的，对负有责任的领导人员和直接责任人员追究责任，构成犯罪的，依法追究相关单位、责任人责任：

1. 损害国家安全、公共利益和他人合法权益的行为；

2. 使用中心业务资源从事违法犯罪活动的；

3. 私自向国外提供或者在与国外有关机构和个人的合作中提供所获得的气象数据的；

4. 使用和管理涉密数据时，未遵守保密协议或保密管理相关规定的；

5. 违反气象法律法规、规章制度的其他行为。

第六章　附　则

第十九条　本办法由业务科技处负责解释。

第二十条　本办法自发布之日起施行。

（起草人：吕宸、陈辉　发布日期：2020 年 7 月）

中国气象局公共气象服务中心委托业务管理办法

（公气发〔2019〕73号）

第一章 总 则

第一条 为促进中国气象局公共气象服务中心（以下简称中心）对外委托业务规范、有序开展，提高国家级公众气象服务业务运行效率，根据《中国气象局关于继续深化公共气象服务中心和华风集团改革的通知》（中气函〔2018〕45号）和《减灾司关于同意公共气象服务中心委托华风集团承担相关业务的批复》（气减函〔2018〕44号）文件要求，中心联合华风气象传媒集团有限责任公司（以下简称集团）特制定本办法。

第二条 本办法适用于中心委托集团承担的相关气象服务业务运行及项目建设工作。

第二章 职责分工

第三条 中心是国家级公众气象服务业务的承担单位。负责中国天气网、中国天气频道、中国天气通等业务运行管理和质量评价；承担公众气象服务业务发展规划的制定；负责组织相关项目申报、实施和验收；指导集团开展中国天气品牌建设。

第四条 集团负责公众气象服务品牌建设；负责公众气象服务日常业务运行以及服务口径把握。

第三章 运行机制

第五条 重大业务事项决策。遇有重大业务事项，包括业务发展规划、业务定位和发展思路、重大业务技术路线和产品调整等，集团须及时向中心报告。需要向上级主管部门报告的事项，经过中心审定后，由中心向上级主管部门报告。

第六条 协调沟通。中心与集团成立协调联系组，建立常态化联系机制，组织定期召开专题会议，协调沟通公众气象服务业务各项工作。中心组织集团不定期向减灾司汇报有关工作进展和计划安排。

第七条 业务产品支撑。为促进公众气象服务业务可持续发展，中心应为集团开展公众气象服务业务提供技术和产品支撑，双方通过科研项目合作、科技成果转化等多种方式开展创新技术和产品联合研发。

第八条 产品质量反馈。集团建立中心产品质量反馈机制，促进中心产品的迭代升级和质量提升。

第四章 业务运行管理

第九条 中心每年根据委托集团业务的任务量核定和保障运行维持经费，承担对集团开展相关气象服务业务的数据和产品支撑。集团负责根据中国气象局有关数据管理规定对中心提供的所有数据产品进行归口管理，保证服务口径及数据出口把控。

第十条 产品支撑保障。服务产品室负责公众气象服务数据产品的采集、分析、挖掘，以及气象服务精细化产品、智慧气象服务产品研发；预警运控室负责提供预警信息综合发布渠道和业务对接支持，以及提供集团所有数据产品运维保障；气象服务研究所负责公众气象服务核心支撑系统和平台研发。

第十一条 业务质量报告。按照减灾司的要求，集团不定期提交中国天气网、中国天气频道、中国天气通等业务运行情况报告，中心进行分析评估，每年度将公众气象服务业务运行情况分析结果上报减灾司，作为年终目标考核参考依据。

第十二条 业务运行备案。集团应制定相关气象服务日常业务运行管理办法、制度规范和应急预案，报中心业务科技处备案。

第十三条 气象服务故障应急响应和重大事故上报。中心与集团建立气象服务故障与重大事故报告、快速处理与响应恢复制度，及时发现、及时定位、及时解决业务运行出现的故障，及时将故障的产生原因、影响范围、处理过程和结果等情况上报上级主管单位。

第五章 项目实施

第十四条 中心负责组织中央财政资金支持的相关公众气象服务工程（业务）建设项目的申

报、实施和验收。集团按照中国气象局和中心相关工程（业务）建设项目管理办法组织做好项目实施，集团业务管理部门应加强项目实施督查督办与中期进展评估。

第十五条 项目依托管理。中国天气网、中国天气频道等业务运行维持项目依托中心预警运控室管理；公众气象服务产品研发及相关业务建设项目依托中心服务产品室管理；公众气象服务系统平台研发及相关业务建设项目和标准项目依托中心气象服务研究所管理。

第十六条 项目进展报告。中心建立重大项目建设进展报告制度，集团业务管理部门负责每季度组织编写项目进展报告，并报送中心业务科技处。

第十七条 项目评估评价。集团业务管理部门负责组织做好项目的可行性、建设实施进度、效益发挥等评价评估工作，包括可行性评估、进度评价、效益评价等，编写项目评价报告，并报送中心业务科技处。

第十八条 项目档案管理。集团业务管理部门负责组织建立科学、严格的档案管理制度。建立健全项目档案，及时收集、整理、归档从项目批准到竣工验收各环节的文件资料，并在项目竣工验收后按规定将项目档案移交中心业务科技处。中心业科技处负责对集团项目档案情况进行不定期检查。

第十九条 建立项目的业务准入及运行制度。项目验收后应按照中心业务准入要求，制定和落实业务运行的内容和责任，建立健全规章制度，切实做好工程运行和维护。由集团业务管理部门提出申请，中心业务科技处负责审批并纳入中心委托业务范畴。

第六章　附　则

第二十条 本办法由中心业务科技处负责解释。

第二十一条 本办法自发布之日起施行。

（起草人：陈辉、贺姗姗、张礼春、王慕华　发布时间：2019 年 11 月）

中国气象局公共气象服务中心业务项目管理办法

（公气发〔2019〕83号）

第一章 总 则

第一条 为加强中国气象局公共气象服务中心（简称中心）业务类项目的管理，规范业务建设项目立项、实施、验收及成果业务化应用等程序和行为，防范项目实施风险，确保项目建设质量，提高项目投资效益，根据中国气象局有关规定和中心实际情况，制定本办法。

第二条 本办法适用于由中央预算内财政资金或中心自筹资金中投资的总经费在20万元以上（含20万元）的新建、改扩建、续建项目。

第三条 本办法所指业务项目包括提升相关业务能力所需的设备购置、系统研发、系统设备升级改造、关键技术引进及推广、产品制作、运维保障、服务外包等业务类项目。国家、中国气象局的工程类项目等另有管理办法和规定的，执行相关的管理办法和规定。科技类项目按照科研项目管理有关规定执行，不适用本办法。

第二章 职责与分工

第四条 管理部门职责：

业务科技处、计划财务处和党委办公室（纪检监察处）按照职责分工，履行对中心业务项目的管理职能。

业务科技处负责组织项目的审查、论证、测试、验收和业务化等相关工作。

计划财务处负责项目的预算审查、投资下达等相关工作。

党委办公室（纪检监察处）负责对立项、论证、验收等项目管理流程履行监督职责。

第五条　项目承建单位职责：

（一）负责编报项目立项申请书、任务书、初步设计、可行性研究报告、实施方案等相关材料；

（二）负责所承担项目的具体组织实施及建设进度、质量、安全及运行等管理和监督；

（三）负责项目验收材料准备、系统试运行测试、外包项目的合同验收等；

（四）负责协助进行项目档案资料管理，并根据要求提供项目进展等相关材料。

第三章　项目管理程序

第六条　中心业务项目从立项到成果业务化应用一般须执行下列程序：

（一）编报项目立项申请书；

（二）组织项目立项可行性论证和评审；

（三）项目获批后签订项目任务书；

（四）组织项目实施；

（五）项目测试及委托合同验收等；

（六）项目业务验收；

（七）资料整理归档。

第四章　项目申请立项

第七条　项目申报要求：各单位申报的业务项目须征得本单位同意，项目必须明确项目负责人及项目参与人；同一类型项目在一年之内不可拆分、分批申报，必须打包合并。

第八条　项目申报流程：

（一）中心各单位于每年年初将本单位本年度计划申报项目上报业务科技处。

（二）业务科技处组织对业务项目建设的必要性、可行性等进行审查，根据项目性质采取分类管理。对于逐年都有的运维性业务且经费预算没有明显变化的项目，或上年已经过论证审批的延续性建设研发项目，原则上进行备案即可，但需填报项目申请书；对于其他新建需要进行立项论证的项目，由业务科技处牵头、项目申报单位配合，组织相关部门专家对项目进行可行性论证，并出具论证意见。

（三）通过业务科技处组织审查和论证的项目，由计划财务处对项目的经费测算进行审核，报中心审批同意后立项实施。

第五章　项目组织实施

第九条　业务项目的管理采用以质量管理为核心的综合计划和全过程管理。对批准立项实施的项目组织签订项目任务书，按任务书要求进行考核，确保项目的高质量完成。

第十条　项目实施期间如确需进行项目计划任务调整、项目负责人变更，项目承担单位需向中心业务科技处提出申请，经批准后执行。

第十一条　项目执行过程中，项目承担单位和项目负责人应严格按照下达的项目预算执行，一般不予调整。确有必要调整的，应按以下程序审批：

（一）项目预算总额和项目承担单位均需变更，应由项目负责人经由项目承担单位向中心业务科技处和计划财务处提出申请，业务科技处会同计划财务处报中心审定后批复。

（二）项目总预算不变、预算支出类型如需调整，可由项目负责人直接向计划财务处提出申请，经计划财务处确认后执行。

第十二条　承建单位严格执行政府采购、招投标、工程监理、合同管理及验收等制度。凡列入集中采购目录或者达到采购限额标准以上的建设项目的勘察、设计、施工、监理和仪器、设备、材料及服务等的采购，严格按照《气象部门政府采购管理实施办法》的相关规定执行。工程的仪器、设备采购，工程的勘察、设计、施工、监理和材料采购等都应依法订立合同，明确质量要求、履约担保和违约责任。

第六章　项目业务验收

第十三条　项目业务验收由业务科技处统一组织，以正式签订的项目任务书、任务变更批复文件等为依据。根据业务项目类型，业务验收采取分类管理方式。

（一）对于设备购置、运维保障类等项目，采取备案的方式，项目负责人需向业务科技处提交合同验收材料并填报项目业务验收备案表。

（二）对于系统开发类、关键技术引进类等项目，采取评审的方式，项目负责人需填报并向业务科技处提交项目业务验收材料，业务验收材料内容包括任务完成情况、技术研发情况、应用测试情况、合同验收情况等。由业务科技处牵头、项目承建单位配合完成项目业务验收，重点针对项目目标任务完成情况、建设成果水平、业务化程度、业务服务效益等考核指标进行验收。

第十四条　业务验收结论分为通过验收和不通过验收。存在下列情形之一的，不通过验收：

（一）无故未完成合同书规定的项目目标任务；

（二）所提供的验收文件、资料、数据不真实，存在弄虚作假；

（三）未经批准，项目承担单位、项目负责人、项目计划任务等发生变更；

（四）超过项目执行期 1 个月以上未完成项目任务，且事先未做出说明。

第十五条 确因主客观因素不能按期完成，需要延期的项目应在预定执行期终止前 2 个月向中心业务科技处提出书面申请，报中心审批同意。

第十六条 业务项目完成情况纳入各单位年度目标考核。

第七章 项目档案管理

第十七条 项目承建单位从项目申请立项时，即开始进行档案资料的积累、整理工作，项目业务验收后完成全部资料归档留存，并提交业务科技处备案。

第八章 附 则

第十八条 本办法由中心业务科技处负责解释。

第十九条 本办法自颁布之日起施行。《公共气象服务中心业务项目管理办法（试行）》（公气发〔2017〕43 号）同时废止。

（起草人：倪敏莉、陈辉 发布时间：2019 年 12 月）

国家突发事件预警信息发布系统运行管理办法（试行）

（国办秘函〔2015〕32号）

第一章　总　则

第一条　为规范国家突发事件预警信息发布系统（以下简称国家预警发布系统）运行管理，提高预警信息发布时效，最大程度预防和减少突发事件及其危害，根据《中华人民共和国突发事件应对法》有关规定和国家突发事件应急体系建设规划有关要求，制定本办法。

第二条　国家预警发布系统是指根据国家突发事件应急体系建设规划，由中国气象局会同有关部门和地方建设的国家、省、市、县四级相互衔接的突发事件预警信息发布平台。利用国家预警发布系统制作、发布（含调整和解除）、传播突发事件预警信息，适用本办法。

第三条　国务院有关部门或应急指挥机构、县级以上地方人民政府及其有关部门或应急指挥机构（以下统称预警发布责任单位）按照有关规定负责相应预警信息的制作和发布，国家预警发布系统为预警发布责任单位发布预警信息提供平台，不改变现有预警信息发布责任权限，不替代相关部门已有发布渠道。

第四条　国家预警发布系统由各级政府授权的预警信息发布工作机构（以下简称预警发布工作机构）负责运行、维护和管理。国家预警信息发布中心加强对国家预警发布系统运行、维护和管理的指导。

第五条　各级预警发布工作机构为预警发布责任单位无偿提供预警信息发布服务。

第二章　信息制作和发布

第六条　预警发布责任单位利用国家预警发布系统发布预警信息，要与相应的预警发布工作机构建立工作机制，明确具体的预警类别、发布格式、发布流程和责任权限等。

第七条 预警信息制作采用统一格式（见附件），主要内容包括预警类型、预警级别、起始时间、可能影响范围、警示事项、应采取的措施和发布单位、发布时间等。各级预警发布工作机构为预警发布责任单位提供预警信息录入客户端。

第八条 预警发布责任单位指定专人办理预警信息送发手续，并将指定人员名单报相应的预警发布工作机构备案。由多部门联合发布的预警信息经部门会签同意后，由牵头单位指定人员办理送发手续。

第九条 预警发布工作机构在接收预警发布责任单位送发的预警信息后，应按照指定范围和时间，通过手机、传真、邮件、网站、高音喇叭、显示屏、广播、电视、微博、微信等渠道及时向社会公众、社会媒体、应急责任人、重点企事业单位和其他社会团体发布预警信息。要减少审批环节，建立上下贯通的预警信息发布机制，确保预警信息快速发送到指定范围。

第十条 预警信息发布后，预警发布工作机构要密切跟踪、及时了解预警信息接收情况，视情调整发布方式，提高预警信息发布时效。

第三章　信息传播

第十一条 各级预警发布工作机构在充分利用好气象系统信息传播渠道基础上，加强与广播、电视、报纸、互联网等社会媒体和基础电信、户外媒体、楼宇电视、高音喇叭、人防警报、车载信息终端等运营管理部门合作，不断拓宽信息快速传输通道，构建广泛覆盖的预警信息传播网络。

第十二条 新闻出版广电、通信等主管部门加强对预警信息传播工作的指导，推动各类信息传播渠道切实履行社会责任，建立预警信息快速发布“绿色通道”，及时、准确、无偿播发或刊载突发事件预警信息，紧急情况下采用滚动字幕、加开视频窗口甚至中断正常播出等方式迅速播报预警信息及有关防范知识。

第十三条 预警发布工作机构重点依托气象信息员，并充分发挥灾害信息员、群测群防员、食品安全协管员、应急救护员等部门、行业信息员和社会工作者等基层人员的预警信息传播作用，建立基层预警信息员队伍体系。要明确预警信息员责任区域，加强业务培训，不断提高预警信息传播时效。

第十四条 县、乡人民政府及其有关部门要组织学校、社区、医院、车站、广场、公园、旅游景点、工矿企业、建筑工地等人员密集区和公共场所，指定专人负责预警信息接收和传播工作。

第十五条 预警发布工作机构要加强面向偏远农村、牧区、山区、渔区等区域的预警信息发布能力和机制建设，整合利用各类传播渠道，因地制宜地利用有线广播、高音喇叭、鸣锣吹哨等多种方式，及时将预警信息传递给受威胁群众。

第四章　保障措施

第十六条　县级以上人民政府应急主管机构加强对国家预警发布系统运行管理工作的指导和协调。

第十七条　气象部门充分发挥气象灾害预警部际联席会议制度作用，与外交、工业和信息化、公安、民政、国土资源、环境保护、交通运输、铁路、水利、农业、卫生计生、安全监管、林业、旅游、地震、电力监管、海洋等部门，军队有关单位和武警部队加强工作联动，定期沟通会商预警信息发布工作，协调解决预警信息发布工作中的重要事项。

第十八条　各级预警发布工作机构加强国家预警发布系统的建设、运行、维护和管理，不断提高预警信息发布能力。要建立完善系统运行管理制度和应急预案，强化安全保障；对预警信息制作人员、系统维护人员、运行保障人员开展技能和岗位培训；建立值班值守制度，实行24小时专人值守。

第十九条　建立预警信息发布工作通报机制。预警发布工作机构定期编发简报，介绍有关法律法规和政策文件相关规定，交流各有关方面工作动态和专家学者及研究机构意见建议，通报预警信息发布情况及发布效果等。

第二十条　建立预警传播效果评估制度。预警发布工作机构组织有关方面及时总结预警信息发布工作中的经验做法，分析存在的问题，研究解决措施，持续改进完善预警信息发布工作。

第五章　附　则

第二十一条　本办法由中国气象局负责解释。

第二十二条　本办法自发布之日起施行。

（起草人：曹之玉　发布时间：2015 年 6 月）

附件（略）

全国预警发布业务通报电视电话会商规范（试行）

（气减函〔2017〕41号）

第一章 总 则

第一条 全国预警发布业务通报电视电话会商既是全面掌握全国预警发布业务进展情况及需求，也是全国预警发布部门业务通报与沟通、经验交流、上下联动的重要手段。为组织做好会商工作，特制定本规定。

第二条 本规定适用于定期开展的全国预警发布业务通报会商（以下简称常规会商）、不定期的特大或重大突发事件会商以及其他全国性或跨区域的预警发布业务通报会商（以下简称专题会商）。

第二章 会商种类

第三条 常规会商是指每月一次，每月最后一个工作日15时召开视频会商会议，通报过去一个月全国预警发布业务进展情况、预警信息质量情况，系统运行、安全情况，以及故障处理情况；会商发言省份报告过去一个月本省（区、市）预警发布体制机制进展情况、系统运行情况、预警信息发布质量情况、预警信息发布效益情况等。

第四条 专题会商是指针对特大或重大突发事件过程，以及其他全国性或跨区域的预警发布业务通报开展的会商，通报针对重点过程的预警发布效果、交流预警发布服务亮点及存在问题，解读当前国家重大方针政策，以及相关成果展示等。

第三章 会商组织

第五条 国家预警信息发布中心负责组织全国性的预警发布业务通报会商。

第六条 除常规会商外，遇有特大或重大突发事件时，国家预警信息发布中心可视情况组织专题会商；在此情况下中国气象局应急办、应急减灾与公共服务司也可要求国家预警信息发布中心组织专题会商。

第七条 各相关职能司要求临时安排专题会商时，一般应提前1天通知国家预警信息发布中心和国家气象信息中心（应对突发事件和紧急任务的应急会商除外）。国家预警信息发布中心接到通知后，应及时与国家气象信息中心和相关省预警发布中心联系确定专题会商时间及主要内容，并视情况将会商信息告知有关职能司。国家气象信息中心应将新增的专题会商补充填写到一周会商安排中。

第八条 当专题会商与常规会商在时间上有冲突时，可在常规会商中增加专题会商内容，如两个会商不能合并组织的，一般应优先安排专题会商。

第四章 会商准备

第九条 国家预警信息发布中心应于会商前48小时确定并通知需要发言的省份，各省（区、市）接到通知后应做好相应准备。每次常规会商结束前通知下次常规会商时间，常规会商遇法定节假日，会商时间顺延。

第十条 专题会商的通知，由应急减灾与公共服务司印发，如通知发出时间距会商开始时间不足48小时的，应同时电话通知各发言单位。会商通知要明确会商时间、主要内容、发言单位及其发言时间，提出需重点分析和讨论的关键问题。

第十一条 在常规会商前，国家预警信息发布中心准备全国预警业务管理情况、业务运行总体情况、部门发布预警情况、预警发布质量统计情况和发布效果等相关会商材料；国家气象信息中心准备国家级发布管理平台系统运行情况、安全情况，以及各级平台系统故障处理情况等；各省级预警发布单位准备机制进展情况、业务进展情况、系统运行情况、预警发布效果等。

第五章 会商过程及内容

第十二条 常规会商由国家预警信息发布中心业务负责人主持，专题会商视情况确定主持人。常规会商时，主持人应根据会商日程，安排相关省份发言，严格把握会商时间。

第十三条 各省（区、市）由预警中心（公服中心）负责人参会，介绍内容包括本省（区、市）机制进展情况、业务进展情况、系统运行情况、预警发布情况和发布效果。

第十四条 国家气象信息中心由系统运行负责人参会，通报内容包括国家级发布管理平台系统运行情况和各级平台系统故障处理情况，发言时间一般不超过3分钟。

第十五条 国家预警信息发布中心做总结，对全国预警业务管理情况、系统运行情况、全国预警发布情况、部门发布预警情况、预警发布质量统计情况、预警发布效果评估结果等进行简要通报，介绍工作经验，解读方针政策，提出未来一个月工作计划和安排，发言时间一般不超过5分钟。

第六章 会商保障

第十六条 各会商参加单位应及时开启和调试会商系统。国家气象信息中心负责电视会商系统的调试、技术支持以及会商中现场视频信号的切换。

第十七条 国家预警信息发布中心和省级预警发布单位须在会商前30分钟开启电视会商系统，并配合会商主控室进行信号调试；没有发言任务的单位，应于会商前10分钟开启电视会商系统等待会商主控室连通调试。上述各单位应认真做好会商过程中的视频系统技术保障工作。

第七章 附 则

第十八条 本规定由中国气象局应急减灾与公共服务司负责解释。

第十九条 本规定自发布之日起施行。

（起草人：李婷婷、刘丽媛 发布时间：2017年9月）

全国预警发布工作机构新媒体运行管理办法（试行）

（国预函〔2020〕）

第一章　总　则

第一条　为规范全国预警信息发布工作机构新媒体（以下简称预警新媒体）建设和运行管理，确保预警信息发布安全，制定本办法。

第二条　本办法所称新媒体，是指以数字技术为基础，以互动传播为特点，以网络为载体进行信息传播的新兴媒体，主要包括微博、微信、微视、App 客户端等新媒体平台。其中，微博是指通过关注机制分享简短实时信息的广播式社交网络平台，包括新浪微博、腾讯微博等；微信是指通过网络快速发送语音短信、视频、图片和文字的即时通信工具，以公众号、朋友圈、消息推送等形式进行信息分享和传播；微视特指借助移动设备进行拍摄、剪辑、分享视频片段的平台工具，包括腾讯微视、新浪秒拍、抖音等；App 客户端特指通过智能手机等移动终端进行信息传播的客户端应用程序。

第三条　预警新媒体是由各级预警信息发布工作机构（以下简称预警发布工作机构）开通或由国家预警信息发布中心统一开通的各类新媒体平台组成，是预警信息发布手段的重要补充及传播预警信息、开展防灾减灾科普宣传的重要窗口。

第四条　预警新媒体建设和运行遵循“统筹规划、归口管理、分级负责、集群发展、资源共享”的原则。

第五条　预警新媒体建设和运行严格遵守《互联网信息服务管理办法》《互联网新闻信息服务管理规定》《即时通信工具公众信息服务发展管理暂行规定》《国家突发事件预警信息发布系统运行管理办法》等国家相关法律法规和管理要求。

第六条　各级预警发布工作机构应积极探索对新手段、新技术的应用。

第七条 本办法适用于各级预警发布工作机构开设的用于发布和传播预警信息和防灾减灾科普知识的新媒体，以及预警发布工作机构职工以职务身份认证开通的新媒体公众账号。

第二章 组织管理

第八条 国家预警信息发布中心负责统筹规划预警新媒体建设和运营；负责预警新媒体的组织建设和日常运行管理；负责指导和备案预警单位认证开通的新媒体公众账号；负责指导和归口管理预警新媒体的建设和运行相关工作。

第九条 各省级预警发布工作机构负责归口管理本省（区、市）下属预警发布工作机构的新媒体工作，负责指导和备案管理市县级预警发布工作机构主办的各类新媒体建设和运行管理。

第十条 各级预警发布工作机构分别负责本级机构主办的各类新媒体建设和运行管理；负责承担本级机构新媒体的相关内容保障工作；明确相关负责人并报上一级预警机构备案。

第十一条 国家预警信息发布中心建设预警新媒体传播管理平台，实现对预警新媒体实时监控管理，定期会商通报预警新媒体运行情况，及时协调解决新媒体建设和运行中出现的问题。

第十二条 预警新媒体建设运行情况纳入中国气象局年度目标考核工作。

第三章 建设管理

第十三条 头条、抖音、百度、人民号等全国性新媒体平台上的各级预警新媒体账号由国家预警信息发布中心统一开通，开通后账号信息下发至各地自行管理。

第十四条 地方新媒体平台由各地预警发布工作机构按照预警公众服务需求自行开通账号及管理。

第十五条 预警新媒体建设应遵循统一命名及设计规范，命名统一为“地名＋预警发布”，例如北京为“北京预警发布”，预警新媒体账号头像统一使用预警机构图标。

第十六条 本办法发布前已开设新媒体的预警发布工作机构和已经以预警发布工作机构职务身份开通新媒体公众号的职工，需向本单位登记备案（详见附件“预警发布工作机构新媒体备案信息表”）。各省级预警发布工作机构每年 11 月 30 日前更新并备案本省（区、市）预警新媒体账号情况。

第十七条 由于机构调整使得新媒体认证主体发生变化的应及时进行清理、更正。预警新媒体账号变更需向上级机构备案。

第四章 运行管理

第十八条 预警新媒体应紧紧围绕预警发布工作，积极开展预警信息的传播及防灾减灾科普宣传，强化预警信息规范性传播，确保预警信息传播准确及时。

第十九条 预警新媒体信息发布必须严格遵守国家新闻宣传工作纪律和保密工作要求，把握正确的舆论导向，确保预警信息发布“及时、准确”，功能服务“实用、便捷、高效”。官方新媒体任何发布、评论、回复等行为，必须以不损害部门形象为前提；任何涉密信息、内部信息及其他不宜公开信息不得对外披露。

第二十条 预警新媒体日常运行应遵循“第一声音、权威声音”，按照“权威预警信息首发，防灾减灾科普常发”的原则开展运行工作。

（一）预警新媒体账号管理人员应自觉维护预警中心形象，禁止通过预警新媒体账号浏览、传播不健康或影响预警中心形象的内容。

（二）各级预警工作机构开通的新媒体平台要与本级国突系统实现数据对接，全国预警新媒体矩阵由国家预警信息发布中心联合相关新媒体平台开设，预警信息由国家预警信息发布中心统一对接，预警信息由机器自动分发至当地账号直接发布。统一建设的预警新媒体账号上自动发布的预警信息内容安全由国家预警信息发布中心负责管理，预警信息之外的内容安全由各单位自行负责。

（三）新媒体账号发布内容不得违反相关法律，预警内容要及时更新，不发布或传播未经确认的敏感信息，不转发或评论可能引发争议的内容，不涉及政治、军事、宗教信仰等敏感话题。转载或引用内容，应引注出处来源，不侵犯他人知识产权。

（四）配图不得使用淫秽低俗、引发争议的图片，不得侵犯他人肖像权和版权。

（五）评论应当客观严谨，回复应当真诚友好，不参与涉及人身攻击、侵犯人格尊严的网络争论。

（六）关注及链接应围绕工作定位，以国家政府、主流媒体等官方新媒体为主，不得关注或链接无关账号。

第二十一条 预警新媒体主办单位要及时关注网民在新媒体上的留言评论，并进行分类汇总和分析，准确掌握网民关注的敏感、热点问题，更好地了解网络民意，建立与网民互动的长效机制。对鼓励支持与建言献策类要及时交流、互动，并整理意见建议报相关部门；涉及情况问题反映或投诉类，转发相关部门处置，根据需要及时给予回复；涉及重要敏感舆情信息，及时向主管部门报告，并根据内容进行相应处理。

第二十二条 建立完善信息发布审核机制。按照“谁主管、谁审批，谁发布、谁负责”的原则，明确信息发布管理责任，规范信息发布流程，严格审核校对制度。对于重大突发事件等敏感信息，应提交上级领导审批，经授权后发布。

第二十三条 建立完善信息共享和协同联动机制。国、省之间要加强联动协作，互相支持，相互促进，实现资源共享和整体联动，实现规模效应。

第二十四条 建立完善信息安全保障机制。预警新媒体要加强新媒体信息监控，密切跟踪、及时了解账号内预警信息是否及时准确发布，发生账户信息遭泄露、盗用、恶意使用时，应立即向主管部门报告，及时采取应对补救措施。

第二十五条 尊重职工个人利用新媒体发表言论的自由，但要严格区分职务行为和个人行为，严格遵守国家、部门相关法规和要求。实名认证的个人新媒体公众账号不得发布损害预警机构形象和利益的言论。

第二十六条 各地预警发布工作机构发现有冒用本单位或个人名义开设新媒体发布不实信息时，应及时协调有关方面进行清理处置。

第二十七条 预警新媒体运营中，对于违反相关法律法规的，要依法依规对相关责任人进行处罚。

第二十八条 各地预警发布工作机构要善学、善用、善管新媒体。加强对新媒体知识的学习研究，积极探索新形势下防灾减灾信息传播新需求及信息传播规律，掌握新媒体的演变特点和发展趋势，不断提高对新媒体的适应和运用能力。建立健全新媒体运行保障机制，为新媒体建设运行提供必要的保障措施，及时解决工作中出现的困难和问题，加强新媒体人才队伍培养，加大组织培训力度，不断提升新媒体建设运营管理水平。

第五章 附 则

第二十九条 本办法由国家预警信息发布中心负责解释。

第三十条 本办法自发布之日起施行。

（起草人：陈瑾、王佳禾 发布时间：2020 年 5 月）

附件（略）

中国气象局国家气候标志评价工作管理办法（试行）

（气发〔2020〕48号）

第一章　总　则

第一条　为促进气候资源开发利用，更好地服务国家生态文明建设和经济社会发展，依据《中华人民共和国气象法》第三十三条第二款的有关规定，以及《国务院办公厅关于促进全域旅游发展的指导意见》等相关法规文件，制定本办法。

第二条　国家气候标志是指根据调查和评价，在全国范围具有特色的优质气候资源的统称。国家气候标志评价是指对一定地域范围内具有开发利用价值的气候资源进行监测和评估，并根据相关标准规范，对在生态、旅游、农业、健康等领域有显著积极影响的优质气候资源授予特定称号的气象服务工作。

第三条　气象部门要根据地方经济社会发展需要，积极组织开展国家气候标志的评价工作。

第四条　国家气候标志评价坚持科学性、公益性和公开、公正、公平的原则。

第二章　组织与分工

第五条　中国气象局负责指导气候资源开发利用和保护，指导开展国家气候标志评价工作。

第六条　中国气象局成立国家气候标志评价工作领导小组（以下简称领导小组），加强对国家气候标志评价工作的指导和协调；中国气象局应急减灾与公共服务司（以下简称减灾司）负责国家气候标志评价工作的组织管理。

第七条　中国气象局相关单位可按照职责提出申请，在获得授权后，承办国家气候标志评价工作。

第八条 各省（区、市）气象局所属有关单位配合做好本辖区国家气候标志的初审及相关技术支持工作。

第三章 评价工作的授权

第九条 中国气象局直属单位可根据职责，向减灾司申请作为评价工作承办单位开展国家气候标志的评价工作。

第十条 开展国家气候标志评价工作需满足以下条件：

（一）与国家发展战略相契合；

（二）需求迫切，具有良好的发展前景；

（三）技术相对成熟，有较明确的技术指标和标准规范；

（四）具备承担该项工作的技术、人才基础条件；

（五）有较为完善的评价工作实施细则。

第十一条 开展国家气候标志评价工作需向减灾司提交如下材料：

（一）开展国家气候标志评价工作的申请书，包括申请评价的项目类别、需求分析、技术和人才基础条件等内容；

（二）拟开展的国家气候标志评价工作的技术指标、标准规范等；

（三）拟开展的国家气候标志评价工作实施细则。

第十二条 减灾司组织召开审查会，对相关申报材料进行审查，出具是否同意开展的意见。对于同意开展的，授权相关单位实施。

第十三条 获得授权的评价工作承办单位要严格按照审批通过的国家气候标志类别以及相关的技术标准规范和工作实施细则开展评价工作，如需修改调整，须报减灾司同意后实施。

第四章 评价工作流程

第十四条 发布通知。评价工作承办单位制定年度活动计划并报减灾司，经审查同意后，按计划发布通知。

第十五条 申报。由申报单位根据自身条件，按要求将申报书提交给所在省（区、市）气象局指定的所属技术服务单位（以下简称受理单位）进行初审。申报书内容主要包括申报评价的项目类别、申报理由、申报条件等。

第十六条 初审。受理单位在收到申报书后，应联合评价工作承办单位在10个工作日内完成初审，并将初审意见反馈给申报单位。初审合格的，受理单位须同时告知申报单位开展技术评估工作的要求。

第十七条 技术评估。申报单位按照要求，委托满足条件的单位开展技术评估，形成技术评估报告，并通过受理单位提交至评价工作承办单位。

技术评估单位应当具备以下条件：

（一）具备开展气候和生态评估的能力；

（二）具有合法来源的较长时间序列的气候和生态观测数据；

（三）具有气候、生态等相关专业的人才队伍。

评价工作承办单位不能接受申报单位委托，开展由本单位承办的国家气候标志评价类别的技术评估工作。

第十八条 评审。评价工作承办单位可直接组织或委托第三方组织召开专家评审会，依据申报材料、技术评估报告等进行评审，出具评审结论。

第十九条 公示和发布。评审通过后，对达到评价标准的，评价工作承办单位应在10个工作日之内对评审结论予以公示。公示无异议的，由评价工作承办单位授予国家气候标志称号，报减灾司备案。

第二十条 复查。评价工作承办单位要定期组织对授予国家气候标志称号的单位开展复查，对指标达不到规范标准的，责令限期整改，整改后仍不达标的，予以撤销并公告，报减灾司备案。

第五章 管理和监督

第二十一条 国家气候标志称号授予不收取费用，评审等相关工作费用的收支要严格按照有关规定执行，并纳入预决算管理。财务、审计部门负责经费收支的监督，若发现违规行为，责令评价工作承办单位按照要求整改，整改仍达不到要求的，经减灾司组织审议后，终止其相关评价工作，并撤回授权。

第二十二条 减灾司负责对国家气候标志的评审、公示等重点环节和过程进行监督，若发现违反本办法或其他违规行为，责令评价工作承办单位按照规定要求及时整改，整改仍达不到要求的，经审议后终止其相关评价工作，并撤回授权。

第二十三条 减灾司每两年对评价工作承办单位工作情况进行一次评估检查，检查不合格的，责令评价工作承办单位按照要求进行整改，整改期间暂停开展相关评价工作；整改仍不合格的，经审议后终止其相关评价工作，并撤回授权。

第六章　附　则

第二十四条　本办法由减灾司负责解释。

第二十五条　本办法自文件印发之日起施行。

（发布时间：2020年4月）

行　政　篇

行政管理主要有管理、协调、服务三大功能，其中管理是主干，协调是核心，服务是根本。行政管理工作千头万绪、纷繁复杂，看似琐屑，却是一个单位有效运转的中枢神经，也最能够具体体现中央八项规定精神落实情况。行政篇的制度，对于会议组织、公文处理、综合考评、档案管理、合同管理、印章管理、办公环境、公务接待、出国（出境）、安全管理、保密管理、车辆使用、公寓和宿舍管理等都做出了详尽规定，涉及中心日常运行的方方面面。

中国气象局公共气象服务中心事务公开暂行办法

（公气发〔2020〕72号）

第一章 总 则

第一条 为推进和规范中国气象局公共气象服务中心（以下简称中心）事务公开工作，增强信息透明度和传递效率，参照《气象部门政府信息公开办法》（气发〔2019〕123号），结合中心工作实际，制定本办法。

第二条 本办法所称事务公开信息，是指中心在履行内部职能过程中制作或者获取的，以一定形式记录、保存，根据相关规定和回应职工关切需要在中心内部发布的信息。

第三条 事务公开应遵循依法、准确、及时的原则。

第四条 中心各处室在履行事务公开职能中，须遵守本办法。

第二章 事务公开内容及方式

第五条 根据实际工作情况，各处室在职责范围内应及时向中心职工公开如下信息：

（一）中心职能。由办公室公开中心简介、领导分工。

（二）规章制度。由职能处室根据各自领域工作公开国家及中国气象局发布的相关法律法规、中心发展规划、内部管理规章制度。

（三）业务科技。由办公室公开中心年度工作报告；由业务处科技处公开有关业务准入情况；由中心各处室自行公开有关科技成果转化事项。

（四）人事管理。由人事处公开人事任免、岗位聘任、职称认定和评审结果、年度考核结果。

（五）项目管理。由业务科技处、计划财务处公开有关项目立项情况。

（六）财务支出。由中心各处室自行公开单价500元以上耗材购置情况。

（七）知识产权。由资产监管处公开有关商标、专利、著作权申请信息。

（八）党务工作。由党委办公室公开中心领导班子民主生活会情况通报。

（九）后勤管理。由中心办公室公开公务用车、公寓及宿舍入住信息、住房级差补贴发放情况。

（十）表彰奖励。中心各处室自行公开有正式表彰奖励文件的奖项获得情况。

（十一）其他。需要临时公开的内容，如创新先进单位奖励情况等。

中心将根据工作需要适时对事务公开内容进行调整。

第六条 下列事项和信息不予公开：

（一）属于国家秘密的；

（二）属于商业秘密或可能导致商业秘密被泄露的；

（三）属于个人隐私或者可能导致个人隐私受到侵害的；

（四）正在调查处理过程中的事项；

（五）公开后可能会对个人、单位产生重要影响的；

（六）法律法规规定免于公开的其他情形。

第七条 各类办事信息以在中心政务管理信息系统首页“事务公开”专栏进行公开为主，特殊情况以张贴公示、通报会等形式公开。

第八条 对需要广泛征求意见、听取建议的事项，采取张贴公示、召开座谈会和走访征求意见等形式对行政决策过程和结果予以公开。

第三章 组织实施和监督保障

第九条 办公室是中心事务公开工作的归口管理部门，负责组织、协调、推进中心事务公开工作。

第十条 中心各处室应按照本办法要求，准确公开相关信息，并及时更新公开内容。各类事务信息一般应在事件发生后2个工作日内对外公开；对涉及职工利益的重要信息，应在事件发生24小时内及时公开。

第十一条 建立事务公开监督反馈机制。对于中心职工提出的有关事务公开信息的疑问和意见，由党委办公室（纪检监察处）责成公开信息的处室负责人予以及时答复。

第四章　附　则

第十二条　本办法由办公室负责解释。

第十三条　本办法自公布之日起施行。《公共气象服务中心办事公开暂行办法》（公气发〔2010〕20号）同时废止。

（起草人：高义梅、李蕊　发布时间：2020年5月）

中国气象局公共气象服务中心综合考评管理办法

（公气发〔2020〕48号）

第一章 总 则

第一条 为科学、准确、客观、公正地评价中国气象局公共气象服务中心（以下简称中心）各处室贯彻落实中国气象局党组决策部署、积极推动中心各项重点工作的成效，确保各项工作目标任务圆满完成，推进公共气象服务高质量发展，根据《气象部门综合考评办法》（气发〔2018〕107号）制定本办法。

第二条 综合考评遵循以下原则：

（一）坚持实事求是，公平公正；

（二）科学、合理设定考评细则和评分标准；

（三）定性考核与定量考核相结合；

（四）年度考核与日常考核相结合；

（五）日常管理与重点任务相结合。

第三条 本办法适用于中心对各处室的年度工作进行综合考评。

第四条 综合考评的时间段为每年的1月1日至12月31日。

第五条 中心成立综合考评工作小组，组长由分管办公室的中心领导担任，副组长由办公室主任担任，成员由中心职能处室负责人组成。办公室负责综合考评工作的组织实施；各职能处室按照分工对有关考评内容进行组织或审核；各处室负责组织相关综合考评材料的整理上报。

第二章 考评内容

第六条 考评的内容主要包括：

（一）目标任务测评：各处室年度目标任务数量和完成情况的综合得分，满分 100 分；

（二）中心领导测评：中心领导对各处室的工作测评得分，满分 100 分；

（三）专项测评：各处室负责人年度考核集中述职后就有关专项进行的测评得分，满分 100 分；

（四）加分事项：对贯彻落实中心党委决策部署和领导交办任务完成质量好、改革创新意识较强且取得实效、对公共气象服务高质量发展做出突出贡献及专项工作成绩突出的单位视情况给予适当加分；

（五）减分事项：贯彻落实党委决策部署和领导交办任务完成不力、违反中心有关管理规章制度的单位视情况给予适当减分；

（六）一票否决事项：对发生重大违法违纪违规事件、重大安全生产责任事故等的单位，实行“一票否决”，取消该单位年终评优资格。

第七条 综合考评得分计算方法：

综合考评分＝目标任务测评得分 ×70%+ 中心领导测评得分 ×20%+ 专项测评得分 ×10%+ 加分－扣分。

第三章 考评方式

第八条 目标任务测评按照年度目标管理考核通知规定的程序和要求执行，由综合考评小组组织评分。

第九条 专项测评和中心领导测评得分由办公室会同人事处进行计算。

第十条 加减分事项由各处室根据中心综合考评加减分实施方案提交相关材料，综合考评小组进行审核，并形成审核结果。

第十一条 一票否决事项由办公室会同党委办公室进行统计。对重大违法违纪违规事件、重大安全生产责任事故，由党委办公室和办公室按照管理职责分别负责解释。

第十二条 办公室负责对以上各项考评分数进行汇总并提交综合考评小组进行审定。

第四章 考评结果

第十三条 综合考评得分由综合考评小组进行最终评定，报中心党委常委会审议。

第十四条 综合考评的结果由中心党委常委会参考各单位得分情况审议决定。

第十五条 综合考评结果分为优秀、达标、不达标 3 类。其中被评为优秀的处室一般不超过 3 个。

第十六条 中心对综合考评结果为优秀单位的处室按照《公共气象服务中心评选和表彰先进管理办法》予以表彰；对综合考评结果为不达标的处室予以通报批评，其主要负责人当年年度考核不得评为称职（合格）以上等次。

第五章 附 则

第十七条 本办法由办公室负责解释。

第十八条 贯彻执行本办法的有关配套制度或方案另行制定印发。

第十九条 本办法自印发之日起实施。2010年印发的《公共气象服务中心综合考评管理办法（试行）》（公气发〔2010〕51号）同时废止。

（起草人：李蕊、韩笑 发布时间：2020年5月）

中国气象局公共气象服务中心印章和证照管理规定

（公气发〔2020〕48号）

第一章 总 则

第一条 为加强中国气象局公共气象服务中心（以下简称中心）印章和证照的管理和使用工作，根据《关于下发＜中国气象局印章管理规定＞的通知》（中气办发〔2001〕32号），结合中心实际，制定本规定。

第二条 本规定所指印章包括中心印章（含钢印），中心党委、纪委、团委、工会印章，中心职称评委会印章，中心领导公务私章，中心各单位专用章等。

第三条 本规定所指证照包括中心事业单位法人证书、组织机构代码证、法人代表身份证复印件、国有资产产权登记证、知识产权相关证书等。

第二章 印章的刻制、启用和停用

第四条 本规定所指印章由办公室根据工作需要统一刻制，经中心领导及有关部门审核批准后制发。任何单位和个人不得擅自刻制。中心领导可根据需要刻制公务私章。临时机构原则上不得刻制印章。

第五条 印章启用时，办公室签发新印章启用通知并留印后启用。

第六条 因处室更名或撤销时，应及时停用旧印章，并在领用新印章时，将旧印章送交办公室封存销毁。对字迹已经模糊或缺损的印章要及时向中心办公室申请更换。

第七条 印章停用或者作废后，任何机构和个人不得使用。

第三章　印章和证照的管理

第八条　印章的保管：

（一）中心印章（含钢印）、中心领导公务私章由办公室负责保管；

（二）中心财务专用章、发票专用章、党委财务专用章由核算中心负责保管；

（三）中心党委、纪委和工会印章由党委办公室负责保管；

（四）中心团委印章由团委负责保管；

（五）中心职称评委会印章由人事处负责保管；

（六）中心各单位专用章由相关处室负责保管。

第九条　证照的保管：

（一）中心事业单位法人证书、组织机构代码证、法人代表身份证复印件由办公室负责保管；

（二）中心国有资产产权登记证由计划财务处负责保管；

（三）中心知识产权相关证书由资产监管处负责保管；

（四）其他专用证照由相关处室负责保管。

第十条　各处室应安排专人负责管理印章和证照，不得出现无人监督、任人使用的情况。各处室印章和证照保管人员信息应报中心办公室备案。

第十一条　印章和证照应存放在有安全措施的地方，不得随意放置。

第十二条　印章和证照的保管人员必须严格照章办事，坚持原则，不徇私情。未经批准不得私自用印，不得无手续或手续不全用印。

第十三条　印章及证照保管人员，应定期对保管的印章和证照进行检查核对，归档整理使用记录。

第十四条　对伪造印章、证照或者使用伪造印章、证照的行为，将依照国家有关法规查处。

第四章　印章的使用

第十五条　申请使用中心印章、中心领导公务私章时，用印人员应通过中心办公系统“印章管理”模块提出用印申请，写明缘由，上传盖印材料附件，经所在处室负责人和办公室负责人审核，报中心分管领导审批。已通过中心办公系统“合同管理”模块审批的，直接打印审批单至办公室盖章。中心领导公务私章需经领导本人审签同意。业务项目、人事及财务相关事项用印时，需经相关部门会签审核。

申请使用除中心印章、中心领导公务私章外的其他印章，应遵照印章保管单位的相关管理规定。

第十六条　中心印章、中心领导公务私章申请审批通过后，申请人需通过办公网打印并携带

《公共气象服务中心行政印章申请信息表》及用印材料至办公室印章保管人处盖印。

第十七条 印章保管人在盖印前应认真检查审批手续是否完备，用印内容是否与审批一致，严格按审批的份数用印。

第十八条 盖印要端正，印迹清楚。不得在各类空白证书、证件、介绍信、空白材料纸等上面加盖印章，对滥用或盗用印章者，要追究当事人相关责任。凡在公文或其他用印材料的落款处加盖印章，要做到上不压正文、下压成文日期。

第十九条 印章原则上一般不得携带出办公室以外使用，确因工作需要携出使用的，用印人应在申请时注明“需携带外出使用”，并按照用印审批权限，根据印章性质由相关中心领导审签批准后方可借出。

第二十条 携带印章外出使用时，应按审批用途使用，不得用作其他用途。印章使用后，应尽快交还至相关部门保管人员。

第五章 证照的使用

第二十一条 申请查阅或复印中心事业单位法人证书、组织机构代码证、法人代表身份证复印件及知识产权相关证书时，应通过中心办公网“印章管理”模块提出申请，写明缘由，上传相关附件材料，经所在处室负责人和办公室负责人审核，报中心分管领导审批。因业务项目、人事、财务及知识产权相关事项申请使用证照复印件时，需经相关部门会签审核。

第二十二条 审批通过后，申请人需通过办公网打印并携带《公共气象服务中心行政印章申请信息表》及附件材料至相关证照保管部门证照保管人处。

第二十三条 证照保管人应在借阅或提供复印件前，应认真检查审批手续是否完备，申请缘由是否与审批一致。

第二十四条 复印证照时，应使用签字笔在证照复印件上标明用途，需加盖公章的，应履行中心印章审批手续，多页资料应加盖骑缝章。

第二十五条 证照原件原则上不得携带出办公区以外使用，确因工作需要的，应在申请时注明“需携带外出使用”，并按照审批权限，由相关中心领导审签批准后方可借出。

第二十六条 携带证照原件外出使用时，应按审批用途使用，不得用作其他用途。使用后，应尽快交还至相关部门保管人员。

第六章 罚 责

第二十七条 因保管不善或借用、借阅人过失，导致印章或证照遗失、灭失的，由相关人员及其所在部门印章证照保管人员承担相关责任，并在中心内部通报批评。

第二十八条 因违反本规定使用印章、证照，以及因出租、出借、冒用、盗用、转让、伪造、变造、涂改、私自复印或擅自使用印章、证照，给中心造成不良影响或损失的，除赔偿中心经济损失外，涉嫌违法的，移交司法部门追究相关责任人的责任。

第七章 附 则

第二十九条 本规定自发布之日起施行，由中心办公室负责解释。

第三十条 《中国气象局公共气象服务中心印章管理规定》（公气发〔2017〕97号）同时废止。

第三十一条 中心各单位应参照此规定，制定本单位专用印章管理细则。

（起草人：郭俊萍、李蕊、韩笑 发布时间：2020年5月）

中国气象局公共气象服务中心关于贯彻落实中央八项规定及其实施细则精神的具体措施

（公气发〔2020〕76号）

为深入贯彻落实中央八项规定实施细则精神，根据《中共中国气象局党组贯彻落实中央关于改进工作作风、密切联系群众八项规定的实施意见》（中气党发〔2016〕80号）及《中共中国气象局党组关于贯彻落实中央八项规定实施细则精神的实施办法》（中气党发〔2017〕73号）精神要求，结合中国气象局公共气象服务中心（以下简称中心）实际，制定以下措施。

1. 精简会议活动，提高会议效率。中心三类、四类会议要严格按照年度计划执行；中心行政会议按照《公共气象服务中心行政议事规则》执行；其他各类会议做好统筹安排，参会人员相同或交叉且时间相近的多个会议，应套开或衔接召开。严格控制各类庆祝会、纪念会、表彰会及各类论坛等活动的举办，严格按照中国气象局关于外事活动的有关规定审核把关涉外会议和活动。会议规模、会期、会议地点选择和会议形式应执行《公共气象服务中心会议费管理办法》有关规定，需要在局外召开的会议要填写《公共气象服务中心局外会议审批表》，报中心批准。各类会议应主题突出明确，汇报简明扼要，发言讨论言简意赅。除中心工作会议和中心承办的全国性会议外一般不准备讲话全文稿。会议纪要应规范简明，明确需落实事项的责任单位、时效、预期成果等。要加强会后督查督办，切实把会议精神落到实处。

2. 禁止超范围和标准会议支出。严格执行《公共气象服务中心会议费管理办法》。禁止会议安排娱乐、健身、游览、购物或纪念品等其他支出，不组织与会议无关的活动。会议用餐以自助餐方式为主，杜绝烟酒、高档菜肴消费。中心内部会议除因特殊接待安排专门服务外，其他会议均由会议主办单位自备饮水。工作会议一律不悬挂条幅，不布置花草、背景板等装饰，不制作代表证，不发文具。

3. 规范调查研究，力求调研实效。处级及以下调研活动需经中心分管领导批准，重大调研课题或中心分管领导参与的调研活动由中心主要负责人批准。调研活动要注重实效，事先确定调研方案，包括调研目的（题目）、人员、时间和调研成果撰写安排等。领导干部调研要按级别、按实际情况严格控制同行人员数量。尽量把调研与其他公务活动兼顾进行。避免短期内轮番到同一地点调研。调研工作结束后2周内应提交调研报告，重大调研课题在一定范围内举办调研成果报告会，并切实抓好落实。

4.严格执行出访规定，提升出访实效。遵照外事审批计划和《气象部门因公临时出国经费管理办法》《公共气象服务中心因公临时出国（境）管理规定》，规范执行出访活动及范围、规模，遵守出访纪律和证照管理规定，严格经费支出。出访团组人员应与出访任务直接相关，出访应有明确的公务目的和实质内容，做好行前准备，提高出访实效。出访活动结束后，应在2周内提交总结报告，同时在中心一定范围内进行成果汇报。

5.控制公文数量，提高办文质量。精简中心内部制发文件，制度建设类按上级对口要求和适用原则统筹制定；事务类的工作安排、日常工作通报一般不发文件。及时清理和报废失效文件。严格执行《公共气象服务中心公文处理实施办法》。文件要主题突出、条理清楚、可操作性强。加强政策审查和文字审核，不合办文规则和质量要求的不予放行，对返工、错漏等情况进行登记并通知起草处室，并计入处室综合考评结果。中心对外发文的正文不超过3000字，其中申请类不超过1000字，对内发文的正文不超过1500字，必要的相关内容只列为附件。

6.规范出差审批和补助报销。处级干部出差应报中心分管领导审批，处室主要负责人出差同时需要中心主任审批，中心领导出差按照中国气象局有关要求进行审批。出差要严格执行《公共气象服务中心差旅费管理办法》，自觉遵守公务出差伙食补助和市内交通费报销原则。

7.厉行勤俭节约。严格执行资产管理制度和政府采购相关规定，按资产存量和使用年限严控办公设备采购。严格按标准使用办公用房、配备办公家具。严格执行公务用车使用规定。严禁利用公款请客送礼。严格控制水电、通讯、交通等费用。公务出差严格执行差旅住宿标准，尽量选择价格优惠的交通工具。

8.严格控制公务接待，杜绝浪费。中心接待上级和部门内外单位调研，不专门装饰场面。如逢用餐时间可在中国气象局职工食堂或餐厅从简安排工作餐，严格执行《公共气象服务中心公务用餐管理办法》，不提供高档菜肴，不提供烟酒，控制陪餐人数和用餐标准。中心到其他单位调研及执行公务，除直接相关的对口负责人和工作人员外，谢绝其他同志陪同和迎送。受接待规格应限于公务基本需求及规定标准，不准转嫁自己的支出费用或额外增加接待单位的负担。公务出差不得安排旅游等非公务活动。

9.规范宣传报道。宣传报道重点反映中心气象服务业务科研的发展、重大服务保障和应急服务情况、现代化建设进展、上级重要部署落实情况、中心重要工作安排、改革创新、合作交流、党建和廉政建设、职工群众文化等重要事项的实质内容，不专门突出领导干部参与情况，不编写单纯反映领导干部动态的报道。报道方式以政务系统发布信息为主，报道稿件文字简明。对外、对上的简报等材料，按上级批准种类和临时要求编发。中心各级领导接受行业外媒体采访、专访，应事先报中心办公室备案。

10. **带头树立良好家风，带头遵守职业道德。**中心各级领导干部要严格执行《中国共产党廉洁自律准则》和《中国共产党纪律处分条例》，廉洁齐家，教育管理好家属和身边工作人员，谨言慎行、本分做人，遵守国家法规、单位规章和中心员工守则。不得大操大办、变相操办婚丧嫁娶事宜，不得借机收受礼金、礼品、有价证券或支付凭证等。

本措施有关要求，要纳入各处室主要负责人年度党风廉政责任书、民主生活会和年度综合考评内容中。中心纪委要根据相关监督、举报和问责机制，对于违反本措施的处室和个人，严肃追究责任。中心办公室负责牵头监督检查各处室落实情况，并将有关情况按要求进行汇总上报；人事处负责将执行情况作为各处室领导干部年度考核的重要内容；计划财务处负责每年对各处室会议、接待相关经费使用情况进行审查；党委办公室（纪检监察处）负责把监督执行本措施作为党风廉政建设的重要内容。中心各处室要严格执行本措施要求，每年年底前对执行情况进行 1 次专项检查，将检查结果报中心办公室，并对存在的问题及时整改。

（起草人：李蕊　发布时间：2020 年 6 月）

中国气象局公共气象服务中心领导干部联系群众工作制度

（公气发〔2020〕72号）

第一章　总　则

第一条　为牢固树立全心全意为人民服务的宗旨，坚持群众路线，自觉树立群众观点，密切联系群众，改进工作作风，推进中国气象局公共气象服务中心（以下简称中心）领导联系基层、联系群众工作经常化、制度化、规范化，特制定本制度。

第二条　本制度联系对象范围包括中心基层单位和全体职工。重点联系对象为思想上有困惑、工作上有困难和生活上有需要的职工。

第二章　主要任务

第三条　做好群众的思想政治工作。积极向群众宣传党的路线方针政策和国家的法律法规，传达中国气象局重点工作的决策部署，宣传解读中心发展、改革的思路和相关政策，激励职工忠于党的气象事业，广泛凝聚群众力量。

第四条　认真听取并反映群众的意见。深入中心各基层部门，深入群众，体察群众情绪，倾听群众呼声，掌握群众的意愿和要求，了解群众思想、工作、学习和生活情况，做群众的知情人。

第五条　帮助群众和基层单位解决实际困难。关心基层单位，关心群众，为群众和基层单位办好事、办实事、解难事，帮助群众解决在工作、学习和生活上的实际困难、问题及思想上的困惑，做群众的知心人。

第六条　尊重和维护群众的合法权益。尊重和维护宪法、法律赋予职工的各项权利和正当利益，自觉同侵害群众合法权益的现象做斗争。

第七条 接受群众的监督。把联系和服务群众作为向群众学习的过程，从中汲取营养，自觉接受群众的教育、评议和监督。

第三章 工作要求

第八条 深入一线，调研了解并深入思考基层对中心改革发展、气象服务工作的意见建议。

关注各层级干部职工，通过组织座谈会等多种形式，了解中心在职或退休职工思想、生活、工作等情况，听取他们对中心发展的建议，帮助解决实际困难。

第九条 安排走访慰问中心存在困难的职工家庭（包括患有重大疾病的职工、伤残职工家庭），帮助解决实际困难；在重大节日或重大气象保障服务期间，应到业务一线走访慰问。

第十条 认真履行“领导接待日”职责，做好群众来访接待，切实解决好群众反映的信访问题。办公室配合做好日程安排、记录和反馈。

第十一条 采取公开设置意见箱、电子信箱、召开座谈会等方式，征集群众反映的问题情况。

第四章 附 则

第十二条 本制度由中心办公室负责解释。

第十三条 本制度自发布之日起施行。2014 年发布的《公共气象服务中心领导干部联系群众工作制度》同时废止。

（起草人：韩笑、李蕊　发布时间：2020 年 5 月）

中国气象局公共气象服务中心公文处理实施办法

（公气发〔2020〕63号）

根据《党政机关公文处理工作条例》（中办发〔2012〕14号）和中心公文处理实际，为进一步促进中国气象局公共气象服务中心（以下简称中心）公文处理工作规范化、制度化、科学化，提高公文质量和公文处理效率，制定本办法。

一、收文处理

发送给中心的电子类文电信函，按照气象政务管理信息系统公文管理流程进行收进、拟办、分送（传阅）、承办、办结存档等程序处理。

发送给中心的纸质类文电信函，除机要文件和涉密文件外，适宜进行电子化处理的文电信函均应扫描后纳入气象政务管理信息系统公文管理流程进行处理。不适宜进行电子化处理的文电信函都应按收进、启封、登记、拟办（批办）、分送（传阅）、承办、催办（查办）、存档等程序手工处理。

（一）收进

收发人员统一负责文电信函的接收、分发；机要秘书负责接收中国气象局的机要文件。

（二）启封

文秘人员应按各自领取文电信函的范围及时将文电信函启封处理，其他人员（除分管文秘工作的领导外）不得擅自启封。发送中心领导本人的文电信函，送领导本人启封。

1.启封要注意保护封内文件的完好，并把封内文件取净。

2.启封后应对封内文件进行检查、清点。对少发或错发的文件要及时通知发文机关补齐或调换改正；对不完整的文件（如有缺页、白页、未具落款、未盖章等）要及时进行处理后才能分发。

（三）登记

收到的上级机关的文件、下级单位的请示（报告）、其他单位商洽问题和需要答复的文件、重要或带有密级的刊物和资料、上级机关印发的会议文件（材料）等都必须进行登记。

对于一般性的简报、公开或不带密级的刊物、资料以及纯属事务性的便条、请柬和一般性的通知等，可直接分发处理。

1.公文登记一般应列收文日期、序号、来文单位、发文字号、文件标题、缓急、批办意见、承办（主办）单位、分转日期及签收人、催办情况等栏目。

2.公文一般要分类登记。局转发的机要文件由机要秘书亲自领取并分类登记；其他文件由文秘人员按外部门来文和部门内来文分类登记。

（四）拟办（批办）

1.上级机关和气象部门内的来文，由办公室主要负责人提出拟办意见后报主管中心领导批办，重要文件报中心主任批办。

2.气象系统外的一般性来文，可由办公室主要负责人根据职责直接批转有关职能部门承办，重要的由办公室主要负责人提出拟办意见后报请分管中心领导批办。

3.拟办和批办公文，必须明确承办单位或承办人；对于涉及两个及两个以上单位的公文，必须明确主办单位或主办人。

4.批办文件一般要求批办人当天批办完，紧急公文即报即批。

（五）分送（传阅）

文秘人员要按照中心领导的批办意见和确定的分发办法，分别送达承办（主办）或阅研单位。

1.分送（传阅）文件要及时。一般应做到当日文件当日送出，急件和有时限要求的文件要立即送出，不得积压延误。

2.分送（传阅）公文要主次分明。要根据文件内容和缓急程度，保证重点，优先送达主要领导、分管领导和承办（主办）单位。

3.分送（传阅）公文要手续严密。分送（传阅）公文要建立并执行登记交接制度。

4.发送文件，若领导批办由两个或两个以上单位承办（或阅研），文秘人员可将文件送主办（或主要阅研）单位，并由该单位负责组织（或分送）协办单位传阅和共同研办，办后公文及处理结果亦由主办单位负责立卷、存档。

5.机要文件的分送（传阅）按中办机要局和外交部关于机要文件管理的有关规定处理。

（六）承办

承办是公文办理的中心环节。

1.承办人员要认真研究文件内容和批办意见，及时提出处理意见（有前案材料的应将前案材料作为参阅件附在后面），超出职责权限范围的应报领导审批后处理。处理结果要报告领导并向文秘部门反馈。

2.涉及多个部门办理的文件，主办（或牵头）部门要先准备好处理意见，再与协办部门协商、会签，然后归纳整理各部门意见办理，需报批的要报批后办理。若意见有分歧，经主办部门主要负责人亲自协商后仍难以协商一致，主办部门应将各方意见、根据及处理建议一并说明后报领导裁决。

3.需回复的公文，承办单位要及时办复。有时限要求的应按要求办理，特殊情况不能按时回复的应向发文机关说明情况。

4.承办部门需请示中心领导的事项，应当抓紧做好前期工作及时上报，给中心领导留出研究、决策的时间：一般事项不得少于3个工作日，紧急事项不得少于1个工作日，特别紧急的事项，需要即时批办的，必须在文中说明特别紧急原因及在本部门的办理过程。

（七）催办（查办）

对于呈送中心领导批办的文件，文秘人员要根据文件的缓急程度进行催批。对于需要承办的文件，文秘人员要按时限要求催促承办单位及时办理。

（八）归档

属有归档价值的，承办（或主办）、传阅单位应按机关档案工作管理要求，及时整理、归档。机要文件由中心办公室统一保管，按局要求年底送回。

二、行文处理

（一）行文规则

1.行文关系

行文关系是根据机关单位各自的隶属关系和职权范围确定的。下级机关向上级机关行文用上行文（请示、报告、函），下级机关应按隶属关系对上级机关行文，一般不要越级行文，若遇特殊或紧急情况须越级行文时，应当抄报被越过的上级机关。

上级机关对下级机关行文用下行文（命令、决定、通报、批复、通知、函），向下级机关的重要行文应当同时抄报直接上级机关。

平行或不相隶属机关间行文用平行文（函、通知）。同级机关可以联合行文。

2.中国气象局内行文关系

中国气象局与各直属单位是上下级关系，两者之间行文分别用下行文和上行文文种。

局各职能司与各直属单位是平行关系，两者之间行文分别用平行文，一般用函。但前者在其职权范围内或经专项批准后亦可用“通知”向后者制发指令性、指导性和阅知性文件；后者也可用“通知”告知前者有关事项，如一般性的会议通知等。

3.上行公文要求

“请示”和其他需审批的公文应当一文一事，只报一个主送机关；除领导直接交办的事项外，需要审批的文件不得直接报领导个人；“报告”中不得夹带需要审批和答复的问题和事项，更不能“请示”和“报告”合二为一变为“请示报告”；如果提出意见和建议，应当注明仅供上级机关参考。凡上报的公文，必须由正职或主持工作的副职领导签发。

4. 内部行文要求

（1）中心各职能和业务处室需报中心领导审批或签发的文件，若涉及两个或两个以上部门职责范围的，要先协商，后正式拟文会签，会签后方可呈批。

（2）各职能和业务处室要各司其职，各负其责，严格按职权范围行文。凡部门职权范围内的事情，由部门自行发文；一些需报中心领导审批的事项，经批准后，由主办部门行文答复，文中可注明“经中心领导批准”字样。

（3）各职能和业务处室呈报中心领导审签的公文，必须由承办部门主要负责人签署后方可上报，若主要负责人不在岗，由主持工作的负责人核签。署名须署全名，并注明签署日期。

（4）呈报中心领导签发的中心发文，一般不要在文件之前附请示批准发文内容的请示，若确需对发文意图及有关问题做说明，可在文件正文之后附“发文说明”。

（5）中心行文要坚持“党政分开”的原则。要严格按党、政各自的职责范围分别行文。中心党委以“中共中国气象局公共气象服务中心委员会”名义行文，中心行政以“中国气象局公共气象服务中心”名义行文。

（6）中心内部经常性工作和一般事项需要行文的，以“公共气象服务中心办公室”或“公共气象服务中心党委办公室”名义行文。

5. 中心行文规定

（1）中心行文要严格遵守行文要求和规范（见附件）。

（2）除中心办公室外，中心各职能和业务处室不得对外行文。

（3）中心各职能和业务处室协商或通知事情一般不鼓励行文。

（4）中心各职能和业务处室向中心领导的请示（报告）一般不用发文形式，而使用签报。

（二）公文撰制

1. 拟稿

（1）公文内容要符合国家的法律、法规、方针、政策及有关规定。如提出新的政策规定，应加以说明。

（2）要情况确实，重点突出，观点明确，逻辑条理清楚，文字精练通畅，标点准确，篇幅力求简短（中心对外制发的“请示”正文不超过1000字，“报告”正文不超过3000字；除中心工作会议文件外，中心内部制发的文件正文不超过1500字，必要的相关内容只列为附件），呈报稿必须按规定格式打印。

（3）“请示”必须明确、具体地列出所请示批准的问题。需要贯彻落实的发文，措施要具体、明确，具有可操作性。

（4）文字规范，人名、地名、数字、引文要准确。引用公文要先引标题，然后在括弧中注明发文字号。引用外文应当注明中文含义。文内使用简称，应当先用全称，并注明简称。日期应当写具体的年、月、日。公文中的数字，除部分结构层次序数和词组、惯用语等作为词素的数字必须使用汉字外，应当使用阿拉伯数字。

（5）必须使用国家法定计量单位。

（6）结构层次序数，第一层为“一、”，第二层为“(一)”，第三层为“1.”，第四层为“(1)”。

（7）呈送中心领导审签的外文函电一般应附中文译稿。

（8）正确使用文种，符合公文格式。草拟纸质文稿的首页，应严格按规定准确填写用于文件内部运转呈批的稿头纸（发电稿纸）。

（9）所拟文件的会签意见、依据和前案等有关材料应作为参阅件按顺序排列并附在文件正文之后供领导审核、签批时参考。纸质发文如有附件，应在报头纸中规定的栏目内注明并按顺序附在发文稿之后。

（10）各职能和业务处室向中心领导请示、报告问题，文件主送部门都应署称“中心领导”。

2.审核

（1）发文及呈中心领导阅批的请示、报告，应经承办部门负责人审核后再呈批。

（2）中心发文和呈中心领导阅批的请示、报告，呈批前，除承办部门审稿并由主要负责人审核外，还须送办公室审核后方可呈中心领导签批。若涉及其他部门职责范围的，主办部门主要负责人签署后还需会签有关部门并对会签意见进行处理后送办公室审核呈批，重要会议纪要和保密性材料除外。

（3）中心各级领导都有对公文进行严格审核把关的责任。未按规定程序审核的公文不得呈中心领导签批，通过审核发现的问题应及时纠正，必要时需提出意见退回承办单位修正或会同承办单位协商解决。

（4）公文审核内容

公文审核应该从公文种类、格式、行文规则等各个方面全面把关，一般应注意“八查”。

一查是否需要发文。可发可不发的公文，应坚决不发。中国气象局下发文件中有关政策已经明确且未要求制定具体贯彻意见的，不再发文；能通过邮件、电话、手机短信、微信等方式明确的事项，不再发文；可授权下一级机关发的文件，上一级机关不发；按职权划分，可由本部门自行解决的问题，不应再行文请示上一级机关。

二查有无矛盾抵触。即检查文件内容同党和国家的方针政策、有关条例规定，同上级的指示、决定以及业务主管机关和本机关已发布过的有关文件，有无相互矛盾和抵触之处。如果是同本机关已发的文件前后精神不一致，应考虑是否切实可行，是否需要一并修改或废止本机关以前的有关规定和意见等。就一份文件本身来说，应检查前后段落、条款之间，有无自相矛盾、前后不一致的现象。

三查政策界限。即检查指示、决定、条例、规定等政策性文件的内容，对于应该怎样做和不应该怎样做，界限是否明确，交代是否清楚，有无模棱两可或规定过死、过于烦琐等现象。

四查措施落实。即检查文件内容提出的措施是否切实可行，免于落空或达不到既定目的和要求。如具体检查措施是否可行，由谁执行，怎样执行及时限是否相宜。

五查程序和手续。即检查用什么名义发布合适（用本机关或有关业务部门名义，还是由上级机关批转等），是否需要提交有关的会议进行讨论，是否需要经有关部门会签或上级机关批准等。

六查文字表达。即检查文字的表达是否准确、简练、通顺、明了、合乎语法逻辑，标点符号使用是否正确，计量单位是否符合国家法定标准，有无文字错漏等。

七查公文体式。即检查文种的使用是否恰当，语气是否得体，文件标题、发送机关、密级、时限、主题词标引等是否准确和安排的位置是否妥当。

八查附阅材料。即检查文件应附的会签意见、依据、事由和前案等参阅材料和发文的附件是否齐全、是否排列标注清楚等。

3. 签批

签发和审批文件是领导人履行职权的重要表现，签批人代表中心和部门对文件从政治上到文字上负有完全责任，因此领导人必须按职权范围签批公文。

（1）中心发文，由主管中心领导签发。上报中国气象局的文件和其他重要的发文，经分管中心领导审核后报中心主任签发，特殊情况可由中心主任委托主持工作或其他副主任签发。

（2）各部门报中心领导审批的文件，按分工报分管中心领导审批，若分管中心领导认为需要，再由分管中心领导批请其他有关中心领导批示；属中心主任职权范围内的，由分管中心领导审核后报中心主任审定。

（3）中心领导签批发文或请示性文件，应当明确签署意见（写明“发”“同意”或其他具体意见，圈阅或签字视为同意），并写上姓名（全名）和签批日期。领导在“报告”、抄送（报）的文件和其他参阅、知会性文件、材料上圈阅或签字，则表示领导已阅知。

（4）领导签批意见若有分歧，应以分管领导和主要负责人的签批意见为准。

（5）已经领导签发或审批的文件，若要修改，则必须回呈签发人或最终审定人批准同意。如确需对个别文字进行修改，可经办公室领导同意后改在发文稿上。其他任何人无权对已经中心领导签发或审批的文件擅自进行改动。

（6）拟制、修改和签批纸质公文，所用纸张和书写字迹等必须符合存档要求。

4. 缮印

（1）中心发文经中心领导签发后，由文秘部门按公文的规定格式编号、排版、付印。附件由各主办单位付印。

（2）中心各职能和业务处室对内发文由各单位按公文的规定格式编号、排版，并交中心文秘部门印刷。

（3）文印部门及有关人员应注意做好保密工作。

5.用印、分发

（1）印鉴管理人员要严格审验发文定稿中的发文机关和签发人，符合规定后方可在印好的文件上加盖发文机关印章，并在发文定稿印发日期处盖章封文。

（2）要严格控制公文盖章份数，留存和多余的公文不加盖印章。

6.承办和催办

（1）已经中心领导审批的请示性文件，承办单位要按中心领导的批示意见及时办理并反馈办理结果给中心办公室。办公室文秘人员对中心领导在文件上的批示要按时或定期催办，并及时汇总催办情况报中心领导。

（2）中心发文（函），需要贯彻落实和回复的，承办单位应尽快组织落实和催办，并将贯彻落实和催办情况适时向分管领导反馈。

7.立卷、归档、销毁

（1）公文办完后，承办单位应根据文书立卷、归档的有关法规和规定及时将公文定稿、正本和有关材料整理立卷。

（2）公文立卷要按事件和发生时间的顺序及相互联系、特征和保存价值分类立卷，保证档案的真实、齐全和完整。

（3）联合办理的公文，原件由主办单位立卷。

（4）公文复制件作为正式文件使用时，应当加盖复制机关证明章，视同正式文件妥善保管。

（5）案卷应当确定保管期限，按有关规定定期向档案部门移交。个人不得保存应当归档的公文。

（6）没有存档价值和存查价值的公文，经过鉴别和分管领导批准，可以定期销毁。销毁秘密公文，应进行登记，由至少两人监销，保证不丢失、不漏销。

（三）公文运转呈批程序及要求

中心发文、各职能和业务处室呈报中心领导审批的文件的一般流程和要求如下：

1.承办人拟稿，承办处（室）主要负责人核稿、审核，主要负责人签署后报送中心办公室。

2.办公室文秘负责签收、登记并录入中心内部收文数据库后送办公室主要负责人审核、签批。

3.办公室主要负责人审核后，对于请示、报告类文件直接按分工呈报中心领导审阅；紧急公文应按时限要求审核、呈批和催批，有特殊情况应向承办单位说明。

4. 中心领导阅批完的文件直接退办公室文秘人员处理（需要其他中心领导核阅的文件也不要横传）。中心领导签批后，文秘人员应将领导的批示摘录入库，并及时催办和向中心领导反馈办理情况。

5. 文件批回后，承办单位要按领导批示及时办理。

6. 承办单位要及时将文件进行立卷、存档、销毁。

（四）公文质量考核

各职能处室做好各类文件的审核把关，中心办公室从政策、内容、程序、格式、文字、是否公开等方面对报局公文进行严格把关，对不符合国家和中国气象局有关政策规定或者不需行文的公文退回公文起草单位，对不合格的公文退回起草单位进行修改，同时填写《公共气象服务中心不合格公文通知单》。公文质量纳入中心年度综合考评内容进行管理。

三、附则

（一）本办法由中心办公室负责解释。

（二）本办法自公布之日起施行。2014 年发布的《公共气象服务中心公文处理实施办法》同时废止。

（起草人：郭俊萍、李蕊　发布时间：2020 年 5 月）

附件（略）

中国气象局公共气象服务中心公务用餐管理办法

（公气发〔2019〕85号）

第一条 为贯彻落实《中共中国气象局党组关于贯彻落实中央八项规定实施细则精神的实施办法》（中气党发〔2017〕73号）的有关精神，根据《党政机关国内公务接待管理规定》（中办发〔2006〕33号）和《中国气象局公务接待管理暂行办法》（气办发〔2013〕33号）有关要求，进一步规范中国气象局公共气象服务中心（以下简称中心）公务用餐工作，严格公务接待管理，特制定本办法。

第二条 本办法适用范围包括：

（一）有关部门和单位到中心参加公务活动期间的接待用餐；

（二）中心重要会议、重大活动、特殊岗位业务值班、应急响应等期间工作人员用餐。

第三条 本办法所称公务活动是指：

（一）气象部门以外的领导、专家和有关人员来中心进行出席会议、工作交流、学术交流、考察调研、技术合作和工作协作等活动；

（二）各省（区、市）气象局的相关人员来中心进行各类公务活动；

（三）其他需要接待的公务活动。

第四条 基本原则

（一）厉行节约。减少公务接待数量，严格控制接待费用支出，杜绝浪费。

（二）事前审批。确有必要的公务用餐事项，必须事先按规定程序报批。

（三）对等接待。根据公务接待对象情况，按有关规定确定参加接待的相关人员。

（四）符合实际。接待应联系实际、有利于公务活动开展，简化接待礼仪并尊重各地区和各民族的风俗习惯。

第五条 职责分工

（一）办公室负责公务用餐工作的统一管理，编制管理办法，加强预算管理，控制用餐次数及费用，审核用餐事项及费用支出，登记备案公务用餐情况。

（二）各承办单位根据本办法有关规定，开展本单位所承担的公务活动接待对象及中心重要会议、重大活动、应急响应工作人员的用餐申请、组织和报销工作。

第六条 审批程序

（一）公务活动期间的接待用餐的，接待单位应要求对方发来调研函或向对方发送邀请函，明确公务内容、行程和人员，填写《公共气象服务中心公务用餐申请表》，提出接待申请，经办公室审核同意后，安排用餐。

（二）中心重要会议、重大活动、应急响应期间，工作人员无法按时用餐的，承办单位应做出说明，明确用餐缘由、人员、时间，填写《公共气象服务中心公务用餐申请表》，提出用餐申请，经办公室审核同意后，按标准自行订餐。

（三）特殊岗位业务值班人员的值班餐由办公室统一安排。

（四）禁止任何单位自行安排用餐，禁止使用办公、业务经费安排用餐。

第七条 接待用餐标准

（一）接待省部级领导，每人每餐标准为150元；接待厅局级领导，每人每餐标准为120元；接待县处级及以下工作人员，每人每餐标准为80元。除陪餐人员外的工作人员和司机原则上不安排工作餐，情况特殊需要安排就餐的，每人每餐标准为60元。如安排盒餐，每人每餐标准为20～40元。

（二）严格控制陪餐人数，接待对象在10人以内的，陪餐人数不得超过3人；超过10人的，不得超过接待对象人数的三分之一。接待用餐时一律禁酒。

（三）原则上安排在中国气象局职工食堂或中国气象局所属其他餐饮场所用餐。特殊情况下经办公室负责人批准，在不违反相关规定的原则下，可在中国气象局所属餐饮场所以外就餐。

第八条 工作用餐一般应安排盒餐，每人每餐标准为20～40元。

第九条 用餐费报销应严格控制在规定的限额内，报销材料必须完整。报销所需凭证包括：

（一）财务票据；

（二）《公共气象服务中心公务用餐申请表》；

（三）参加公务活动人员所在单位发来的调研函，或接待单位发送的邀请函，或中心重要会议、重大活动、应急响应用餐说明；

（四）用餐人员名单。

第十条 用餐费报销前，承办单位应配合办公室做好用餐情况登记备案，填写用餐登记表，提交备案用餐申请表复印件、调研函（邀请函或用餐说明）、用餐人员名单、发票复印件等。

第十一条 用餐费支付应严格按照国库集中支付制度和公务卡管理有关规定执行。采用银行转账或者公务卡方式结算，不得以现金方式支付。

第十二条 各单位在公务用餐中要厉行勤俭节约，从严从简安排接待。

（一）严禁各单位之间以各种名义相互宴请。

（二）严禁用公款安排旅游及到营业性的娱乐、健身场所活动。

（三）严禁以任何名义向接待对象赠送礼金、有价证券和贵重礼品。

（四）严禁向其他单位转嫁接待任务和接待费用。

（五）严禁用公款报销或者支付应由个人负担的费用。

第十三条 本办法由中心办公室负责解释。

第十四条 本办法自下发之日起执行。《中国气象局公共气象服务中心公务接待管理办法》（公气发〔2018〕16号）同时废止。

（起草人：郭俊萍、韩笑　发布时间：2019年12月）

中国气象局公共气象服务中心公务用车管理办法

（公气发〔2019〕24号）

第一章 总 则

第一条 为加强和规范中国气象局公共气象服务中心（以下简称中心）公务用车管理，降低行政成本，促进党风廉政建设和节约型单位建设，根据《党政机关公务用车管理办法》（中办发〔2017〕71号）和《气象部门机关公务用车管理办法》（气发〔2018〕33号）制定本办法。

第二条 本办法所称公务用车，是指中心经中国气象局审批配备的综合业务用车。

第三条 公务用车管理遵循统一管理、定向保障、经济适用、节能环保的原则。

第二章 管理职责

第四条 办公室为中心公务用车归口管理部门，设置专（兼）职驾驶员岗位，负责车辆的集中管理和统一调度。

第五条 党委办公室（纪检监察处）要将中心公务用车管理纳入领导干部党风廉政建设责任制，负责对车辆使用管理规定执行情况进行监督检查。

第六条 计划财务处会同办公室统筹安排公务用车采购、更新运行经费，列入部门预算，并严格按照“三公”经费的预算执行。

第三章 使用管理

第七条 严格界定中心公务用车使用范围。中心人员因下列情况需要在北京市内公务出行的，可以申请使用中心综合业务用车：

（一）突发事件处置及应急响应服务工作；

（二）与业务紧密相关的集体出行及紧急公务；

（三）走访、慰问中心离退休干部，为离退休干部服务；

（四）国际合作交流活动接待来访外宾；

（五）接待公务来访的重要领导、专家；

（六）需携带中心相关证件（正本）和印章等，或财务人员携带现金、重要票据等到相关部门办理公务；

（七）有关部门组织的不便于使用社会车辆的公务活动，或由社会化方式提供服务困难，经中心审批同意的公务活动。

第八条 经中心公务用车归口管理部门认定，满足第七条规定的公务出行条件，且所到地区地理环境复杂、道路条件较差的用车申请，可派出中心越野型公务车辆。其余用车申请视用车人数派出轿车或商务舱型车辆。

第九条 如遇车辆限行但必须使用公务车辆出行的，由中心公务用车归口管理部门负责在中心公务车辆中进行调配。

第十条 中心人员到外地开展工作，除特殊情况外，应尽量乘用公共交通工具，减少车辆长途行使。中心集体活动用车主要通过社会租赁方式解决。

第十一条 健全公务用车使用管理制度，严格执行，加强监督，降低运行成本。

（一）公务用车管理实行"一车一表"登记制度。派车前应由用车部门和办公室填写《车辆申请和调度单》（附件1），中心领导用车由办公室填写《车辆申请和调度单》。详细记录用车部门、乘坐人员、联系方式、事由、地点、出车时间、使用车辆牌照、驾驶人员等内容，由用车部门负责人和中心办公室负责人审批后方可派车。

（二）实行公务用车保险、维修保养、加油政府集中采购和定点保险、维修保养、"一车一卡"加油制度，健全公务用车油耗、运行费用单车核算制度。

（三）用车结束后，严格执行回单位或指定地点停放制度，节假日期间除值班车辆外，应当封存停驶。同时应在《车辆申请和调度单》中记录收车时间、行驶里程，由车辆管理人员归档备案。

公务车固定停放地点：华风传媒大楼地下车库。

（四）中心公务车辆一般应由中心专职驾驶员驾驶；当专职驾驶员因故无法驾驶车辆时，经中心公务用车管理部门批准后，由兼职驾驶员驾驶。

（五）严禁公车私用，严禁将公务用车用于婚丧喜庆、探亲访友、度假休闲、接送亲友、接送子女上下学等非公务活动。

（六）加强公务用车日常维护保养和安全管理，完成工作任务后做好行车相关记录。

第十二条 加强宣传教育，提高安全意识。定期对驾驶员开展交通法规及文明行车等的宣传教育，压减一般交通事故和交通违法行为，杜绝重大交通责任事故，及时了解驾驶员的思想状况和健康状况，消除交通安全隐患。

第四章 车辆管理

第十三条 中心公务用车实行编制管理，车辆编制数量为中国气象局批复保留的公车数量。车辆更新、处置严格按照《气象部门机关公务用车管理办法》的要求执行。

第十四条 严禁为中心公务用车增加高档配置或者豪华内饰，不得在车辆维修等费用中虚列名目或者夹带其他费用。

第十五条 建立公务用车管理“一车一台账”制度，加强证照档案的保存和管理。

（一）车辆基本信息档案。建立一车一档，将车辆号牌、购置时间、车型等原始信息、年检情况、年度里程、历次车辆维修与保养情况、维修与保养地点、车况性能等实时登记。

（二）车辆运行费用档案。按季度对车辆行驶里程、油耗、过路过桥、保险、维修等费用进行登记，定期分析，有效控制各类费用。

第十六条 中心不得对外出租单位车辆，不得借用、占用下属单位或者其他单位车辆，不得接受企业捐赠车辆。

第十七条 中心办公室应在每季度10日前，将上一季度的《车辆申请和调度单》和车辆运行费用记录进行归纳整理。办公室留存1年后交中心档案室存档，存档期限不低于10年。

第十八条 将公务用车管理纳入在中心政务管理信息系统，通过信息化手段统筹调度公务用车，提高管理效能并在一定范围内进行公示。

第五章 监督问责

第十九条 严格执行公务用车配备使用管理各项规定，有下列情形之一的，依纪依法追究相关人员责任：

（一）公车私用、私车公养的；

（二）换用、借用、占用下属单位或者其他单位和个人的车辆，或者擅自接受企事业单位和个人赠送车辆的；

（三）为公务用车增加高档配置或者豪华内饰的；

（四）在车辆维修等费用中虚列名目或者夹带其他费用，为非本单位车辆报销运行维护费用的；

（五）违规处置公务用车的；

（六）非中心专（兼）职驾驶员擅自驾驶使用公务用车的；

（七）有其他违反公务用车配备使用管理规定行为的。

第二十条 中心公务用车交通违法次数每季度不得超过1次。驾驶员在公务行驶过程中，出现责任事故的，当事人除承担相应责任外，还须接受中心的处理。

第六章 附 则

第二十一条 本办法由办公室负责解释，并根据中国气象局新的规定及时修订完善。

第二十二条 凡违反本管理办法规定、存在弄虚作假的，一经发现或举报属实，将依纪依规给予严肃处理。

第二十三条 本办法自印发之日起执行。《中国气象局公共气象服务中心车辆使用管理办法》（公气函〔2017〕30号）同时废止。

（起草人：陈滨海、李蕊 发布时间：2019年3月）

附件（略）

中国气象局公共气象服务中心因公临时出国（境）管理规定

（公气发〔2020〕72号）

第一章 总 则

第一条 为贯彻落实《中国气象局关于印发〈气象部门因公临时出国（境）管理规定（试行）〉的通知》（气发〔2013〕113号）和《气象部门因公临时出国经费管理办法》（气发〔2014〕15号）文件精神，结合中国气象局公共气象服务中心（以下简称中心）实际情况，制定本规定。

第二条 因公临时出国（境）应按照务实、高效、精简、节约的原则，紧密结合工作需要、有计划地进行。出国（境）必须有明确的公务目的和实质内容，讲究实效。不得把出国（境）作为一种待遇，严禁借机公费旅游。

第三条 坚持因事定人，统筹确定全中心对外交流与合作任务事项，根据工作需要和人员分工提出因公临时出国（境）计划与人选建议。不得因人找事，不得安排照顾性和无实质内容的一般性出访，不再安排考察性出访。出国（境）参加会议等活动要有选择，不得逢请必到。

第四条 参加境外培训遵循“从严控制、为我所用、突出重点、少而精”的原则，不得安排参加无实际需要的培训项目。不得举办或组织参加外方资助的背景复杂、专题敏感的境外培训。

第五条 凡因公出国（境）的团组和个人必须通过因公出国（境）审批渠道办理手续，除有关国家特殊要求外，必须持因公证照出国（境）执行公务。因私出国（境）不得使用因公出国（境）证件。

第二章 适用人员

第六条 本规定适用于在中心全体在职人员，以及其他依照法律和规定从事中心公务的人员。

第七条 已退休司局级以下人员不再派遣出国（境）执行任务。

第三章 审批权限和原则

第八条 审批权限

（一）中心因公临时出国（境）计划、任务审批和流程执行由办公室归口管理，出国（境）经费预算由计划财务处归口管理。

（二）中心领导年度因公临时出国（境）计划由办公室行文报送中国气象局国际合作司审核。

（三）中心年度出国（境）计划预算由计划财务处报送中国气象局计划财务司审核。

（四）中心人员因公临时出国（境），需由中心行文将出国有关事项报中国气象局国际合作司审批。

（五）所有因公临时出国（境）项目由办公室按照出国（境）事项审批流程的有关规定程序办理审批手续。中心领导因公临时出国（境）由办公室填写《因公临时出国（境）人员备案表》，报中国气象局国际合作司；其余人员因公临时出国（境）由所在处室填写《因公临时出国（境）人员备案表》报办公室，由办公室向中国气象局国际合作司、中心人事处备案。

第九条 审批原则

（一）各处室应按要求向办公室报送年度因公临时出国（境）计划，办公室汇总后报中心主任办公会审议。经批准的计划下达后，一般不再安排计划外团组出国（境）。如遇特殊情况需要安排计划外出国（境）的，须报中心专项研究，严格审批。

（二）严格执行应邀出访规定。出访须有外方业务对口部门或相应级别人员邀请，邀请单位和邀请人应与出访人员的职级身份相称，不得降格以求。

（三）各处室应对本单位因公临时出国（境）人员的出国（境）事项进行审核把关，按照中心签报流程，由中心领导审批通过后，方可办理出国（境）手续。

（四）每个出访团组总人数一般不得超过6人。每次出访不得超过3个国家和地区（含经停国家和地区，不出机场的除外），在外停留时间不超过10天（含离、抵我国国境当日）。出访2国不超过8天，出访1国不超过5天；赴拉美、非洲航班衔接不便的国家的团组，出访2国不超过9天，出访1国不超过6天。出席国际会议、参加培训等团组的人数和在外停留天数应按现行有关规定并根据任务需要和人员身份从严控制。

（五）参加跨部门组团出国（境）的任务，应按照中心规定的签报流程审批，并向办公室提供组团单位的具有外事审批权的部门征求意见函等相关材料。

（六）出国（境）任务如涉及敏感问题、讨论重要议题或签署双方合作协议等重大事项，须事先告知办公室，并由办公室向中国气象局国际合作司报送预案，批准后执行。

第四章 出国（境）经费管理

第十条 出国（境）经费预算由计划财务处归口管理。

第十一条 计划财务处应严格按照有关规定将出国（境）经费纳入预算管理，严格控制经费预算规模。

第十二条 出国（境）经费开支范围包括：国际旅费、国（境）外城市间交通费、国（境）外住宿费、国（境）外伙食费、公杂费和经批准的其他费用。参加国际或国（境）外培训的，还包括有关培训费用。

第十三条 出国（境）人员的费用支出要严格执行财政部、外国专家局、中国气象局等有关部门的规定。出国（境）人员应本着节约原则，根据工作需要实事求是地安排出访活动，不得擅自突破规定的开支标准。

第十四条 各处室在报送出国（境）项目文件时，应出具计划财务处对经费来源与预算的审核意见。

第十五条 出国（境）人员返回后，应在1个月内到中国气象局核算中心报销经计划财务处审核后的出国（境）费用开支。计划财务处应严格根据经费预算和有关费用开支标准及管理办法审核出国（境）费用，严格按照批准的人数、天数、路线、经费预算及开支标准等进行审核，不得报销与公务出访任务无关的开支。

第十六条 参加气象部门外团组因公临时出国（境）项目且经费需要由中心承担的，批准程序按照上述规定执行。

第五章 信息公开

第十七条 出国（境）前公示

除需要保密的内容和事项外，办公室要事前通过中心办公网公告栏如实公示有关团组和人员信息。公示期限原则上不少于5个工作日，内容包括团组全体人员的姓名、单位和职务，出访国家（地区）、任务、日程安排、往返航线，邀请函、邀请单位情况介绍，经费来源和预算等。

中心办公室对公示期间反映的问题，要会同有关部门认真核实；对确有问题的，要采取切实措施，严肃查处，追究责任。

第十八条 出国（境）后公示

出国（境）团组返回后，应在1个月内由中心办公室在中心政务管理信息系统公告栏公布出国（境）团组上述公示内容的实际执行情况和出国（境）总结报告等。未按规定公示公开的，计划财务处不予核销出国费用。

第十九条 出国（境）总结报告

各出国（境）团组返回后应在1个月内将总结报告交由中心办公室上报中国气象局国际合作司。

第六章 外事纪律

第二十条 出国（境）人员应严格执行中央对外工作方针政策和国别政策，严守外事纪律，遵守当地法律法规，尊重当地风俗习惯，杜绝不文明行为，严禁出入赌博、色情场所，自觉维护国家形象。出国（境）团组在国（境）外应接受我国驻外使领馆的指导和监督。重要情况要及时报告中心领导和我国驻外使领馆。

第二十一条 未经中心批准和授权，任何处室和个人不得应允与外方的合作交流事宜。以中心及下属处室名义对外做出承诺或签署具有法律约束力的协议，事前要报中心审批，未经批准和授权，不得随意签署。

第二十二条 出国（境）团组实行团长负责制。两人以上的团组须指定一名团长。在外期间，团长应负责管理和督促团组成员遵守各项外事纪律。团组及团组成员发生违规违纪行为，除对当事人进行严肃处理外，将根据情节追究团长以及派出单位负责人的责任。

第二十三条 不得擅自延长在外停留的时间；未经批准不得变更出访路线，首选国内航空公司直达航班，不得以任何理由绕道旅行；不得参加与项目任务无关的活动；不得携带配偶和子女同行；培训团组不得擅自更改既定教学方案和行程安排，不得组织既定日程以外的对外交流活动。

第二十四条 出国（境）团组要注重节约，严格按照规定安排交通工具和食宿，不得铺张浪费。原则上不赠送礼品、不搞宴请。确有必要赠送礼品的，严格按照相关规定执行。确需宴请的，应连同出国（境）活动计划一并报批。不得接受国内相关部门或企业委托其驻外人员在国（境）外安排的宴请和其他应酬活动。

第二十五条 增强安全保密和应急应变意识。严格遵守国家有关保密规定，注意防范敌对势力的干扰、破坏。不得携带涉密载体；不得对外提供内部文件和资料；不在非保密场所谈论涉密事项；不得泄露国家秘密。

第二十六条 切实遵守证照管理的有关规定。因公出国（境）证件应在返回后7天内交办公室，由办公室送中国气象局国际合作司统一保管或注销。对拒不执行证照管理规定的，吊销其所持护照或证件。

第七章　责任追究

第二十七条　办公室、人事处、计划财务处、党委办公室（纪检监察处）等部门要按照工作职责加强日常监督检查。办公室负责牵头受理公示期间发生的信访举报，党委办公室（纪检监察处）负责牵头受理公示期间以外发生的信访举报。对违纪单位和相关责任人要严肃查处，对涉嫌犯罪的要依法追究法律责任。

第八章　附　则

第二十八条　本规定由办公室负责解释。

第二十九条　中心下属企业因公临时出国（境）事宜参照本规定进行管理。

第三十条　本规定自发布之日起施行。《公共气象服务中心因公临时出国（境）管理规定（试行）》（公气发〔2015〕74号）同时废止。

（起草人：高义梅、李蕊　发布时间：2020年5月）

中国气象局公共气象服务中心登记备案人员因私出国（境）管理办法

（公气发〔2020〕39号）

为进一步加强中国气象局公共气象服务中心（以下简称中心）登记备案人员因私出国（境）的监督管理，根据中组部有关文件精神和中国气象局的有关规定，结合中心实际，制定本办法。

第一条 按照干部管理权限和有关要求，中心以下工作人员须向所在地公安机关登记备案：

（一）中心现任处级领导干部（含非领导处级干部）；

（二）退休的司局级干部。

第二条 中心人事处负责向公安机关进行登记备案，并由专人负责登记备案人员的信息采集、撤销、报送和变更工作，确保登记备案信息完整准确。

第三条 登记备案人员因私出国（境）证件的管理：

（一）登记备案人员已申领的因私普通护照、往来港澳通行证、大陆居民往来台湾通行证以及其他因私出国（境）证件，必须统一交由中心人事部门集中保管。

（二）新申领因私出国（境）证件的登记备案人员应在证件办好后的7天内将其交至中心人事处登记保管。

（三）新任处级干部持有因私出国（境）证件的，应当在任命文件发布后7天内，将证件上交中心人事处登记保管。

（四）因遗失补办等原因，不能将所持出国（境）证照按时交至人事处的，应做出书面说明。

（五）中心人事部门应指定专人负责做好因私出国（境）证照的登记、造册、收缴、保管和领用等工作，实施保存、借用等动态记录。已过有效期的证件，退还持有人。

第四条 登记备案人员因私出国（境）须严格办理请假审批手续。经审批同意后，持请假单到中心人事处填写《公共气象服务中心登记备案人员因私出国（境）证件领用登记表》后，办理因私出国（境）证件的领用手续。

第五条 因私出国（境）的登记备案人员应在回国（境）10天之内，将所持因私出国（境）证件交回中心人事处集中保管。对违反出国（境）证件管理规定，拒不交出所持出国（境）证件的登记备案人员，根据相关规定严肃追究其责任。

第六条 本办法由中心人事处负责解释，其他未尽事宜按照上级相关部门规定执行。

第七条 本办法自发布之日起实施。《公共气象服务中心登记备案人员因私出国（境）管理暂行办法》（公气人函〔2015〕8号）同时废止。

（起草人：郑毅、范静　发布时间：2020年4月）

中国气象局公共气象服务中心保密工作管理规定

（公气发〔2019〕86号）

第一章 总 则

第一条 为了进一步加强中国气象局公共气象服务中心（以下简称中心）保密工作，严防泄密事件发生，确保国家秘密安全。根据中国气象局保密工作的有关规定，结合中心实际情况，特制定本办法。

第二条 中心无法定定密权，任何部门、个人不得私自定密。因执行或办理已定密事项，派生确定国家秘密时，应先行采取保密措施，并立即报请中国气象局确定。

第二章 管理职责

第三条 中心设立保密委员会，成员由中心领导和相关人员组成，保密委员会全面负责领导和管理中心保密工作。

第四条 保密委员会负责定期召开会议，根据上级保密管理部门下达的工作任务和安排，制订中心保密工作计划，并组织实施；负责组织学习和宣传保密有关的法律法规，对职工进行保密教育；负责对中心保密工作进行监督和检查，检查各项保密措施的落实情况。

第五条 中心主任是中心保密工作的第一责任人，中心分管领导对保密工作负直接领导责任，各处室主要负责人为本部门保密工作第一责任人，各部门具体工作人员对自己职责和业务范围之内的保密工作负全部责任。

第六条 办公室负责承办保密工作管理的日常具体事务，组织协调保密管理的具体事项的实施，检查督促保密规定和措施的落实，完成保密委员会交办的其他任务。

第七条 人事处负责涉密人员因私出国（境）护照的管理。

第三章 涉密文件流转

第八条 涉密文件信息资料，是指以纸介质、光介质、电磁介质等方式记载、存储国家秘密的文字、图形、音频、视频等。收到涉密文件后，中心机要员应履行登记手续后再按规定进行流转。涉密文件、载体不得随意放置或丢弃。

第九条 组织阅读、传达、审议、视听或者以其他方式使用涉密文件信息资料，应当在符合安全保密要求的场所进行，严格限定知悉范围，并提出明确保密要求。

第十条 涉密文件的流转应以纸质文件、传阅人员当面交接文件的方式进行。涉密文件流转各环节经办人应及时办理，确保文件安全，防止丢失或无关人员浏览。禁止通过普通传真、互联网或其他非涉密网络等无保密措施的渠道传递涉密文件等信息资料。

第十一条 未经批准，不得转发、摘发、汇编和复制涉密文件内容。

第四章 涉密材料管理

第十二条 涉密文件信息资料保密管理应当坚持统一管理、分级负责、严格标准、确保安全的原则。

第十三条 涉密文件应按年进行归档。涉密视听资料严格按照有关规定管理。

第十四条 涉密办公设备应当放置在安全环境中，处理涉密信息的设备不能与国际互联网或其他公共信息网络连接。要有密级标识。使用涉密设备要履行登记手续。U盘、移动硬盘、软盘及其他数码存储设备不得在非保密电脑和保密电脑之间交叉使用。

第十五条 涉密文件和涉密载体按中国气象局保密办公室的安排，移交销毁单位集中销毁。

第十六条 涉密办公设备的销毁应当履行审批、登记手续，送至有保密资质的销毁单位进行销毁，任何个人不得擅自销毁。

第五章 涉密人员管理

第十七条 涉密人员应该满足以下基本条件：政治可靠，忠于职守，保密观念强，熟悉国家保密法规及有关的保密制度。人事部门要严把政审关，坚持先审后用，并在上岗之前进行业务培训和保密教育。

第十八条 涉密人员应签订保密承诺书，涉密人员、保密管理人员离岗、离职前，应当将所保管的秘密载体全部清退，并办理移交手续，配合脱密期管理。

第十九条 中心职工因公、因私出国（境）前，应接受保密教育，涉密人员应配合做好审查和备案。

第二十条 中心应加强对涉密人员的教育培训。定期对保密工作进行监督检查，发现问题及时纠正。对严重违反保密规定或者发生泄密案件的，将依法追究责任。

第六章　一般工作资料管理

第二十一条 个人办公电脑不得存储5年以上的工作资料。

第二十二条 用于存储5年以上工作资料的移动介质不应长时间连接个人办公电脑，应在使用后立即断开连接。

第二十三条 持有存储工作资料移动介质的人员应对该介质进行妥善保管。

第二十四条 各部门应加强对本部门存储工作资料的移动介质的管理，做好发放登记、定期检查等工作。

第七章　附　则

第二十五条 本规定由办公室负责解释。

第二十六条 本规定自发布之日起执行。《中国气象局公共气象服中心保密工作管理规定》（公气发〔2017〕97号）同时废止。

（起草人：高翔、韩笑、李蕊　发布时间：2019年12月）

中国气象局公共气象服务中心安全生产管理办法

（公气发〔2020〕86号）

第一章　总　则

第一条　为加强中国气象局公共气象服务中心（以下简称中心）安全生产监督管理，预防和减少安全事件和事故，保障职工生命和财产安全，促进中心各项工作顺利进行，依据《气象部门安全生产工作指南（试行）》，特制定本办法。

第二条　中心安全生产管理坚持“安全第一、预防为主、综合治理”的方针，建立“横到边、竖到底、落到人、定到时”的安全生产责任体系。

第三条　本办法所指安全生产管理范围包括消防安全、交通安全、施工安全、业务安全、信息网络安全和人员安全等。

第四条　本办法适用于中心各处室和下属公司，以及全体工作人员。

第二章　机构和职责

第五条　中心成立由中心主要负责人为组长、中心领导班子其他成员为副组长、各处室主要负责人为成员的安全生产工作领导小组，负责中心安全生产的管理、指导、监督、检查和落实工作。

第六条　中心主任为中心安全生产主要责任人，分管办公室的领导对中心安全生产负分管责任，中心领导班子其他成员按照“一岗双责”要求对分管范围内的安全生产工作负分管责任。

中心办公室主要负责人对中心安全生产工作负监管责任，各处室主要负责人是本处室安全生产第一责任人，各处室安全联络员是安全生产主体责任人，具体落实安全生产任务。

第七条 中心办公室是中心安全生产监管职能部门，负责中心安全生产日常组织管理和监督检查，并负责中心领导办公室、办公室办公场所、档案室、库房及会议室等公共区域的安全；业务科技处负责对中心的信息网络安全进行监管；中心各处室负责所在办公区域及所承担工作的安全管理；中心预警运控室负责所管理的机房、网络、设备、系统、信息的安全。

第八条 安全生产工作责任目标：

（一）不发生火灾事故和重特大安全生产责任事故；

（二）内部人员不发生违法犯罪行为；

（三）不发生严重影响社会稳定的刑事、治安事件；

（四）不发生突出信访问题和群体性事件；

（五）不发生酒后驾驶机动车等严重违规行为，不发生重特大道路交通责任事故；

（六）部门内部计算机安全技术防范设施符合有关规定要求，不发生信息网络安全重大事故。

第三章 责任落实

第九条 中心各处室根据自身工作职责有针对性地制定业务、机房、信息网络安全、消防等方面的安全制度或应急预案，确保中心各项工作的安全稳定。

第十条 落实消防安全责任。突出预防为主，对发现的事故隐患和问题第一时间排除和整改。加强对电器设备、机房、危险物品、易燃易爆物品的安全管理，遵守禁烟规定。使用合格的用电设备，开展用电安全巡查。对档案室、库房等重点部位加强消防巡查，及时发现、解决安全隐患。

第十一条 落实交通安全责任。加强对公务用车及其驾驶员的管理；加强面向全体职工的交通安全宣传教育，遵守交通法规，遵守园区车辆出入和停放相关规定。特别是重大活动和节假日期间，确保交通出行安全。

第十二条 落实施工安全责任。严格执行国家和气象部门安全生产相关要求，落实安全责任制。严格按照事前报备、先审批后施工的要求，做好审批和备案工作。要制定安全施工方案，明确各方安全责任，加强施工现场监管、保护和警示围挡，强化隐患查排整改。

第十三条 落实业务安全责任。认真落实“人防、物防、技防”等治安防范措施和相关应急预案，加强业务平台、值班室、机房等重要部位的安全管理，确保不发生刑事、治安案件，防止遭受破坏。落实实时业务值班值守措施，认真做好值班记录和交接班。

第十四条 落实信息网络安全责任。严格落实《公共气象服务中心关于加强网络安全工作的通知》（公气发〔2019〕40号）和《公共气象服务中心网络安全事件应急预案》（公气发〔2019〕82号）有关要求，监测、防御、处置信息网络安全风险和威胁，保护中心信息基础设施和数据免受攻击、侵入、干扰和破坏，维护中心网络空间安全和秩序。

第十五条 落实人员安全责任。严格办公场所人员进出管理。准确掌握中心各类重点人员（如非正常上访人员等）情况并加强管控和教育转化力度。加强驻场外协人员管理，按照“谁使用、谁负责，谁用工、谁管理”的原则，与外协人员签订驻场安全协议，建立外协人员信息台账，记录人员变动情况，报中心办公室备案。严格宿舍入住管理，不得擅自安排中心外部人员在中心值班宿舍或集体宿舍内居住。

第四章 保障措施

第十六条 加强安全生产教育和宣传工作。落实气象部门“安全生产月”“安全生产万里行”等活动要求，开展安全生产宣传教育，增强全体干部职工的安全、守法观念。加强包括消防和急救在内的安全常识教育，每年组织一次消防应急演练，提高员工安全防范和自救能力。

第十七条 建立健全安全生产检查和整改跟踪机制。中心不定期开展安全检查，节假日前安全巡查，重点强化汛期前后和重大节日、重要活动期间的安全保障，建立安全生产隐患台账，并跟踪整改情况及时销账。各处室要加强对重点部位、岗位的日常安全检查工作，发现问题及时整改。

第十八条 实行安全隐患和事件事故报告制度。中心职工发现安全隐患及安全事件事故都必须及时准确逐级报告。发生安全事件事故由中心办公室组织撰写书面报告，紧急情况下可采取先口头报告、再事后书面补报的方式。重大安全事件事故应按照《关于印发重大突发事件信息报送标准和处理办法实施细则的通知》（气发〔2009〕459号）要求向中国气象局报告。

第十九条 完善安全应急保障基础设施。中心要完善消防和急救设施，由办公室负责配备、管理并宣传培训消防器材、警示标识和基础急救器械，将有关费用纳入预算，组织定期检测，避免使用过期或有问题隐患的设施器材。

第五章 责任追究与考核

第二十条 各处室要对安全生产检查中发现的问题及时整改，对于有关责任人员要批评教育。造成一定影响和轻微财产损失的，由相关责任人书面检讨并赔偿损失；造成较大影响和损失的，除了赔偿损失外，要给予有关责任人相应的处分；情节特别严重，涉嫌犯罪的，移送司法机关处理。

第二十一条 各处室安全生产工作情况纳入中心年度综合考评统筹管理。

第六章　附　则

第二十二条　本办法由办公室负责解释。

第二十三条　本办法自印发之日起实施。《中国气象局公共气象服务中心安全生产管理办法》（公气发〔2017〕109号）同时废止。

（起草人：陈滨海、李蕊　发布时间：2020年7月）

中国气象局公共气象服务中心办公环境管理规定

（公气发〔2020〕48号）

一、目的

为创建中国气象局公共气象服务中心整洁、优美、和谐的工作环境，营造积极向上的文化氛围，特制定本规定。

二、适用范围

中心全体职工及因工作需要在中心办公用房中临时工作的人员。

三、管理标准

（一）办公环境

办公室公共空间和个人办公环境须保持干净整齐。办公桌上可摆放电脑等办公设备，与工作业务相关的文档、书籍、办公用具，以及水杯、台历、纸巾等；不得摆放食品、衣物、果皮、纸屑以及其他杂物。有条件的应将个人衣物、挎包等放到衣柜、储物柜或挂到衣架上。办公室公共空间不得堆放废旧设备、报刊书籍、个人物品等杂物。

（二）公共区域

公共区域内严禁吸烟，注意使用文明用语；不得私自挪动安放办公设备，不得乱扔废物。最后离开公共区域的职工要随时关灯、关门窗、关空调、关电源。在装饰和布置上要积极营造体现中心文化和精神风貌的办公环境。

（三）个人仪表仪态

职工应当注意个人仪态，整洁着装。穿着的衣服要整齐、干净、大方，提高中心对外的形象，打造时尚大气的中心形象。

（四）办公设施设备

不得利用个人计算机进行与工作无关的活动。办公室内禁止使用大功率用电设备和不安全设备。下班后应关闭计算机及附属设备并切断电源。职工可共享办公资源，如打印机、复印机、照相机等，提倡低碳办公，节约纸张和电能。

电脑、显示器、打（复）印机、电话等办公设备线路用扎带束好，放置整齐有序、不凌乱。

办公设施、设备不得私自带出，要保护使用。因工作需要挪出的设备，须通过办公系统向中心办公室提出持物出门申请，审批通过后持办公室盖章的出门条搬出设备。

四、监督管理

中心各单位负责本单位办公环境的现场管理。中心办公室要进行不定期检查，对违反以上规定的职工进行批评教育，造成安全问题产生不良影响的，同时在中心办公网通报批评。中心各单位办公环境管理情况统一纳入中心年度目标管理进行考核。

本规定由中心办公室解释，自发布之日起执行。《公共气象服务中心办公环境管理规定（试行）》（2011 年 3 月发布）同时废止。

（起草人：陈滨海、李蕊　发布时间：2020 年 5 月）

中国气象局公共气象服务中心档案管理办法

（公气发〔2017〕98号）

第一章　总　则

第一条　为了进一步加强中国气象局公共气象服务中心（以下简称“中心”）档案的科学管理，充分发挥档案作用，全面提高档案工作的管理水平，有效收集、保护和利用档案，为中心发展服务。根据国家档案局和中国气象局档案管理有关法规，结合中心实际情况，制定本办法。

第二条　本办法适用于中心各部门。

第三条　中心档案，是指中心工作人员从事业务、管理以及其他各项活动直接形成，以纸张、磁盘、光盘、实物等为载体，具有保存价值的文字、图表、照片、声像等信息记录。干部人事档案管理办法另行制定。

第二章　文件材料的收集管理

第四条　中心设立档案室，档案实行集中统一管理，任何单位和个人都不得据为己有，中心各部门应当按照规定进行归档，并确保档案材料的完整和安全。

第五条　中心办公室归口管理中心档案工作，并指定政治可靠、责任心强的职工作为档案管理人员。

第六条　档案管理人员应当遵纪守法、忠于职守，努力维护中心档案的完整和安全。

第七条　档案管理人员承担中心档案的收集、管理和服务工作，负责督促、检查、指导中心各部门的归档工作。

第八条　借调、聘用、挂职、调动的中心工作人员离岗时，属于归档范围的文件材料，必须全部上交，并办理移交手续，不得擅自带走或毁弃。

第三章　归档范围

第九条　本单位的文件材料

（一）中心党委和行政领导会议材料（含文件、照片、声像材料）。

（二）中心党委、行政部门召开的代表大会、工作会议、工作研讨会、专业会议等会议材料（含文件、照片、声像材料）。

（三）中心呈送的公文（请示、报告等）与上级机关的批复文件，下属单位呈送的公文与中心的批复文件。

（四）中心事业发展纲要、规划和工作计划、总结。

（五）中心制定的规章制度和业务技术规范。

（六）建设项目和科研课题的申报、批复、建设、研发、合同（协议）、验收等文件材料。

（七）业务、科研、科技服务和预警服务工作中形成的相关成果、产品、业务/技术/用户手册等重要材料。

（八）中心人事、劳动工资、教育培训、干部任免、年度考核、专业技术职称、奖励、惩戒等管理制度、办法、规定的文件材料。

（九）中心退休干部工作管理制度、办法、规定、年度计划、调研报告、总结和重要工作方案。

（十）中心党委、团委、工青妇组织和其他内部机构在工作、活动中形成的文件材料。

（十一）重要的信函、电话记录和电子邮件，从国外及国内其他部门获得的与本单位工作有关的重要的文件材料。

（十二）重要的人民来信来访材料，有关领导的批（指）示和本中心处理过程与结果及有关的记录、分析、报告等材料。

（十三）机构成立、更名、合并、撤销、启用印信及组织沿革、人员编制等文件材料。

（十四）荣誉奖励证书、重要活动与事件和有纪念意义与凭证性的实物、照片、录音、声像等文件材料。

（十五）财产、物资、档案等交接凭证材料。

（十六）签订的各种合同、协议及其相关的文件材料。

（十七）学术团体和专业技术组织及其重要活动的文件材料。

（十八）外事活动中形成的文件材料和有关国际组织颁发的有查考价值的重要文件材料及出版物。

（十九）中心编印的重要简报、大事记、年鉴、年报、各种定期或非定期编发的业务服务产品等印刷物和公开出版物。

（二十）其他需要归档的材料。

第十条 其他机关的文件材料

（一）上级机关召开的需要本单位贯彻执行的有关会议文件材料。

（二）上级单位颁发的需要本单位贯彻执行的有关政策、法规、制度、规范、规划、计划等文件材料。

（三）党和国家领导人、上级机关领导及有关国际组织等视察、检查本单位工作的重要指示、讲话、题词、照片、录音、声像等材料。

（四）上级单位印发、批复本单位的文件材料。

（五）其他单位重要来文。

第四章 归档要求

第十一条 各部门应当指定专人负责归档工作，对本部门当年形成的应归档文件材料按有关规定进行收集、整理、立卷和归档，并于次年上半年（每年一次）移交办公室统一管理。

第十二条 档案质量总的要求是：遵循文件的形成规律和特点，保持文件之间的有机联系，区别不同的价值，按照《公共气象服务中心机关文书档案保管期限表》（附件1）确定保管期限，按照规范化的原则归档，便于档案的保管和利用。

第十三条 各部门应当在每年6月30日前，将上一年度形成的文件材料，按要求收集整理后移交办公室档案管理人员，移交时双方应当清点验收并签字。

中心重大活动产生的声像、照片档案，由活动主办部门负责收集整理，并随时向办公室移交。

第五章 服务与利用

第十四条 档案的价值在于利用。中心鼓励各部门积极开展档案利用工作，整理中心发展历史，凝练中心发展文化，传承中心发展成果。

第十五条 中心职工因工作需要，根据责任范围和工作权属，经中心领导批准后，方可到档案室查阅有关档案。借阅时应当填写《公共气象服务中心档案查（借）阅登记表》（附件2）。

第十六条 借阅本部门形成的档案，应当报部门负责人批准；借阅涉密、党委、人事、计财以及非本部门形成的档案，应当报中心领导批准。

第十七条 借阅档案原则上在档案室阅览，确须借出的，应当办理借阅登记手续（须经中心主管领导批准），并在规定日期内归还。归还档案时，档案人员应当查验档案齐全无误后，办理注销手续。

第十八条 档案借阅者应当爱护档案，保证档案的安全。严禁私自修改、折叠、涂画、剪裁、拆散、转借和复制，归还时应当保持档案原有的完整性。如有丢失、涂改、损坏或泄密时，应当及时报告。

第十九条 如须复印档案的，应当填写《公共气象服务中心档案复印单》(附件 3)，并报本部门负责人签字，中心领导批准后，由办公室档案管理人员复印。

第六章 鉴定与销毁

第二十条 档案的鉴定工作是一项重要而严肃的工作，必须准确地判定档案的保存价值。使具有长久保存价值的档案完整地保存下去，把属于无继续保存价值的档案剔除，以提高室藏档案的质量。

第二十一条 对档案的鉴定和处理工作必须慎重、认真，按制度有组织、有领导地进行。档案鉴定工作由领导小组和档案人员共同进行，对须处理和销毁的档案，严格履行鉴定、审批、处理和销毁手续。

第二十二条 须销毁的档案，应当逐件填写《公共气象服务中心销毁档案材料登记表》(附件 4)，经过鉴定后报中心领导批准。

第二十三条 档案的销毁工作由档案室负责执行，并由两人负责监销，档案销毁后，监销人要在《公共气象服务中心档案材料销毁清册》(附件 5）上签字，并注明“已销毁”和销毁日期。在目录和检索目录上注明已注销。

第七章 附 则

第二十四条 本办法由中心办公室负责解释。

第二十五条 本办法自发布之日起执行。

（起草人：郑毅、郭俊萍　发布时间：2017 年 12 月）

附件 1

公共气象服务中心机关文书档案保管期限表

一、中心办公室

1. 中心的工作计划和年度工作总结 （永久）

2. 涉及国家气象工作的科研、业务、重大方针和政策向中国气象局报送的请示、报告等文件 （永久）

3. 中心领导分工、调整文件 （30 年）

4. 印发的气象应急保障、气象宣传、办公自动化、档案管理、安全生产等办公室工作中长期规划、计划 （永久）

5. 制发的规范性文件

（1）公共气象服务中心的议事规则、规章、制度 （永久）

（2）应急、信息、宣传、目标管理、文件、密码、保密、档案管理、安全生产等规范性文件 （永久）

（3）保卫、消防、接待、后勤服务等规范、标准 （10 年）

6. 组织的会议（活动）文件

（1）中心主任常务会、协调会的记录、纪要等文件材料 （永久）

（2）参加中国气象局召开的会议形成的会议情况汇报、报告（30 年）

（3）组织召开的应急、宣传、档案、安全生产等座谈会、研讨会、论证会等文件材料

①重要的 （30 年）

②一般的 （10 年）

7. 公共气象服务中心有关目标考核文件的请示、批复、考核结果的通知、文件 （30 年）

8. 以公共气象服务中心或中心领导名义发出的贺信（电）、慰问信（电）（30 年）

9. 对中心领导的重要批示和重点工作进行督查督办形成的文件材料 （30 年）

10. 制发的关于公共气象服务中心外事工作的中长期规划、计划 （永久）

11. 组织的外事工作会议（活动）文件

（1）国际性会议、全国性会议（重大活动）文件材料

① 会议（活动）方案、请示、批复、通知、议程、名册、汇报、领导讲话、总结等文件及会议（活动）专集材料 （永久）

② 交流材料、简报等 （10 年）

（2）一般性外事工作会议相关文件材料 （30 年）

12. 外事工作年度统计、汇总等材料

（1）有关外事的统计年报、年度汇总材料 （永久）

（2）一般性总结材料、统计报表、汇总材料 （10年）

13.公共气象服务中心组织签订的合作协议、合同等文件

（1）与外国、区域性气象组织签署的气象科技合作谅解备忘录（协议）和工作组会议纪要、合作协议 （永久）

（2）与其他单位签署的合作协议、合同 （30年）

14.开展重要国际合作的计划、活动方案等文件材料 （永久）

15.承办国际会议接待来访、报送外事工作信息等一般性文件 （10年）

16.编印的外事工作简报 （10年）

17.气象应急管理文件材料

（1）贯彻落实中国气象局对应急工作重要部署的方案、请示、通知、总结等 （永久）

（2）应急工作中有关业务问题的请示、通知

①重要的 （永久）

②一般的 （10年）

18.气象宣传管理文件材料

（1）气象部门报刊的创办、变更、撤销、年度核验等文件材料 （永久）

（2）报刊申请增刊文件材料 （10年）

（3）公共气象服务中心重要会议和活动宣传报道方案、新闻通稿及重要媒体的报道 （永久）

19.信息报送要点及新闻宣传要点、信息采纳情况 （10年）

20.关于保密要害部门、要害部位、涉密人员、机构人员的确认、调整等文件材料 （永久）

21.气象档案管理文件材料

（1）重要的 （永久）

（2）一般的 （10年）

22.保卫工作文件

（1）组织重大气象国际会议、重要活动的安全保卫工作相关文件 （永久）

（2）一般性活动安全保卫和内保工作相关文件 （10年）

（3）社区综合治理方案、措施等 （10年）

（4）反恐和国家安全工作文件

①重要的 （永久）

②一般的（10年）

23.安全生产、消防等事故处理文件

（1）事故调查记录、总结、汇报、通报及警告（不含）以上处分的文件 （永久）

（2）警告（含）以下处分的决定、通知等文件 （30年）

24.人民来信来访文件材料

（1）已办结并有中心领导批示的 （永久）

（2）一般来信来访材料及分析材料 （30年）

25.职工住房公积金管理、使用办法等文件 （永久）

26.职工住房分配、出售的规定、方案、细则，职工住房情况统计、调查表、申请表 （30年）

27.职工承租、购置本单位住房合同、协议和有关手续 （永久）

28.房屋、水电暖修缮计划的制定、审批和水、电、暖支出费用的审核、分解等文件 （30年）

29.电话的安装、撤销、转户的审批及其经费的核定与分解工作时形成的文件 （30年）

30.公共气象服务中心办公楼购置、装修的可研报告、设计图、施工图、请示、批复、验收意见、总结、决算等文件 （永久）

31.办公家具和其他电气设备的审批、建账管理和报废等文件 （30年）

32.公共气象服务中心组织机构沿革、大事记等文件材料 （永久）

33.中国气象局领导对中心领导的信（函）（永久）

34.中国气象局领导视察公共气象服务中心、检查气象工作时形成的文件材料

（1）重要的 （永久）

（2）一般的 （30年）

35.中国气象局领导及其各职能司制发的文件和法规

（1）与公共气象服务中心主管业务有关，需要贯彻执行的法规性文件 （永久）

（2）与公共气象服务中心主管业务无关，但需要贯彻执行的文件材料 （10年）

二、业务科技处

1.涉及公共气象服务中心的科研、业务重大方针和政策向中国气象局报送的请示、报告等文件 （永久）

2.制发的有关业务管理、应急和科技发展办法规定等 （永久）

3.组织的业务和科技发展会议（活动）文件

（1）全国性会议（重大活动）文件材料

①会议（活动）方案、请示、批复、通知、议程、名册、汇报、领导讲话、总结等文件及会议（活动）专集材料 （30年）

②交流材料、简报等 （10年）

（2）一般性专业会议（活动）相关文件 （10年）

（3）座谈会、研讨、评审、论证、验收等文件材料

①重要的 （30年）

②一般的 （10年）

4.举办的气象业务和科技发展推广、培训等相关文件材料

（1）重要的 （30年）

（2）一般的 （10年）

5.评优表彰活动文件材料

（1）以中心名义组织的业务和科研评优表彰活动文件材料

①活动方案、请示、批复、通知、表彰名单、总结等文件材料 （永久）

②事迹材料、评审过程材料 （10年）

（2）其他机关表彰奖励本单位集体和个人的文件材料

①副省部级以上（含）表彰文件和申报材料 （永久）

②厅局级以下（含）表彰文件和申报材料 （30年）

6.气象服务业务考察、调研报告

（1）重要的（30年）

（2）一般的（10年）

7.有关业务管理文件材料

（1）业务技术项目材料、工作总结、报告、手册、文集 （30年）

（2）业务会议纪要及协调情况，研讨、技术交流等文件 （30年）

（3）业务系统重大事件与故障处理报告 （永久）

（4）重大气象保障服务相关材料 （永久）

（5）业务月报、监测报告 （10年）

（6）气象记录档案、资料 （永久）

（7）中心代上级机关起草并被采用的重要法规性文件、专项业务最后草稿 （永久）

（8）中心承担的国家级、部委和气象局的所有业务建设项目 （永久）

（9）中心所有业务建设项目

①总投资100万元以上的业务建设项目 （永久）

②总投资100万元以下的业务建设项目 （30年）

8.科研科技管理文件

（1）中心承担的国家级、部委和中国气象局所有科研课题 （永久）

（2）中心科研课题 （30年）

（3）气象科技成果评价、推广应用奖励文件材料 （永久）

（4）中心所有在正式刊物上发表的论文 （30年）

（5）组织的气象科技发展业务会议（活动）文件

①会议（活动）方案、请示、批复、通知、议程、名册、汇报、领导讲话、总结等文件及会

议（活动）专集材料

a.重要的 （30年）

b.一般的 （10年）

②交流材料、简报等 （10年）

（6）与其他部门开展气象科技合作的文件材料 （永久）

9.基本建设项目管理文件

（1）关于基本建设、重点工程项目投资计划的通知 （永久）

（2）与地方人民政府协商共建或匹配投资重大工程项目的函件 （30年）

（3）项目批复文件材料，初步设计方案、建设概算等文件材料 （永久）

（4）项目变更调整的批复等文件材料 （永久）

（5）项目竣工决算和验收文件材料 （永久）

三、计划财务处

1.计划财务业务年度计划、总结和重要专项工作方案、总结 （永久）

2.计划财务业务统计报表和汇总材料

（1）统计年报、综合汇总材料 （永久）

（2）一般性统计报表、汇总材料 （10年）

（3）项目竣工决算和验收文件材料 （永久）

3.投资计划管理文件

（1）年度预算批复、调整等文件 （30年）

（2）报送的预算申请、预算执行情况等文件材料 （30年）

（3）对中心各类决算的批复 （永久）

4.政府采购管理文件材料

（1）采购申请、批复、合同（协议）、验收、登记等文件材料 （永久）

（2）关于政府采购事项的请示 （30年）

5.资金账户管理文件材料

（1）编制的《年度国库集中支付改革范围划分建议表》（10年）

（2）申请归还垫付资金的文件 （10年）

（3）编报的气象部门预算国库执行情况快报 （10年）

（4）申请开立、变更、撤销零余额账户的文件 （30年）

（5）申请提前恢复年度国库集中支付结余资金的请示 （10年）

（6）报送《财政国库管理制度实施单位年终预算结余资金申报核定表》（10年）

（7）银行账户年检工作相关材料 （10年）

（8）自有资金账户拨款的文件材料 （永久）

6.国有资产相关材料

（1）核发的各单位资产处置文件 （永久）

（2）固定资产、无形资产、耗材登记增加单及相关材料 （永久）

（3）行政事业单位资产统计报表、中央行政事业单位国有资产年度决算报表等 （永久）

（4）固定资产清查盘点表等 （永久）

7.编印的计划财务工作简报（10年）

8.有关部委对本机关预算、决算、重大工程项目、年度投资计划、项目竣工决算、政府采购、国库集中支付、垫付资金等重要事项的批复、通知等文件材料 （永久）

四、人事处（老干办）

1.制定的关于人才、劳动工资、职工教育培训等的中长期规划、计划 （永久）

2.颁发的关于人事、劳动、教育培训工作的管理制度、办法、规定等文件 （永久）

3.表彰、奖励文件材料

（1）活动方案、请示、批复、通知、表彰名单、领导讲话、总结等文件材料 （永久）

（2）获副部级（含）以上表彰、奖励的单位和个人的文件材料 （永久）

（3）获副部级以下表彰、奖励的单位和个人的文件材料 （30年）

（4）事迹材料、评审过程材料 （10年）

4.惩戒文件材料

（1）受到警告（不含）以上处分的 （永久）

（2）受到警告处分的 （30年）

5.关于人事、劳动工资、教育培训工作的专项调研报告

（1）重要的 （30年）

（2）一般的 （10年）

6.人事、劳动工资、教育培训年度计划、总结和重要工作方案、总结 （30年）

7.人事处统计报表和汇总材料

（1）统计年报、综合汇总材料 （永久）

（2）一般性统计报表、汇总材料 （10年）

8.报送组织人事部门的文件材料

（1）报送中国气象局关于干部任免、干部档案等文件材料 （永久）

（2）报送京外调干备案函、京外调干计划等文件材料 （30年）

（3）解决干部夫妻两地分居备案函 （30年）

（4）报送主管部门有关人事、劳动、教育培训的工作规划、计划的文件材料 （永久）

9.机构编制文件材料

（1）机构成立、更名文件材料（永久）

（2）机构编制方案或调整方案文件材料（永久）

（3）人员编制和调整文件材料（永久）

10.因公出国人员政治审查文件材料（永久）

11.贯彻落实中央关于组织工作精神的方案、请示、通知、总结等文件材料（永久）

12.领导班子建设和干部考核任免文件材料

（1）领导班子建设、调整方案、请示、协商函件等文件材料（永久）

（2）干部考察、任免等文件材料（永久）

（3）干部挂职、推荐任职等文件材料（永久）

（4）干部年度考核材料（永久）

13.专业技术职务管理文件材料

（1）副研级专业技术职务评审委员会组建、调整、评审通知等文件材料（永久）

（2）确认专业技术职务任职资格的文件材料（永久）

（3）高级职称委托其他单位评审的文件（30年）

（4）“323”人才工程有关工作的通知、评选等文件材料（永久）

（5）推荐“百千万、863计划专家、特殊津贴”人选等文件材料（永久）

14.工资管理文件

（1）工作人员工资的确定和调整文件材料（永久）

（2）工作人员工资、津贴、补贴标准确定和调整文件材料（永久）

（3）工作人员收入申报文件材料（永久）

（4）工作人员保险福利文件材料（永久）

（5）退休人员退休费核定、调整文件材料（永久）

（6）确定抚恤金标准的文件材料（永久）

15.艰苦台站类别和津贴的确定、调整文件材料（永久）

16.教育培训管理文件材料和毕业生就业相关材料（30年）

17.岗位管理的有关文件（30年）

18.在职研究生、访问学者等相关材料（30年）

19.制发的关于退休干部工作的中长期计划（永久）

20.颁发的关于退休干部工作的管理制度、办法、规定等（永久）

21.组织的退休干部工作会议文件材料

（1）会议（活动）方案、请示、批复、通知、议程、名册、汇报、领导讲话、总结等文件及

会议（活动）专集材料 （永久）

（2）交流材料、简报等 （10年）

22.组织的一般性会议（活动）的相关文件材料

（1）重要的 （30年）

（2）一般的 （10年）

23.举办的退休干部工作培训班文件材料 （10年）

24.退休干部工作考察、调研报告

（1）重要的 （30年）

（2）一般的 （10年）

25.退休干部工作年度计划、总结和重要工作方案、总结 （30年）

26.发送给其他部门关于退休干部工作的文件

（1）重要的 （永久）

（2）一般的 （10年）

27.退休干部工作统计报表、汇总材料

（1）统计年报、年度汇总材料 （永久）

（2）一般性总结材料、统计报表、汇总材料等 （10年）

28.报送上级机关及主管部门的有关退休干部工作的专项检查报告 （10年）

29.公共气象服务中心与有关单位、个人签订的协议、合同等文件 （30年）

30.贯彻落实退休干部“两项待遇”、发挥老同志作用、解决老同志特殊困难等工作的文件材料 （永久）

31.组织退休干部重要文体活动的请示、通知、计划、总结等文件材料 （10年）

32.退休干部重要照顾、治疗方案的请示、报告等 （30年）

33.退休干部丧葬活动的方案、请示、批复、讣告、生平简历等文件材料 （永久）

34.处理退休干部来信来访有关材料

（1）已办结并有局、中心领导批示的 （永久）

（2）已办结但无局、中心领导批示的 （30年）

35.退休干部住房补贴请示、发放等文件材料 （永久）

36.退休干部劳动工资、福利补贴等文件材料 （永久）

37.退休干部管理工作奖惩文件材料 （永久）

38.公共气象服务中心固定资产采购申请、批复、合同（协议）、验收、登记、处置等文件材料 （永久）

39.有关老干部活动室等项目改造、维修的报告、请示、批复、验收意见、决算等 （永久）

40.项目及基本支出请示、计划、报告等

（1）大额基本支出请示、计划、报告等 （30年）

（2）小额基本支出请示、计划、报告等 （10年）

五、党委办公室（监察审计处）

1.制发的关于公共气象服务中心党、团、纪委、统战、精神文明建设工作的中长期规划、计划 （永久）

2.颁发的关于公共气象服务中心党、团、纪委、工会、统战、精神文明建设工作的管理制度、办法、规定等 （30年）

3.组织的会议（活动）文件

（1）党、团、纪委、工会、统战、精神文明建设工作重要会议和其他重大活动的文件材料

①会议（活动）方案、请示、批复、通知、议程、名册、汇报、领导讲话、总结等文件及会议（活动）专集材料 （永久）

②交流材料、简报等（10年）

（2）一般性会议（活动）相关文件 （30年）

（3）座谈会、研讨会等相关文件材料

①重要的 （30年）

②一般的 （10年）

（4）党委常委会、全委会会议记录、纪要及讨论通过的决议、决定 （永久）

（5）团委会议纪要及讨论通过的决议、决定 （永久）

（6）纪委全委会议纪要及讨论通过的决议、决定 （永久）

（7）召开的民主生活会文件材料 （30年）

4.举办的党、团、纪委、工会、统战、精神文明建设业务培训班相关文件材料（10年）

5.以公共气象服务中心名义组织的评优表彰活动文件材料

（1）活动方案、请示、批复、通知、表彰名单、领导讲话、总结等文件材料 （永久）

（2）事迹材料、评审过程材料 （10年）

6.本单位负责起草的与其他机关往来的函件

（1）重要的 （30年）

（2）一般的 （10年）

7.组织的党、团、纪委、工会、统战、精神文明建设工作考察、调研专题报告

（1）重要的 （30年）

（2）一般的 （10年）

8.党、团、纪委、工会、统战、精神文明建设工作年度计划、总结和重要专项工作方案、总结（30年）

9.党、团、纪委、工会、统战、精神文明建设工作年度统计、汇总等材料

（1）统计年报、年度汇总材料（永久）

（2）一般性总结材料、统计报表、汇总材料（10年）

10.报送上级机关及主管部门关于公共气象服务中心党团工会组织情况、党团员、工会会员名册、领导干部廉洁自律情况等文件材料（永久）

11.与有关单位签订的合作协议等文件材料（30年）

12.关于公共气象服务中心党、团、工会、统战、精神文明建设等重要事项和活动的请示、报告、通知等文件材料

（1）重要的（永久）

（2）一般的（10年）

13.公共气象服务中心各内设机构及单位支部（总支）书记、副书记、委员职务的调整、任职、免职、备案报告、撤职、处分有关文件（永久）

14.公共气象服务中心团委书记、副书记、委员职务的调整、任职、免职、撤职、处分的文件材料（永久）

15.公共气象服务中心纪委书记、副书记、委员职务的调整、考核、任职、免职、撤职、处分的文件（永久）

16.党纪处分文件

（1）受警告（含）以上处分的（永久）

（2）受警告以下处分的（30年）

17.编印的党、团、工会、统战、精神文明建设工作简报（10年）

18.中国气象局党组、局直属机关党委对公共气象服务中心党委、纪委负责人调整的批复文件（永久）

19.中国气象局机关团委对公共气象服务中心团委负责人调整的批复文件（永久）

20.制发的关于公共气象服务中心纪检、监察、审计工作的中长期规划、计划（永久）

21.颁发的关于公共气象服务中心纪检、监察、审计工作管理制度、办法、规定等（永久）

22.组织的纪检、监察、审计工作会议文件

（1）会议文件材料

①会议（活动）方案、请示、批复、通知、议程、名册、汇报、领导讲话、总结等文件及会议（活动）专集材料（永久）

②交流材料、简报等（10年）

（2）一般性的会议文件材料（30年）

（3）座谈会、研讨会等文件材料

①重要的（30年）

②一般的（10年）

23.举办的纪检、监察、审计工作培训班文件材料（10年）

24.与其他机关往来函件

（1）重要的（30年）

（2）一般的（10年）

25.关于纪检、监察、审计工作的考察、调研报告

（1）重要的（30年）

（2）一般的（10年）

26.纪检、监察、审计工作统计报表、汇总材料

（1）统计年报、年度汇总材料（永久）

（2）一般性总结材料、统计报表、汇总材料等（10年）

27.纪检、监察、审计工作年度计划、总结和重要工作方案、总结（30年）

28.有关气象部门纪检、监察、审计工作的请示、通知等文件

（1）重要的（永久）

（2）一般的（10年）

29.处理来信来访文件材料

（1）上级纪检监察部门转群众来信（永久）

（2）信访初核及立案材料（永久）

（3）向上级部门报送信访统计情况（永久）

（4）信访处理结果（永久）

30.审计文件材料

（1）审计通知书（30年）

（2）审计建议书（10年）

（3）审计结论意见书（永久）

（4）经济审计情况报告（永久）

（5）基本建设审计文件

①重大项目基本建设审计报告（永久）

②中、小型项目基本建设审计报告（30年）

（6）专项审计情况报告 （30年）

（7）财务收支审计情况报告 （30年）

（8）审计调查情况报告 （30年）

31.编印的纪检、监察、审计工作简报 （10年）

附件2、3、4、5（略）

中国气象局公共气象服务中心合同（协议）管理办法

（公气发〔2019〕89 号）

第一章 总 则

第一条 为了规范中国气象局公共气象服务中心（以下简称中心）各项合同（协议）管理，防范内部控制风险，根据《中华人民共和国合同法》《中华人民共和国招标投标法》《气象部门合同管理办法》等法律法规，结合中心实际，制定本办法。

第二条 中心合同（协议）的拟定、审批、签署、履行、变更验收、纠纷处理和文档管理等适用本办法，不包含劳动关系合同。

第三条 本办法中涉及的合同或协议（以下统称合同）是指中心在民事活动中，与其他平等主体的法人、自然人、其他组织之间设立、变更、终止民事权利义务关系的合同及具有合同性质的意向书、协议书、责任书等，主要包括：

（一）中心对外重大战略合作协议。

（二）业务基本建设项目的合同：

1. 中国气象局或国家其他部委下达的项目，包括国家重点建设项目、中国气象局小型基建项目等；

2. 中心自筹经费为支持业务开展和运行而设立的项目。

（三）科研项目有关合同：

1. 中国气象局或国家其他部委下达的科研项目；

2. 中心自筹资金设立的科研项目。

（四）各种维持资金的有关合同，包括各种技术开发和技术服务合同等。

（五）其他涉及对外往来应明确各自权利义务和资金运作的事项。

第四条 合同订立流程共分为六个步骤：缔约前调查、缔约前洽谈、合同文本起草、合同文本审核、合同报批和合同签署。合同订立流程具体内容详见附件1。

第二章 职责分工

第五条 中心对外正式订立的合同应当由中心法定代表人或由其授权的代理人签名并加盖单位公章或合同专用章。

严禁未经授权擅自以单位名义对外签订合同，严禁超越权限签署合同。合同当事人未经授权或超越权限签订的合同一切责任由合同当事人承担。

第六条 负责具体合同业务的执行中心各部门是合同承办部门，具体职责包括：

（一）负责合同的前期调研；

（二）负责合同的洽谈、合同文本草拟与修改；

（三）负责将合同资料报审查机构审查或根据需要报相关部门审批；

（四）负责合同的履行、变更和验收、纠纷处理等活动；

（五）负责保管合同文本及与履行、变更、解除合同有关的文件资料；

（六）配合完成合同归档；

（七）定期检查和评估合同管理中的薄弱环节，采取相应控制措施，确保合同的有效履行。

第七条 中心办公室是合同日常管理部门，负责对合同订立实施统一规范管理，主要职责包括：

（一）确定合同流转和审批程序等有关要求；

（二）管理合同专用章；

（三）编制合同顺序号，建立和登记合同台账，并保存一份合同文本原件；

（四）明确已归档合同文本借阅和归还流程及权限。

第八条 业务科技处、计划财务处、资产监管处和中心审计负责合同的审核，中心聘请的律师协助对合同内容进行审查，职责包括：

（一）中心聘请的律师负责审查合同内容合法性及自身权利义务保护等条款，提供法律咨询。

（二）业务科技处负责审查是否符合业务目标、气象业务技术标准、服务指标或办公环境需要。

（三）资产监管处负责审查合同内容是否符合中心知识产权管理相关要求。

（四）计划财务处负责审查资金是否符合预算要求、合同款项支付是否符合约定和相关财务制度、合同款项收入是否按约定及时足额到账、合同执行中的各种票据是否符合相关规定。

（五）中心审计负责对合同的相关事项进行监督检查。

第三章　合同的拟定

第九条　合同的拟定应明确范围、条件及程序，签订合同应当采用书面形式，至少一式四份。

第十条　合同文本一般应包括：

（一）合同当事单位名称、项目负责人（或联系人）姓名、详细地址及联系方式；

（二）合同签订的日期和地点；

（三）合同的类型；

（四）合同标的及要求；

（五）合同标的物的技术条件、质量、规格、数量；

（六）履行的期限、地点和方式；

（七）货物的包装方式、运输方式、交接方式和验收方式；

（八）价格条件、支付金额、支付方式和各种附带的费用；

（九）特殊物品、精密设备等的专门规定；

（十）生产厂家的售后服务、质保和维修期限、零配件供应方式；

（十一）双方的权利和义务，违约的赔偿和争议解决的办法；

（十二）各方法人代表或授权代理人签字，签订合同时间。

第十一条　采用中央国家机关政府采购中心的协议供货、定点采购、网上竞价等方式的，按其确定的合同格式执行。

第十二条　合同承办部门对合同文本负有主体责任，合同拟定应做到：主要条款不漏项；标的额计算准确、标的物表达清楚；标的物质量有标准、检验有方法；提（交）货地点、运输方式、包装物和结算方式明确；提供服务的方式、标准和结算依据明确；文字表达严谨，不使用有歧义或含混不清的词语；违约责任认定明确，违约金的计算方法准确。

第十三条　由合同相对方起草的合同，应特别关注合同内容是否准确反映本单位诉求和谈判达成的一致意见；“其他约定事项”等需要补充调整的栏目，如不存在其他约定事项时是否注明“此处空白”或“无其他约定”。

第十四条　合同业务量较多或合同标的额度较大时，合同承办部门应牵头组建结构合理的谈判团队，谈判团队中除了有经验丰富的业务人员外，还应当有法律、技术、财务等方面的人员参与谈判。

重大合同必须组织业务、财务、法规、审计等工作人员参与合同订立，必要时可聘请外部专家或法律顾问参与工作。

第四章　合同的审批

第十五条　中心签署所有合同需经合同审核部门审核、经中心领导批准后，方可签署和盖章。不允许在没有履行完审批手续的合同上盖章。

第十六条　合同承办部门应持《公共气象服务中心合同（协议）审签单》办理合同审批流程，并将前期各阶段报批的有关文件作为附件一并上报。阶段审批手续不全的合同，要补齐手续后方可报批。

第十七条　1万元以下或有批复已确定委托额度和单位的项目合同：

经办人签字—项目负责人签字—承办部门主要负责人签字—律师审核—中心分管主任审批。

知识产权类合同需在律师审核后，经资产监管处审核，报中心分管领导审批。

第十八条　1万元（含）～3万元项目合同：

经办人签字—项目负责人签字—承办部门主要负责人签字—律师审核—合同审核部门（业务科技处（业务类）、资产监管处（知识产权类）、计划财务处、审计）审核—中心分管主任审批。

第十九条　3万元（含）～50万元项目合同：

经办人签字—项目负责人签字—承办部门主要负责人签字—律师审核—合同审核部门（业务科技处（业务类）、资产监管处（知识产权类）、计划财务处、审计）审核—中心分管主任和分管财务主任联合审批。

第二十条　50万元（含）以上项目合同：

经办人签字—项目负责人签字—承办部门主要负责人签字—律师审核—合同审核部门（业务科技处（业务类）、资产监管处（知识产权类）、计划财务处、审计）审核—中心分管主任、中心分管财务主任和中心主任审批。

第二十一条　中心对外重大战略合作协议：

经办人签字—项目负责人签字—承办部门主要负责人签字—律师审核—合同审核部门（业务科技处（业务类）、资产监管处（知识产权类）、计划财务处、审计）审核—中心主任审批。

第二十二条　政府采购合同不需要律师审核。

第五章　合同的签署

第二十三条　完成审批流程后的合同，按对等原则，由中心法定代表人或由其授权的代理人签名；中心对外重大战略合作协议由中心法定代表人签名。

第二十四条　持完成审批程序的《公共气象服务中心合同（协议）审签单》和签字后的合同文本，到办公室加盖公章。办公室合同管理人员留存一份盖章后的合同正本及相关材料存档。

第二十五条 合同签字和盖章完毕后正式生效，方可履行合同条款。

第六章 合同的履行

第二十六条 一切与合同有关的部门、人员都必须本着“重合同、守信誉”的原则，做好合同的履行或跟踪管理。

合同签订后，各部门应当按照合同约定和本办法规定全面履行自己的义务：合同承办部门应当对合同的履行直接负责，既要保证本单位或项目实施小组全面履行合同，还要跟踪并督促对方当事人全面履行合同，及时处理合同履行过程中的问题，及时主张权利；合同的履行涉及其他部门的，合同承办部门应当及时协调相关部门，相关部门应当按照职责分工，积极配合承办部门履行合同的有关约定。

第二十七条 各部门应严格按照合同约定的价款、支付进度和付款方式等收取或支付合同价款。合同承办人员应当及时收集凭证单据，经相关审批后在规定时间内办理结算。

第二十八条 合同履行过程中出现下列情形的，合同承办部门应当及时主张权利，采取措施预防和应对合同风险的发生：

（一）合同依据的法律法规或者政策修改、废止，可能影响合同正常履行。

（二）订立合同时的客观情况发生重大变化，可能影响合同正常履行。

（三）合同相对人财产状况恶化导致丧失或者可能丧失履约能力。

（四）出现不可抗力，可能影响合同正常履行。

（五）对方当事人明确表示或者以自己的行为表明不履行或不能履行合同义务。

（六）其他影响或者可能影响合同履行的情形。

第二十九条 合同在履行过程中出现前款情形的，合同承办部门应当及时向中心提交预警报告。预警报告应当包括以下内容：

（一）合同订立和履行情况的说明。

（二）争议合同文本及相关补充合同。

（三）合同风险的主要内容及初步处理预案。

（四）需要论证的问题明细。

（五）证据材料及清单。

（六）需要提交的其他资料。

第三十条 合同执行过程中发生供应商或对方当事人逾期未履行或未全部履行义务的，合同承办部门应书面向供应商或对方当事人主张权利，并向中心领导报告。中心应指定专人跟踪后续处理情况。

逾期的合同经双方当事人协商一致需要变更的，要严格履行变更程序，签订补充协议。不得按照口头约定继续执行。

第三十一条 合同履行完毕的标准，应以合同条款或法律规定为准。没有合同条款或法律规定的，一般应以物资交清、项目结题并验收合格、价款结清、无遗留交涉手续为准。

第七章 合同变更及验收

第三十二条 经双方当事人协商一致可以进行合同变更，合同变更条件应符合《中华人民共和国合同法》相关要求。合同变更应当根据原合同类别重新履行签订程序，签订补充协议或重新签订合同，通过政府采购或公开招标签订的合同，不得重新签订合同，补充协议不能超过合同价款的10%。非政府采购或公开招标签订的合同，变更后合同价款总额不得达到或超过政府采购或公开招标限额。

第三十三条 合同承办部门应加强对合同验收的管理。合同验收是合同的承办部门与合同相对人履约责任义务的交割点。合同验收合格，合同标的物质量责任发生转移，交付方履约义务完毕；合同验收不合格，应根据合同约定，过错方赔偿合同相对方损失，双方都有过错的应当各自承担相应的责任；合同验收不合格，经修复后验收合格的，修复费用酌情确定承担方。

第八章 合同的文档管理

第三十四条 办公室负责对所有合同文本进行分类管理、统一编号。

第三十五条 中心应保留2份合同正本，一份由办公室保管，另一份报中国气象局核算中心，合同承办部门应当保存合同的副本。

第三十六条 除合同文本外，需要归档的其他资料，由合同承办单位进行归档，包括：

（一）往来的商务文件、传真、谈判纪要等。

（二）与本合同有关的招标文件和中标方文件。

（三）合同附件或图纸。

（四）合同执行情况记录。

（五）合同变更、解除的资料。

（六）其他相关文件资料。

第九章 合同纠纷处理

第三十七条 各部门应当加强对合同纠纷的处理，明确合同纠纷的处理办法及相关的审批权限和处理责任，纠纷处理过程中，未经授权批准，相关经办人不得向对方做出实质性答复或承诺。

第三十八条 合同纠纷应当尽可能通过协商或调解解决。经协商、调解达成一致意见的，应当签订书面协议；经协商或调解不能达成一致意见的，可按合同约定的仲裁或诉讼方式解决。

通过仲裁或诉讼方式解决合同纠纷，合同承办部门应当全面收集证据，按照诉讼时效的要求以及仲裁、诉讼规则做好应对工作，防止因应诉不当导致败诉。

第三十九条 合同纠纷处理中，承办部门不得有下列行为：

（一）擅自放弃属于中心一方享有的合法权益；

（二）无正当理由，拒不履行中心应当履行的义务。

第十章　监督问责

第四十条 合同承办部门对所提供的合同及附属资料的真实性、完整性负责。因合同原因造成中心重大经济损失的应追究相关人员主要责任。

第四十一条 中心合同审核部门对所签署的审签意见负责。在审签过程中，对合同实质内容方面存在明显异议、显失公平事项的问题，没有针对性地提出审签意见或建议，从而造成中心重大经济损失的，应追究相关人员的失职责任。

第四十二条 未按照本办法审核、管理合同，致使出现合同无效、不能履行、败诉等情况，给中心造成重大经济损失的，应当追究有关单位和人员的责任。

第四十三条 合同监督部门根据工作需要，定期或不定期地开展合同订立、履行情况的内部检查。

第四十四条 各部门及其工作人员违反本规定，有下列行为之一的，责令限期改正，追回资金，并予以通报；对直接负责的主管人员和相关责任人，按规定予以行政处分；涉嫌犯罪的，移送司法机关处理：

（一）未经授权擅自对外签订合同的；

（二）在合同订立和履行过程中与他人恶意串通、损害气象部门合法权益的；

（三）拒绝有关部门依法实施监督检查的，在有关部门依法实施的监督检查中提供虚假情况的；

（四）在合同订立和履行过程中玩忽职守、滥用职权、收受贿赂的；

（五）未按规定保守秘密的；

（六）其他违反法律法规的行为。

此外，违法订立、变更、解除合同，给公民、法人或者其他组织造成损害的，应当依法予以赔偿。

第十一章　附　则

第四十五条　本办法由中心办公室负责解释。

第四十六条　本办法自发布之日起执行。《公共气象服务中心合同（协议）管理办法（修订）》（公气发〔2017〕79号）同时废止。

（起草人：高义梅、韩笑　发布时间：2019年12月）

附件（略）

中国气象局公共气象服务中心周转公寓管理办法

（公气发〔2019〕19号）

第一章　总　则

第一条　为加强对中国气象局公共气象服务中心（以下简称中心）周转公寓的使用与管理，根据《中国气象局园区公寓集体宿舍使用管理办法》（气办发〔2011〕60号）和中国气象局机关服务中心分配给中心使用与管理的公寓情况，结合中心实际，制定本办法。

第二条　中心周转公寓租住范围为中心的职工。

第三条　中心周转公寓分配遵循“按分排队，公开透明，统一调配，有效周转”的基本原则。

第四条　中心周转公寓的日常管理工作由中心办公室负责，重要事项须由中心公寓管理小组和中心主任办公会议议定。中心公寓管理小组由中心分管领导、职能处室主要负责人组成。

第二章　租住条件

第五条　根据中国气象局相关规定及房源分配原则，具有以下条件之一的职工不具备申请租住资格：

（一）本人及其配偶之一已享受过气象部门福利分房、国家保障性住房或已租住过园区周转公寓的；

（二）家住北京城区（五环内）的北京籍职工，且局龄不满5年的；

（三）在北京城区（五环内）已购住房的。

第六条　在第五条规定限制之外的中心已婚职工及年龄超过30周岁（含）单身职工可申请

租住周转公寓。

第三章 租住程序

第七条 提出申请。符合租住条件的职工，需本人向中心办公室提交书面租住申请，并须本人手工填写《公共气象服务中心职工租住公寓申请表》（附件 1–1）。

第八条 资格审查。本人提出租住申请后，由中心公寓管理小组根据本办法规定的租住条件对申请人资格进行严格审查。

第九条 积分统计。资格审查通过后，按照本办法积分计算规则进行积分统计，形成《公共气象服务中心申请公寓人员排名积分表》（附件 1–2），并公示结果（第一榜）。

第十条 安排入住。根据公寓房源情况，按照积分统计从高到低顺序安排租住（其中单身职工按一居室安排）。入住前再进行公示（第二榜）。在公示无异议或异议处理之后，由中心办公会确认后，由办公室统一安排。租住申请人须与中心办公室签订《公共气象服务中心租住公寓协议》（附件 1–3），并在物业办理相关手续后方可入住。

第四章 积分计算

第十一条 积分计算过程中年限统计规则按照年头计算，如 2008 年 12 月到 2009 年 1 月按 2 年计分。

第十二条 学龄积分。是指从高中毕业后，按全日制高等或中专教育学制规定一年累积 0.5 分。

第十三条 局龄积分。是以在气象部门内工作的年数计算，其中在中心工作一年累积 1 分（中心二期改革划转人员在2008年之后的工作年数等同于在中心工作），其余年份一年累积0.5分。

第十四条 职龄积分

指受聘任为科级干部、工程师以上技术职称的管理或技术职务分。积分按年累计，双重职务的就高计算。

（一）正研一年加 1 分；

（二）正处一年加 0.8 分；

（三）副高、副处一年加 0.5 分；

（四）科级、工程师一年加 0.3 分。

第十五条 岗位积分

按受聘岗位获得的一次性加分。

（一）首席、总师、处长，加 3 分；

（二）副首席、副总师、副处长，加 2.5 分；

（三）关键岗，加 2 分；

（四）高级岗、科长，加 1.5 分；

（五）中级岗、副科长，加 1 分。

第十六条 获奖加分

对获下列奖励的个人给予一次性加分，重复获奖的只计算最高奖分（获奖以证书或文件为依据，省部级奖指以中国气象局或部委名义颁发的个人奖励，不含集体奖）。

（一）劳模、先进类

1. 全国劳动模范或先进个人，加 2 分；

2. 省部级先进个人，加 0.5 分。

（二）科技奖类

1. 国家级奖，加 2 分；

2. 省部级奖，加 0.5 分。

第十七条 特殊加分

下列特殊情况给予一次性加分。

（一）双职工分：指夫妻都在中心工作的双职工，加 1 分；

（二）艰苦地区工作分：由中国气象局统一安排，援藏、援疆、扶贫工作者，加 2 分。

第十八条 各个项目合计分值为租住公寓人员排队总分，如分值相同分别按局龄长者优先、年龄长者优先的原则排序（按日计算）。

第五章 租住管理

第十九条 租住期限。职工公寓为周转过渡房，租住期限不超过 4 年，期满腾退。

第二十条 租金标准。公寓的租金、押金按照《中国气象局园区公寓集体宿舍使用管理办法》的标准执行。

第二十一条 租金支付。职工个人承租公寓，应与单位签订租金代扣代缴协议，租金委托中国气象局核算中心按月扣除并划转到中国气象局机关服务中心租金专户。

承租公寓期间发生的水、电、气、电话、有线电视、网络及须由个人承担的维修费等费用由承租人承担，并按时到有关部门交纳。

第六章　租住纪律

第二十二条　承租人须按照规定条件如实填写租住房屋申请表，符合第二十七条中腾退条件的须及时腾退住房，否则将承担租住协议中承诺的一切责任与后果。

第二十三条　承租人应认真遵守治安、消防等各项管理规定，自觉维护秩序，遵纪守法。

第二十四条　承租人应自觉服从物业部门的相关规定，爱护公物，注意防火防盗安全，维护卫生清洁。不得随意变更房屋结构，不得损毁所配置的设施、家具。

第二十五条　承租人不得在楼道等公共区域堆放私人杂物，一经发现，物业部门有权立即清除。对由于堆放杂物而导致他人的人身及财物损伤的，其后果由放置人承担。

第二十六条　承租人不得在公寓内进行一切违反国家法规法律的活动。除需自觉遵守中心的租住管理规定外，还应遵守物业公司的相关管理规定。凡违反规定与物业公司或其他人员发生纠纷或被处罚款时，由承租人自行解决或承担罚金。

第二十七条　承租人有下列情形之一的，终止周转公寓承租协议，承租人须按规定及时腾退住房：

（一）承租期限到期的；

（二）申请租住信息不实的；

（三）租住期间购房情况发生变化，不符合租住条件的；

（四）调离公共气象服务中心或与公共气象服务中心解除工作关系的；

（五）转租、转借、私自调换或用作他途的；

（六）出现安全责任事故、进行违法活动的；

对于拒不腾退者，中心会同房管等有关部门强制性收回公寓。

第七章　附　则

第二十八条　本办法由中心办公室负责解释。

第二十九条　本办法自下发之日起执行。《公共气象服务中心公寓管理办法》（公气发〔2012〕87 号）同时废止。

（起草人：陈滨海、韩笑、李蕊　发布时间：2019 年 3 月）

附件（略）

中国气象局公共气象服务中心宿舍管理办法

（公气发〔2019〕19号）

第一章　总　则

第一条　为规范中国气象局公共气象服务中心（以下简称中心）宿舍的管理，满足职工临时住宿需求，确保宿舍使用高效合理，根据《中国气象局园区公寓集体宿舍使用管理办法》（气办发〔2011〕60号）有关精神，结合中心实际情况，制定本办法。

第二条　本办法所称宿舍，是指由中国气象局分配给中心使用的宿舍。

第三条　中心宿舍管理遵循“统一调配、分类使用、有效周转”的原则。

第四条　办公室是中心宿舍归口管理部门，负责宿舍的调配、日常维护。

第五条　中心宿舍包括集体宿舍和值班宿舍。

第二章　集体宿舍管理

第六条　集体宿舍租住对象包括无房或家住北京五环外的单身职工、经中心主任办公会审批的承担实时保障性工作的职工以及中心接收的地方挂职干部或业务交流人员等。

由中国气象局安排的挂职干部、访问学者，由机关服务中心统一安置，中心不予安排宿舍。

第七条　集体宿舍租住施行租期制，每个租期为2年，到期后重新核定租住条件。

第八条　申请租住集体宿舍的人员应向中心办公室提交申请（附件2-1），中心办公室对申请人资格进行审查，形成中心集体宿舍申请人名单，报中心主任办公会审批通过后，与中心办公室签订宿舍租住协议（附件2-2），办理租住手续。

中心集体宿舍调配优先考虑无房或家住北京五环外的单身职工。

第九条 满租住期限后，应到办公室办理退房手续，及时腾退，不得违规占用。

第十条 中心集体宿舍的租金按照中国气象局机关服务中心规定的统一标准收取。

承租人为中心职工，由中心在每月的工资中代扣代缴。

承租人为地方挂职干部或业务交流人员，应通过中心办公室代缴租金。

第十一条 承租人在租住集体宿舍时应按中国气象局机关服务中心的规定缴纳押金。退房手续完成时，押金退还。

第十二条 水、电、电视、电话、网络及须由个人承担的维修费等费用由承租人承担，并按时到有关部门交纳。

第三章　值班宿舍管理

第十三条 使用对象：应急值班、汛期值班、业务值班人员等。

第十四条 中心各部门向办公室提交值班宿舍使用需求（附件 2-3）。中心办公室对值班宿舍进行统一调配。

第十五条 承担值班任务的人员，应根据岗位安排使用值班宿舍，不得长期占用值班宿舍床位。

第四章　安全管理

第十六条 宿舍使用人应认真遵守治安、消防等各项管理规定，自觉维护秩序，遵纪守法，爱护公物。

第十七条 宿舍使用人不得在宿舍内使用大功率电热器具，不可私拉乱接电话线、电源线和照明线。

第十八条 宿舍使用人不得在楼道内、室内客厅等公共区域堆放私人杂物，一经发现，物业部门有权立即清除。

第十九条 宿舍使用人违反有关安全管理规定，造成他人人身伤害及财产损失的，一切后果由该宿舍使用人承担。

第二十条 宿舍使用人必须保证宿舍所配置的设施完好，因个人原因导致设施损坏的，由宿舍使用人负责将其修复完好，否则将由宿舍使用人按实际价格赔偿。

第二十一条 宿舍使用人不得在宿舍内进行任何违反国家法律法规的活动。除须自觉遵守中心的租住管理规定外，还应遵守物业公司的相关管理规定。凡违反规定与物业公司或其他人员发生纠纷或被处罚款时，由宿舍使用人自行解决或承担罚金。

第二十二条 宿舍使用人有下列情形之一的，须立即腾退住房：

（一）转租、转借、私自调换、用作他途或留宿外人的；

（二）连续三个月未在集体宿舍居住的；

（三）长期私自占用值班宿舍的；

（四）对有引起火灾等重大安全事故隐患而又拒不整改的；

（五）未准时参加中心组织的宿舍安全管理工作会的；

（六）发生安全事故、进行违法活动的；

（七）调离公共气象服务中心或与公共气象服务中心解除工作关系的。

未按规定腾退的，办公室有权采取措施收回住房。

第五章 附 则

第二十三条 本办法由中心办公室负责解释。

第二十四条 本办法自发布之日起生效。

（起草人：陈滨海、韩笑、李蕊 发布时间：2019 年 3 月）

附件（略）

人 事 篇

人事篇旨在规范员工日常工作行为和人事常规工作基本要求和流程，以公平公正为原则，使各项工作有章可循、可靠衔接，围绕中心发展需要，搭建起最优化的人力资源管理体系。人事管理制度以实现和稳定中心基本职能和机构为大前提，注重尊重政策和原则，推动中心职责的落实。一方面，明确员工岗位晋升通道与相匹配的激励机制，明确员工日常表现和相应奖惩措施，保障员工充分的再学习机会，保障规范的节假日加班及补助，使职工之间达到公平和谐的状态，让职工有更加充裕的时间发挥创造力；另一方面，以员工在中心内外的流动为管理流，以员工招聘为起点，优化整体人员队伍，打通员工内外部调动流程，同时尊重和爱护退休职工，鼓励退休专家、管理干部发挥经验和特长。

中国气象局公共气象服务中心岗位管理办法

（公气发〔2020〕39号）

第一章 总 则

第一条 根据《中国气象局公共气象服务中心气象服务体制改革试点实施方案》（中气函〔2014〕358号）的要求，为进一步加强和规范中国气象局公共气象服务中心（以下简称中心）的岗位管理工作，结合中心实际，特制定本办法。

第二条 中心岗位设置原则：职责明确，任务饱满，成熟业务，按需设岗，动态调整，宁缺毋滥。

第三条 本办法所称岗位指中心内部岗位，分为管理岗位和业务岗位。

第二章 岗位设置

第四条 中心管理岗位层级分为：中心主任、中心副主任、总工四级职员、处长（3档）、五级职员（2档）、副处长（3档）、六级职员（2档）、管理关键岗（2档）、正科（2档）、副科（2档）、科员（4档）及见习期（3档）。

第五条 中心业务岗位层级分为：首席总师（2档）、副首席副总师（3档）、业务关键岗（3档）、高级岗（3档）、中级岗（3档）、初级岗（4档）及见习期（3档）。

第六条 业务关键岗及以上岗位数占中心岗位总量的20%左右，由中心统一设置。

第七条 高级岗和中级岗设置比例分别占中心业务岗位总量的25%和40%，由各业务单位根据中心规定的上岗基本条件，在规定比例范围内结合本室业务工作需要自行设置。

第三章　管理岗位上岗条件

第八条　总工四级职员及以上管理岗位上岗条件按照中国气象局相关规定执行。

第九条　处长上岗条件

（一）处长 1 档

在中心处长 2 档岗位聘任满 3 年，近 6 年年度考核结果均为合格等次以上，并有 1 次为良好及以上。

（二）处长 2 档

在中心处长 3 档岗位聘任满 3 年，近 3 年年度考核结果均为合格等次以上。

（三）处长 3 档

经中心发文任命的处级领导干部，具体条件满足《公共气象服务中心干部选拔任用工作办法》（公气发〔2019〕84 号）。

第十条　五级职员上岗条件

（一）五级职员 1 档

处长转任，或在中心五级职员 2 档聘任满 3 年，近 3 年年度考核结果均为合格等次以上。

（二）五级职员 2 档

经中心发文任命的五级职员，具体条件满足《公共气象服务中心干部选拔任用工作办法》（公气发〔2019〕84 号）。

第十一条　副处上岗条件

（一）副处 1 档

主持工作的副处级领导干部，或在中心副处 2 档岗位聘任满 3 年，近 6 年年度考核结果均为合格等次以上，并有 1 次良好及以上。

（二）副处 2 档

在中心副处 3 档岗位聘任满 3 年，近 3 年年度考核结果均为合格等次以上。

（三）副处 3 档

经中心发文任命的副处级领导干部，具体条件满足《公共气象服务中心干部选拔任用工作办法》（公气发〔2019〕84 号）。

第十二条　六级职员上岗条件

（一）六级职员 1 档

副处长转任，或在中心六级职员 2 档岗位聘任满 3 年，近 3 年年度考核结果均为合格等次以上。

（二）六级职员 2 档

经中心发文任命的六级职员，具体条件满足《公共气象服务中心干部选拔任用工作办法》（公气发〔2019〕84号）。

第十三条 管理关键岗上岗条件

（一）管理关键岗1档

在中心管理关键岗2档满3年，近3年年度考核结果均为合格等次以上。

（二）管理关键岗2档

1. 具备副高级职称或正科级岗位5年以上，从事相关管理工作5年以上；

2. 一般具有大专以上文化程度，具有本岗位专业知识；

3. 近3年年度考核结果均为合格等次以上；

4. 符合岗位其他上岗条件。

第十四条 正科上岗条件

（一）正科1档

在中心正科2档岗位聘任满3年，近3年年度考核结果均为合格等次以上。

（二）正科2档

经中心发文任命的正科级干部，具体条件满足《公共气象服务中心干部选拔任用工作办法》（公气发〔2019〕84号）。

第十五条 副科上岗条件

（一）副科1档

在中心副科2档岗位聘任满2年，近2年年度考核结果均为合格等次以上。

（二）副科2档

经中心发文任命的副科级干部，具体条件满足《公共气象服务中心干部选拔任用工作办法》（公气发〔2019〕84号）。

第十六条 科员1档、2档上岗条件由各管理部门自行确定，3档、4档、5档分别为见习期博士、见习期硕士、见习期本科。后勤服务岗参照管理岗位分档管理，一般应满足同级别岗位上岗条件。

第四章 业务岗位上岗条件

第十七条 中心业务岗位上岗条件包括基本上岗条件和根据岗位职责任务确定的其他上岗条件。

第十八条 首席岗位上岗条件

（一）首席1档

在中心首席2档岗位聘任满5年，聘期内年度考核结果均为合格等次以上。

（二）首席2档

应在气象科技重点领域具有很强的创新能力和业务把关能力，带领相关科研团队取得重要创新性成果；或在国家级、省部级重大气象业务工程建设取得重要成就；或通过业务信息系统开发设计，在增强重大气象服务保障能力和业务服务能力上做出创新性贡献。

有望在气象科技发展前沿和气象现代化发展关键领域取得显著进展，成为引领中心气象科技重点领域、牵头重大气象业务工程建设的领军人才；或在科研业务、科技成果转化、推广应用等建设工作中，形成重要创新性成果，制定国际国内标准规范，推动业务发展，或者取得多项国家发明专利、实用新型专利或软件著作权，社会、经济效益显著。

一般应具有正高级工程师或研究员资格。

第十九条 总师岗位上岗条件

（一）总师1档

在中心总师2档岗位聘任满5年，聘期内年度考核结果均为合格等次以上。

（二）总师2档

应在气象科技重点领域具有很强的创新能力和业务把关能力，带领相关科研团队取得重要创新性成果；或在国家级、省部级重大气象业务工程建设取得重要成就；或通过业务信息系统开发设计，在增强重大气象服务保障能力和业务服务能力上做出创新性贡献。

有望在气象科技发展前沿和气象现代化发展关键领域取得显著进展，成为引领中心气象科技重点领域、牵头重大气象业务工程建设的领军人才；或在科研业务、科技成果转化、推广应用等建设工作中，形成重要创新性成果，制定国际国内标准规范，推动业务发展，或者取得多项国家发明专利、实用新型专利或软件著作权，社会、经济效益显著。

一般应具有正高级工程师或研究员资格。

第二十条 副首席岗位上岗条件

（一）副首席1档

在中心副首席副总师2档岗位聘任满5年，聘期内年度考核结果均为合格等次以上。

（二）副首席2档

在中心副首席副总师3档岗位聘任满5年，聘期内年度考核结果均为合格等次以上。

（三）副首席3档

应在气象业务服务领域、重大业务工程建设等工作中发挥核心骨干作用，技术水平和能力在同类人员中处于领先地位，带领团队解决关键技术难题，形成一定的创新性科技成果，在中心气象现代化建设和服务保障、经济效益发挥等方面贡献突出，并在团队建设和人才培养方面有一定的成效。

一般应具有服务或系统建设、运维等一线工作8年以上，或承担业务服务把关5年以上；同时具有高级工程师或副研究员资格3年以上。

（四）处长、五级职员可以同档转任，也可以经考核提档转任。

第二十一条 副总师岗位上岗条件

（一）副总师1档

在中心副首席副总师2档岗位聘任满5年，聘期内年度考核结果均为合格等次以上。

（二）副总师2档

在中心副首席副总师3档岗位聘任满5年，聘期内年度考核结果均为合格等次以上。

（三）副总师3档

应在气象业务服务领域、重大业务工程建设等工作中发挥核心骨干作用，技术水平和能力在同类人员中处于领先地位，带领团队解决关键技术难题，形成一定的创新性科技成果，在中心气象现代化建设和服务保障、经济效益发挥等方面贡献突出，并在团队建设和人才培养方面有一定的成效。

一般应具有服务或系统建设、运维等一线工作8年以上，或承担业务服务把关5年以上；同时具有高级工程师或副研究员资格3年以上。

（四）处长、五级职员可以同档转任，也可以经考核提档转任。

第二十二条 业务关键岗上岗条件

（一）业务关键岗1档

在中心业务关键岗2档岗位聘任满5年，聘期内年度考核结果均为合格等次以上。

（二）业务关键岗2档

在中心业务关键岗3档岗位聘任满5年，聘期内年度考核结果均为合格等次以上。

（三）业务关键岗3档

1．一般具有本科以上学历和副高级以上专业技术职称，在业务一线工作满5年；或任科长5年以上；

2. 具有一定的组织协调和技术指导能力，具有较强的发展潜力；

3. 主持过司局级以上重大科研业务项目；

4. 近3年年度考核结果均为合格等次以上；

5. 符合岗位其他上岗条件。

（四）副处长、六级职员可以同档转任，也可以经考核提档转任。

第二十三条 高级岗上岗条件

（一）高级岗1档

1．一般具有副高级及以上专业技术职称满6年，或博士后工作站出站人员满6年；

2. 近3年年度考核结果均为合格等次以上；

3. 符合岗位其他上岗条件。

（二）高级岗 2 档

1. 一般具有副高级及以上专业技术职称满 3 年，或博士后工作站出站人员满 3 年；或中级专业技术职称满 8 年；

2. 近 3 年年度考核结果均为合格等次以上；

3. 符合岗位其他上岗条件。

（三）高级岗 3 档

1. 一般具有副高级及以上专业技术职称，或博士后工作站出站人员；或中级专业技术职称满 5 年；

2. 近 3 年年度考核结果均为合格等次以上；

3. 符合岗位其他上岗条件。

（四）科长可以同档转任，也可以经考核提档转任。

（五）副科长经考核提档转任。

第二十四条 中级岗上岗条件

（一）中级岗 1 档

1. 具有中级专业技术职称满 4 年；或博士研究生毕业满 4 年；或硕士研究生毕业，工作满 7 年；或大学本科毕业，工作满 9 年；或工作满 11 年。

2. 近 2 年年度考核结果均为合格等次以上。

3. 符合岗位其他上岗条件。

（二）中级岗 2 档

1. 具有中级专业技术职称满 2 年；或博士研究生毕业满 2 年；或硕士研究生毕业，工作满 5 年；或大学本科毕业，工作满 7 年；或工作满 9 年。

2. 近 2 年年度考核结果均为合格等次以上。

3. 符合岗位其他上岗条件。

（三）中级岗 3 档

1. 具有中级专业技术职称；或博士研究生毕业；或硕士研究生毕业，工作满 3 年；或大学本科毕业，工作满 5 年；或工作满 7 年。

2. 符合岗位其他上岗条件。

第二十五条 初级岗上岗条件由各单位自行确定，见习期岗位分为见习期博士、见习期硕士、见习期本科。

第二十六条 对做出特别贡献的业务技术人员，在下一级岗位的任职年限条件可以破格，须经中心党委常委会研究同意后，方能组织实施。

第五章　岗位聘任及程序

第二十七条　中心关键岗及以上岗位的岗位招聘工作由中心根据实际工作需要不定期开展，具体程序如下：

（一）中心发布招聘公告；

（二）申报人员报名，提交申报材料；

（三）人事处会同业务科技处组织资格审查；

（四）中心组织同行专家组召开公开招聘答辩会，初步确定拟聘人选后，报中心党委常委会研究；

（五）公示 1 周（至少 5 个工作日）；

（六）公示无异议，中心发布聘任通知。

行政岗位转任人员，由中心党委常委会研究决定。

第二十八条　高、中、初级岗位的招聘工作一般由各单位参照以上程序自行组织开展，聘任人员不得超过规定比例，聘任结果在本单位公示无异议后报中心人事处审核，中心统一发布岗位确认通知。

行政岗位转任人员，由本单位领导班子研究决定，报人事处备案。

第二十九条　新聘任的副首席副总师、关键岗人员一般聘任为最低档级，特殊情况须经中心党委常委会研究决定。新聘任高、中、初级岗位人员可根据上岗条件聘任相应档级。

第三十条　对同时在管理岗位和业务岗位任职的人员，由中心人事处明确其主要任职岗位，并以此确定相应的岗位津贴和绩效。

第六章　岗位聘期及调整程序

第三十一条　中心关键岗及以上岗位聘期一般为 3 年，期满后由中心组织聘期考核，确定是否续聘和续聘岗位档级。

第三十二条　关键岗及以上岗位的岗位调整由中心根据实际工作需要不定期开展。

第三十三条　高、中、初级岗位的岗位调整原则上每年一次，一般安排在中心年度考核之后 1 个月内，由各单位自行组织开展。拟调整人选报人事处审查通过后发布岗位确认通知。

第三十四条　每个岗位级别设 1 到 5 不等的岗阶，岗阶的晋升随每年年度考核后由人事处进行统一调整。

第七章　附　则

第三十五条　中心职工自岗位聘任下月起享受相应的岗位津贴和绩效。

第三十六条　本办法自印发之日起执行，由人事处负责解释。《公共气象服务中心岗位管理办法》（公气发〔2016〕43号）同时废止。

（起草人：梅艳、范静　发布时间：2020年4月）

附件

公共气象服务中心职级岗位对照表

岗位级别	管理岗位	业务岗位
1	中心主任	
2	中心副主任	首席总师 1 档
3	总工、四级职员	首席总师 2 档
4	处长 1 档	副首席副总师 1 档
5	处长 2 档 / 五级职员 1 档	副首席副总师 2 档
6	处长 3 档 / 五级职员 2 档 / 副处 1 档	副首席副总师 3 档 / 业务关键岗 1 档
7	副处 2 档 / 六级职员 1 档 / 管理关键岗 1 档	业务关键岗 2 档
8	副处 3 档 / 六级职员 2 档 / 管理关键岗 2 档	业务关键岗 3 档 / 高级岗 1 档
9	正科 1 档	高级岗 2 档
10	正科 2 档	高级岗 3 档 / 中级岗 1 档
11	副科 1 档	中级岗 2 档
12	副科 2 档	中级岗 3 档 / 初级岗 1 档
13	科员 1 档	初级岗 2 档
14	科员 2 档	初级岗 3 档
15	科员 3 档	初级岗 4 档 / 见习期博士
16	科员 4 档	见习期硕士
17	见习期本科	

中国气象局公共气象服务中心专业技术职务调整管理办法

（公气发〔2020〕39号）

第一章 总 则

第一条 为进一步加强和规范中国气象局公共气象服务中心（以下简称中心）的专业技术职务调整管理工作，根据中国气象局的有关文件规定，结合中心实际情况，制定本办法。

第二条 本办法适用于中心在职职工的专业技术职务调整和确定。

第三条 符合以下情况的，可进行调整或确定：

（一）职称晋升；

（二）满足上一级专业技术职务聘任资格条件；

（三）新进职工；

（四）不能胜任已聘专业技术职务职责要求，降级聘任。

第二章 专业技术职务调整程序

第四条 开展专业技术职务调整工作，原则上每年一次，一般安排在年度考核之后。按照拟调整人数和空缺情况，采取不同的调整方式。

第五条 当符合调整条件的人数小于或等于该专业技术职务空缺数时，调整程序如下：

（一）人事处进行资格审查，提出聘任建议，报中心党委常委会审定；

（二）经党委常委会审定后，印发聘任文件，签订《专业技术职务聘任合同》，于下个月起兑现新的专业技术职务工资。

第六条 当符合调整条件的人数大于该专业技术职务空缺数时，采取竞争上岗的方式，择优进岗。调整程序如下：

（一）中心发布竞争上岗公告；

（二）符合调整条件的人员提出申报，并填写《专业技术职务聘任申请表》；

（三）所在处室审核并提出意见；

（四）人事处进行资格审查；

（五）中心成立考评小组，考评小组由中心领导及相关领域专家组成；

（六）竞聘人员进行个人述职，考评小组评议并投票表决，采取末位淘汰的方式确定拟聘任人选，报中心党委常委会审定；

（七）中心党委常委会审定后，上网公示一周；

（八）公示无异议，印发聘任文件，签订《专业技术职务聘任合同》，于下个月起兑现新的专业技术职务工资。

第七条 若职务无空缺，根据中国气象局的有关规定，原则上不能开展此职务的调整工作。

第八条 专业技术二级岗、三级岗、四级岗的调整工作，按照中国气象局的有关规定执行。

第九条 应届毕业生见习期满，经考核合格，按照国家有关规定聘任相应专业技术职务。见习期间按照国家有关规定执行见习期工资，不定专业技术职务。毕业生见习期为：博士研究生3个月，硕士研究生6个月，本科及以下1年。

第三章 附 则

第十条 本办法由人事处负责解释。

第十一条 本办法自印发之日起执行。原《公共气象服务中心专业技术职务调整管理办法》同时废止。

（起草人：梅艳、范静 发布时间：2020年4月）

中国气象局公共气象服务中心薪酬管理办法

（公气发〔2020〕39号）

第一章　总　则

第一条　目的

为全面落实《中国气象局公共气象服务中心气象服务体制改革试点实施方案》（中气函〔2014〕358号）和2016年中国气象局第5次局长办公会议的要求，科学制定中国气象局公共气象服务中心（以下称中心）职工薪酬分配及激励约束机制，进一步激发职工的工作积极性和创造性，根据国家有关法律法规和中国气象局相关政策规定，特制定本办法。

第二条　适用范围

本办法适用于在中心工作的所有人员。

第二章　薪酬结构和水平

第三条　薪酬结构

薪酬结构包括基本工资、生活津补贴以及绩效工资等内容。

第四条　基本工资

基本工资包括岗位工资和薪级工资。

岗位工资体现职工职称职务岗位的职责和要求，按职称职务岗位执行相应的岗位工资标准，执行事业单位现行标准。

薪级工资根据工作表现、资历、任职年限和所聘岗位等因素确定薪级，执行相应的薪级工资标准，执行事业单位现行标准。

第五条 生活津补贴

生活津补贴包括提租补贴、副食补贴、领导电话、书报费、交通费、通信费、车补、职务补贴、卫生费、医疗费、防暑降温费、住房补贴 12 项，根据职工不同的职称职务岗位，执行事业单位现行标准。

第六条 绩效工资

绩效工资包括岗位津贴（固定绩效）和岗位绩效（考核绩效）2 项，体现职工所聘岗位的职责和要求。

根据职工个人所聘岗位，确定岗位津贴标准数。

根据业务职责及工作绩效情况，确定处级单位考核绩效包总额，实行总额控制管理，下达至各处级单位自行研究分配；各处级单位按照“公平公正、奖勤罚懒、奖优罚劣、鼓励创新、奖励突出贡献”等原则研究制定本单位岗位绩效考评分配实施方案，报人事处备案，并根据职工考核结果按月发放。

第三章 工资定级

第七条 基本工资

职工职务岗位分为 10 个等级，按职务岗位的等级，执行相应的岗位工资标准。

职工职称岗位分为 13 个等级，按职称岗位的等级，执行相应的岗位工资标准。具体是：正高级专业技术职称岗位的人员，执行一至四级岗位工资标准；副高级专业技术职称岗位的人员，执行五至七级岗位工资标准；中级专业技术职称岗位的人员，执行八至十级岗位工资标准；助理级专业技术职称岗位的人员，执行十一至十二级岗位工资标准；无职称人员按十三级岗位工资标准执行。

人员薪级共设置 65 个级别，每一个薪级对应一个标准。

第八条 绩效工资

绩效工资按照中心岗位管理办法分为 1 — 17 级。

每个级别分别对应相应的岗位津贴、岗位绩效标准。

第九条 试用期人员

新录用的应届生试用期内基本工资及津补贴按照事业单位规定的标准执行，绩效工资按照见习期定岗后，确定岗位津贴和绩效标准。

新聘用非应届编外职工试用期工资按照《公共气象服务中心编外用工管理办法》执行。

试用期考核合格转正后，执行拟聘岗位对应的一阶绩效工资发放标准。

第四章　工资调整

第十条　按照因事设岗的原则，实行“一岗一薪、岗变薪变”，进行工资调整。

第十一条　正常工资调整

年度考核结果为合格及以上等次的人员，增加一级薪级工资和一阶绩效，并从次年 1 月起执行。

第十二条　岗位变动人员工资调整

（一）岗位晋升变动的人员，自正式聘任发文公告下月起，执行晋升后的新级别标准。

（二）岗位降级变动的人员，自正式聘任发文公告次月起，执行调整后的级别发放标准。

（三）根据国家政策、年度考核等情况，每年初由中心党委常委会讨论确定是否进行绩效工资标准的调整工作。

第十三条　根据岗位设置、业务职责的变动情况调整各部门考核绩效包总额。在岗位、职责未变的情况，人员调入调出原则上不增加或减少各单位绩效包总额，鼓励减员提质增效。

第五章　年度考核绩效

第十四条　年度考核绩效总额与年度考核情况挂钩，年度考核绩效发放方案由中心党委常委会讨论决定。

第十五条　年度内职工发生工作调动的，原则上结合其考勤、业务贡献等情况发放相应的年度考核绩效。因职工本人原因解除或终止劳动合同的，不得发放年度考核绩效；非本人原因解除或终止劳动合同的，根据年度考核结果并结合其考勤、业务贡献等情况发放相应的年度考核绩效。

第六章　其他薪酬政策

第十六条　中心急需的、引进的人才或中心领军人才执行协议工资或年薪制，由中心党委常委会另行确定。

特殊人才按照《公共气象服务中心特殊引进人才管理办法》中的规定执行。

北京华新天力能源气象科技中心职工薪酬按照《中国气象局公共气象服务中心对北京华新天力能源气象科技中心监管办法》中的相关规定执行。

第十七条　职工个人薪酬属于中心内部管理的重要信息，不得对外公开泄露。

第七章　附　则

第十八条　本办法随国家和中国气象局相关政策调整进行修订。

第十九条　本办法由中心人事处负责解释。

第二十条　本办法自发布之日起执行。《公共气象服务中心薪酬管理办法》（公气发〔2016〕43号）同时废止。

（起草人：范静、程洪娜　发布时间：2020年4月）

中国气象局公共气象服务中心
评选和表彰先进管理办法

（公气发〔2020〕5号）

第一章 总 则

第一条 为做好中国气象局公共气象服务中心（以下简称中心）年度评选和表彰先进工作，激发广大干部职工的积极性、主动性和创造性，推进中心事业发展和精神文明建设，结合中心工作实际，特制定本办法。

第二条 评选和表彰先进的奖项包括：

（一）个人奖项：事业单位定期奖励嘉奖（个人）、先进工作者、重大气象服务先进个人、精神文明先进个人。

（二）集体奖项：事业单位定期奖励嘉奖（集体）、精神文明先进集体。

评选和表彰先进奖项可根据年度重点工作情况，经中心党委常委会议研究通过后做适当调整。

第二章 评选范围

第三条 根据事业单位定期表彰的有关工作要求，年度考核确定为"优秀"等次的人员，中心授予"事业单位奖励嘉奖（个人）"称号，表彰比例为中心在职职工总数的20%。

年度考核为"优秀"等次的部门，中心授予"事业单位奖励嘉奖（集体）"称号，表彰比例为中心集体总数的20%。

第四条 年度考核确定为"合格（良好）"等次的人员，中心授予"先进工作者"称号，表彰比例为中心在职职工总数的20%。

第五条 重大气象服务先进个人每年底表彰一次，评选范围为中心全体职工，表彰比例不超过中心职工总数的15%。

第六条 精神文明先进个人每年底表彰一次，评选范围为中心全体职工，表彰比例不超过中心职工总数的15%。

第七条 精神文明先进集体每年底表彰一次，评选范围为中心各单位或专项工作团体。

第三章 评选条件

第八条 重大气象服务先进个人评选条件：

（一）严格要求自己，在本职岗位上尽职尽责、努力工作、表现突出。

（二）在重大气象服务和重要应急响应工作中组织严密、管理有效、出色完成任务。

（三）在重大气象服务和重要应急响应工作中发挥关键性作用，贡献突出。

（四）具有良好的职业道德和敬业精神。

第九条 精神文明先进个人评选条件：

（一）以习近平新时代中国特色社会主义思想为指导，增强“四个意识”，坚定“四个自信”，做到“两个维护”。

（二）具有较强的事业心和责任感，热爱本职工作，勤于学习，善于思考，肯于钻研，乐于奉献，工作能力强，业务水平高，出色完成各项工作任务。

（三）具有良好的道德情操，恪守社会公德、职业道德和家庭美德；遵纪守法，廉洁自律；公道正派，诚实守信；为人正直，团结同事。

（四）积极参加工会组织的各项活动，乐于奉献，有团结协作精神，为中心争得荣誉，深受职工好评。

第十条 精神文明先进集体评选条件：

（一）本单位或团体全体同志政治立场坚定，以习近平新时代中国特色社会主义思想为指导，增强“四个意识”，坚定“四个自信”，做到“两个维护”。

（二）本单位或团体全体同志团结互助，有凝聚力，在重大活动中取得优异成绩或起到重要作用。

（三）本单位或团体全体同志积极参加中国气象局和中心组织的政治学习和文体活动，为文化建设和精神文明建设做出贡献。

（四）本单位或团体所在办公场所环境整洁，无脏、乱、差现象。

（五）本单位或团体在中心年度综合考评中确定为“良好”等次以上。

第四章　评选原则及程序

第十一条　评选工作要与年度考核结合起来，注重实际工作业绩，要坚持走群众路线，充分发扬民主，自下而上地广泛听取意见，坚持标准，严格把关，实事求是，保证质量。

第十二条　事业单位定期奖励嘉奖（个人）、重大气象服务先进个人、精神文明先进个人由各处室推荐。

第十三条　事业单位定期奖励嘉奖（个人）、重大气象服务先进个人由人事处组织；精神文明先进个人、集体由党委办公室组织。评选材料报送组织单位审查后，由中心党委常委会议研究确定后发文表彰。

第五章　表彰及奖励

第十四条　个人奖励情况记入个人档案，作为考评晋级的重要依据。

第十五条　奖励由中心颁发奖励证书，并根据有关管理办法，给予一次性奖金。

第六章　附　则

第十六条　本办法由人事处、党委办公室解释。

第十七条　本办法自发布之日起施行。

（起草人：范静　发布时间：2020 年 1 月）

中国气象局公共气象服务中心职工考勤管理办法

（公气发〔2020〕55号）

第一章　总　则

第一条　为规范工作行为，严肃工作纪律，加强中国气象局公共气象服务中心（以下简称中心）的工作作风建设，根据《中华人民共和国劳动合同法》《事业单位人事管理条例》（国务院令第652号）以及《气象部门编制外劳动用工管理办法》（气发〔2009〕104号）等有关规定，结合中心实际，制定本办法。

第二条　本办法适用于在中心工作的事业单位编制人员及与中心签订劳动合同的编外职工。

第二章　考　勤

第三条　中心考勤管理实行不同岗位按性质执行相应的工作时间。

管理人员、非实时业务科研人员遵照中国气象局统一标准工作时间要求，执行早八点上班、晚五点下班，中午休息；实时业务科研人员遵照岗位要求工作时间上下班。

中心考勤遵照国家休息日及法定节假日规定，除国家规定的法定节假日和带薪假外，正常工作日全勤为岗位职责的基本要求。

第四条　严格考勤管理，各处级单位负责考勤登记，考勤登记必须及时、准确、实事求是。对虚假填报考勤记录的，要追究本处室负责人和具体经办人的责任。

第五条　迟到、早退和脱岗

未在岗位规定的上班时间到岗的，记为迟到。

在岗位规定下班时间前离岗的，记为早退。

在岗位规定的工作时间内应当在岗而未在岗的，记为脱岗。

迟到和早退都要记入当天考勤。一个月内（指连续31天）迟到、早退、脱岗累计2次或以上者，部门应给予书面警告处分；一个月内迟到、早退、脱岗累计5次或以上者，部门应给予书面严重警告处分；一个月内迟到、早退、脱岗累计10次或以上者，属严重违纪，中心有权给予辞退处分或直接解除劳动合同。

第六条 旷工

职工无正当理由擅自不到岗或擅自离岗超过1小时而不足4小时的为旷工半天、4小时以上的为旷工1天。以下情形出现属于旷工：

（一）不经请假或请假未获批准而擅自不上班的。

（二）请假期已满，不续假或续假未获批准而逾期不归的。

（三）不服从组织调动和工作分配，不到工作岗位报到的。

（四）未办理完离职手续擅自离职的。

（五）采取不正当手段，伪造、骗取休假证明的。

（六）打架斗殴、违纪致伤造成无法上岗的。

（七）未经批准调整班次，未按照岗位值班、排班表上岗的。

（八）其他违规违纪行为造成缺勤的。

（九）迟到、早退、脱岗3次，视为旷工1天。

一个月内累计旷工3天或一年内累计旷工达15天者，视为严重违纪，给予直接辞退处分，且不支付任何经济补偿金。

因旷工致不能完成岗位工作任务或发生岗位工作事故风险的（包括但不限于安全事故等），不论旷工次数多少，单位均有权解除劳动合同并不支付任何经济补偿金，因其他人员应急完成工作任务或避免事故发生的，不能免除本人责任，单位仍有权依据本条解除劳动合同。

事业单位编制人员按照《事业单位人事管理条例》规定进行管理。

第三章　请　假

第七条 病假

（一）职工确实因病不能正常出勤的，可以请病假。

（二）请病假须持正规医疗机构出具加盖公章的诊断证明和病假条（急诊者可后补急诊证明和假条）。

（三）急诊病人需在应到岗工作时间前告知处室负责人，同意后方可休假，并于到岗当日填写《病假申请单》，补办请假手续，否则将视为旷工。

（四）职工身体不适，脱离岗位但不需要到医院就诊，不超过 1 天休息，应当向部门负责人说明情况，按病假处理。

（五）职工应当按照《病假申请单》中批准休息时间休假。超过批准时间休假，或没有病假条休假，计为旷工。

（六）职工患病或非因工负伤，需要停止工作医疗时，医疗期限根据国家相关法律规定执行。

（七）职工因工负伤或者患职业病需要停止工作接受治疗的，实行工伤医疗期制度，按相关国家规定执行。

（八）在法定医疗期届满后，职工仍然不能从事原工作，也不能从事另行安排的工作的，按照有关国家法律规定辞退或解除劳动合同。

（九）因生病导致生活困难的职工，可向中心工会申请生活困难救助。

第八条 事假

（一）职工因办理私事需要在工作时间内离岗的，应当请事假。

（二）请事假须说明理由，并按照规定程序提前办理请假手续，填写《事假申请单》，经部门负责人批准后方可离岗，全年累计不超过 15 个工作日。

（三）事假可以书面申请用带薪年假冲抵，超过带薪年假天数的事假，按照事假规定执行。

（四）如有职工当年事假累计超过 15 天的，将取消其当年年度各类考核获选“优秀”或“先进”级别资格。

第九条 婚假

（一）符合法定结婚年龄的，享受法定 3 天婚假，另可再增加假期 7 天（含节假日）。

（二）增加婚假适用于初婚和再婚，不适用于复婚。

（三）婚假自领取结婚证之日起一个年度内一次休完，不可分次使用。职工放弃休婚假的，不给予其他补偿。

（四）职工应提前 1 个月向本部门提出申请，填写《婚假申请单》，并上传结婚证复印件备案，同时应当做好工作交接和安排。

第十条 生育假

（一）女职工生育假为 98 天，难产（剖腹产）的增加产假 15 天，多胞胎生育的每多生育 1 个婴儿增加产假 15 天。

除享受国家规定的产假外，按规定生育的女职工可再增加奖励假 30 天，

（二）已婚男职工可在配偶生育前后一次性连续享受陪产假 15 天（含节假日）。

（三）已婚女职工妊娠不满 4 个月流产的，可给予生育假 15 天至 30 天；妊娠满 4 个月（含）以上流产的，给予生育假 42 天。

（四）女职工产后哺乳期为 1 年，每天给予 1 个小时的哺乳时间。多胞胎生育的，每多哺乳

1 个婴儿，哺乳时间增加 1 个小时。

（五）由于生育保险及相应津贴政策不同，经本人申请、部门同意，事业编制女职工可在法定 128 天生育假后延长 1 至 3 个月。

（六）职工应提前向本部门提出申请，填写《生育假申请单》，同时应当做好工作交接和安排。

第十一条 丧假

（一）职工直系亲属（配偶、子女、夫妻双方父母及祖父母）去世，可请丧假。

（二）丧假一般为 3 天，需到外地办理丧事的可视路程远近给予路程假，路程假最多不超过 2 天。

（三）职工应及时向本部门提出申请，填写《丧假申请单》，同时应当做好工作交接和安排。

第四章 带薪假期

第十二条 年休假

鼓励职工合理安排工作及休假，在中心累计工作年限满 1 年以上的职工，可享受带薪年休假，填写《年休假申请单》。职工的工作年限可累计在中心以外实际工作年限。

职工实际工作年限累计满 1 年不满 10 年的，年休假 5 天；已满 10 年不满 20 年的，年休假 10 天；已满 20 年的，年休假 15 天。职工工作年限满 1 年、满 10 年、满 20 年后，从下月起享受相应的年休假天数。

如有下列情形之一的，不享受当年年休假：

（一）职工请事假累计 15 个工作日及以上的；

（二）职工累计旷工 3 天以上的；

（三）累计工作满 1 年不满 10 年的职工，请病假累计 2 个月以上的；

（四）累计工作满 10 年不满 20 年的职工，请病假累计 3 个月以上的；

（五）累计工作满 20 年以上的职工，请病假累计 4 个月以上的；

（六）职工个人申请、经批准脱产接受学历教育学习时间超过 30 天的。

第十三条 献血假

职工参加单位组织的献血后，根据部门工作安排，可奖励休假 7 天，且为带薪假。

第十四条 倒休假

法定节假日经部门安排、批准，方可视为加班，具体审批流程及计发原则由《公共气象服务中心实时业务岗位法定节假日加班管理规定》规范。

除法定节假日外，确因工作需要经部门及分管中心领导安排进行加班的，应首先进行倒休，倒休假为带薪假；如确因工作需要无法倒休的，应由部门统筹在当月绩效中体现。

因个人本职工作未完成的超时工作，不视为加班，且不能作为倒休假依据。

第十五条 探亲假

（一）凡在中心工作满一年的职工，符合以下条件之一，经部门同意，可以申请探亲假（含节假日），填写《探亲假申请单》：

1. 与配偶长期异地生活，又不能在公休假日团聚的；

2. 与父亲、母亲长期异地生活，又不能在公休假日团聚的。

（二）职工探望配偶的，每年给予一方探亲假一次，假期为30天。

若配偶因单位委派阶段性外出留学访问或工作长达1年以上的，由配偶所在单位出具有关证明材料，可根据工作安排，酌情给予一次性探亲假15天。

（三）非北京籍贯未婚员工探望父母，每年给予探亲假一次，假期为20天，也可根据实际情况，两年给假一次，假期为45天。

（四）非北京籍贯已婚职工探望父母的，每四年假期为20天，可一次或按每年5天方式休假，每年应至少一次利用带薪假期探望或陪伴父母。

（五）归侨、侨眷、台胞、台属职工参照上述规定执行。

第五章 批准权限及程序

第十六条 请假审批权限及程序

（一）职工请假须提出申请，应在中心办公网个人办公区“假期管理”中选填相应申请单。如因病重、急事等特殊原因不能事先请假时，可采用电话或其他通信手段请假，事后补办请假手续。

（二）普通职工请休假，3天及以下由部门处级领导审批，3天以上由部门处级领导审阅后报至人事处审批；超过15天的，则由部门处级领导、人事处审阅后报至分管中心领导审批。

（三）处级领导干部请休假，3天及以下由人事处审阅后报送分管中心领导审批；3天以上则由人事处、分管中心领导审阅后报至中心主任审批。

（四）请假期满因故不能上班的，可以申请续假，续假手续与请假手续相同。病假、工伤假、生育假需继续休养的，需持三甲医院或合同医院的诊断证明申请续假，其中生育假续假若因小孩原因按照事假续假，若因为本人身体原因的按照病假续假。除病假外，其他假期应由部门根据工作情况，统筹安排是否同意续假。

（五）请假和续假期满上班后，应立即销假，可通过电话、口头或其他合适的方式销假。一般应向所在部门销假，处级领导干部还应及时向分管中心领导销假。

（六）处级干部周末离京，应向中心办公室及分管中心领导报备；一般职工在周末离京，须告知所在单位领导。

（七）如遇休假出国等情形，须至少提前7个工作日在部门登记备案；按照管理权限还须同时履行因私出国护照借用及备案手续。

第六章　薪酬扣发

第十七条　与考勤管理有关的薪酬具体扣发方式及扣发标准见附件。

第十八条　扣发岗位津贴、岗位绩效的计算公式为：

应扣除岗位津贴＝月岗位津贴 ÷21.75× 应扣除天数；

应扣除岗位绩效＝由各部门按部门绩效分配原则扣除。

国家节假日及薪酬政策有变动时，将按照国家有关政策调整执行。

第十九条　各处级单位要严格考勤，建立考勤登记制度，在每月20日前，将与中心办公网请休假记录一致的考勤统计表（并附相应证明材料），经部门负责人签字确认后报人事处备案。

第七章　附　则

第二十条　本办法发布之后，国家和中国气象局有关政策发生变化时，按照国家和中国气象局的有关规定执行和修订。

第二十一条　本办法由中心人事处负责解释，自发布之日起执行。原《公共气象服务中心职工考勤管理办法》同时废止。

（起草人：程洪娜、范静　发布时间：2020年4月）

附件

公共气象服务中心职工考勤请休假管理薪酬扣发标准表

序号	假期类别	月基本工资	各类津贴补贴	岗位津贴	岗位绩效
1	迟到	发放	发放	发放	迟到1次扣半日；累计3次按旷工1日。由部门在月度绩效中处理
2	早退	发放	发放	发放	早退1次扣半日；累计3次按旷工1日。由部门在月度绩效中处理
3	脱岗	发放	发放	发放	脱岗1次扣半日；累计3次按旷工1日。由部门在月度绩效中处理
4	旷工	按日扣发	按日扣发	按日扣发	按日扣发，由部门在月度绩效中处理
5	病假1个月（含）内	发放	发放	发放	按日扣发，由部门在月度绩效中处理
6	病假1～2个月（含）	发放	发放	按日扣发，扣30%	按日扣发，由部门在月度绩效中处理
7	病假2～3个月（含）	发放	发放	按日扣发，扣50%	按日扣发，由部门在月度绩效中处理
8	病假3～4个月（含）	发放	发放	按日扣发，扣80%	按日扣发，由部门在月度绩效中处理
9	病假4个月以上	执行北京市最低工资标准			
10	事假	发放	发放	发放	按日扣发，由部门在月度绩效中处理
11	婚假	发放	发放	发放	按日扣发，由部门在月度绩效中处理
12	生育假（事业）	发放	发放	发放	按日扣发，由部门在月度绩效中处理
13	生育假（聘用）	发放	发放	按日扣发	按日扣发，由部门在月度绩效中处理
14	丧假	发放	发放	发放	由部门根据部门绩效原则发放
15	工伤假（6个月内）	发放	发放	发放	由部门根据部门绩效原则发放
16	工伤假（6个月以上）	发放	发放	按日扣发	按日扣发，由部门在月度绩效中处理
17	年休假	发放	发放	发放	由部门根据部门绩效原则发放
18	献血假	发放	发放	发放	由部门根据部门绩效原则发放
19	倒休假	发放	发放	发放	由部门根据部门绩效原则发放
20	探亲假	发放	发放	发放	由部门根据部门绩效原则发放

中国气象局公共气象服务中心实时业务岗位法定节假日加班管理办法

（公气发〔2020〕55号）

根据《中华人民共和国劳动法》以及国家、部门相关政策和规定，结合中国气象局公共气象服务中心（以下简称中心）业务工作实际，制定本办法。

第一条 适用范围

本办法适用于中心管理的实时业务岗位人员。

第二条 基本规定

实时业务岗位是指因工作安排需要，应实时在岗并承担具体业务工作的岗位。

法定节假日是指国家法律统一规定的用以进行庆祝及度假的休息时间。现有法定节假日包含元旦1天、春节3天、清明节1天、劳动节1天、端午节1天、中秋节1天、国庆节3天，合计11天。

实时业务岗位法定节假日加班是指根据工作需要，在法定节假日当天由单位安排的业务加班，不包括部门领导行政电话值班、因轮班制进行的岗位值班等情形。

第三条 审批流程

（一）业务部门安排实时业务岗位人员法定节假日加班时，应填写统计表并严格控制业务岗位人数，在部门内部进行公告后，报人事部门备案。

（二）统计法定节假日岗位加班时段时，按小时数计算；累计工作时间满8小时的，按一天计算；不得虚报加班时长。

第四条 计发原则

实时业务岗位法定节假日加班报酬按照《中华人民共和国劳动法》有关规定，进行计算发放，其中：

（一）法定节假日当天，加班报酬按业务人员3倍日薪进行计发。

（二）3倍日薪计算基数为发放当月基础工资和津补贴部分，不含各部门按月发放的浮动绩效部分。

第五条 发放办法

实时业务岗位法定节假日加班费发放，由人事部门根据部门公告无异议后上报的备案统计表为基础，计算应发加班报酬，随月工资发放。

第六条 本办法由人事处负责解释。

第七条 本办法自发布之日起执行。《公共气象服务中心实时业务岗位法定节假日加班管理规定（试行）》（公气发〔2017〕25号）同时废止。

（起草人：程洪娜、范静 发布时间：2020年4月）

中国气象局公共气象服务中心教育培训管理办法

（公气发〔2020〕39号）

第一章　总　则

第一条　为进一步加强中国气象局公共气象服务中心（以下简称中心）职工教育培训工作的规范化管理，全面提升职工的整体素质和岗位适应能力，使之符合中心的发展需要，结合中心实际情况，制定本办法。

第二条　本办法适用于中国气象局下达的各类培训、中心举办的各类培训、职工参加各类送外培训和在职学历教育、在职技能培训等。

第三条　中心各单位应当保障职工参加教育培训的权利；职工应当适应岗位需求和职业发展的要求，积极参加教育培训，完善知识结构，增强创新能力，提高专业水平。

第二章　培训计划制定与执行

第四条　各处室根据年度工作计划，年初提出培训需求，送交中心人事处审核。人事处在与各处室充分沟通的基础上，拟定中心年度培训计划，报送中心领导审批后，正式印发执行。

第五条　中心主办并且须由中国气象局气象干部培训学院承办的全国性业务培训班，年初，各处室须提出计划安排，送交人事处。人事处在充分协商的基础上，行文上报中国气象局人事司，经人事司同意后，统一纳入中国气象局年度培训计划，由气象干部培训学院组织实施。

第六条　列入中心年度培训计划的培训，由各处室负责主办或送外。若因特殊原因，培训任务不能按计划执行，应在年中告知人事处，必要时人事处将于7月份统一调整一次年度培训计划。

第七条　送外培训，在培训之前，应有培训通知，处室领导要在培训通知上签署同意意见及明确拟送培人员，提前 1 天送交人事处审核同意，方可报销培训经费。

第三章　在职教育培训

第八条　职工在中心工作满 2 年以上，工作表现好，业绩较突出，可申请攻读在职博士、硕士学位。

第九条　中心职工申请攻读在职博士、硕士学位和在职技能培训程序。报名前，由本人向所在处室提交个人书面申请，处室负责人及中心分管领导签字同意后，送交人事处审核备案，方可办理相关报名手续。职工本人应在获得学位或结业等证书 1 个月内，将证书复印件送交人事处存档，作为今后职称晋升和岗位调整的重要依据。

第四章　中国气象局培训执行

第十条　由中国气象局下达的各类培训，由人事处与中心领导、业务科技处或相关业务处室沟通，确定培训人选，人事处负责统一进行网上报名。

第十一条　凡参加中国气象局下达的业务类培训的学员，培训结束后 1 周内向人事处提交学习心得 1 篇，由人事处存档并反馈部门负责人。

第五章　教育培训经费管理

第十二条　教育培训经费报销范围：列入中心年度培训计划的办班费（含讲课费）、送外培训费、中国气象局下达的各类培训费，其中不含差旅、考试、证件等费用。

第十三条　中心职工攻读在职博士、硕士学位、在职技能培训的，学习期间所有费用自理。在不影响本职工作的前提下，所在处室应给予大力支持。

第六章　附　则

第十四条　本办法由人事处负责解释。

第十五条　本办法自发布之日起施行。原《公共气象服务中心教育培训管理办法》同时废止。

（起草人：梅艳、范静 发布时间：2020 年 4 月）

中国气象局公共气象服务中心干部人事档案管理办法

（公气发〔2020〕55号）

第一章　总　则

第一条　为进一步规范中国气象局公共气象服务中心（以下简称中心）干部人事档案管理工作，确保干部人事档案真实、完整和安全，更好地为干部人事工作服务，根据中共中央组织部（以下简称中组部）、国家档案局和中国气象局有关文件精神，结合中心实际情况，制定本办法。

第二条　干部人事档案工作是人事工作的重要组成部分，应由政治可靠、责任心强的在职职工负责管理。

第三条　中心人事处归口管理中心干部人事档案，凡在学习、工作等活动中形成的全部干部人事档案，均由人事处集中管理。中心各部门应按照《公共气象服务中心干部人事档案材料报送单位责任分工一览表》，及时与人事处办理档案材料移交手续。

第二章　档案材料的收集与归档

第四条　干部人事档案材料的收集归档工作，受国家有关法律法规的保护和监督，要本着实事求是的原则，着重收集反映干部政治思想、品德作风、业务能力、学识水平、工作实绩等材料充实档案。

第五条　干部人事档案材料收集归档范围按照中组部的有关规定执行。归入干部人事档案的材料应为原件，必须准确真实，完整齐全，文字清楚，手续完备。因特殊原因使用复印件归档的，须注明复印日期、加盖复印单位公章，由材料形成部门书面说明使用复印件归档的原因。

第三章 档案的整理及保管

第六条 干部人事档案的整理，应按照中组部《干部档案工作条例》《干部档案整理工作细则》的规定，将收集起来的档案材料，以个人为单位进行鉴别、分类、编写目录、装订立卷等整理程序，经认真细致的核查，验收合格后，方可入库保存。

第七条 为了防止档案材料的老化、霉变，根据中组部《干部档案工作条例》的要求，建立坚固的防火、防潮、防盗、防蛀、防光、防高温的档案室，档案室内应配置档案专用柜、空调机、去湿机、灭火器、温（湿）度表、干燥剂和驱虫剂等，保持档案室内的清洁和安全。

第四章 档案的查借阅

第八条 中心组织人事部门、纪检监察部门可以直接查阅、借用干部人事档案。中心各处室因工作需要查阅干部人事档案，须征得中心领导同意，并办理登记手续后，方可查阅。

第九条 干部人事档案一律不外借。外单位人事部门因工作需要查阅干部人事档案，须携带单位介绍信，征得人事处主要负责人同意，办理登记手续后，方可查阅。

第十条 任何人不得查阅本人及与其有夫妻关系、直系血亲关系、三代以内旁系血亲关系以及近姻亲关系的干部人事档案。

第十一条 查阅、借用档案必须严格遵守保密制度和阅档规定，严禁涂改、圈画、抽取、撤换、增添档案材料，不得泄露或向外公布档案有关内容，未经中心领导批准不得复制档案材料。

第五章 档案的转递

第十二条 中心职工调入，由人事处负责接收职工的干部人事档案。转入的干部人事档案材料要严密包封，通过机要或派人事部门工作人员转递，不得交本人及亲属转带，严格防止丢失、失密、泄密事件发生。

第十三条 转入的干部人事档案材料，在转递的过程中，如果发生干部人事档案包封破损，人事处有权拒绝接收，退回原档案转送单位核查，确认无误后，重新转递。

第十四条 中心职工调出，由人事处负责职工干部人事档案的转递。转出的干部人事档案材料，确保完整齐全，办理严格的转出档案登记手续，填写《干部人事档案转递通知单》，要求干部人事档案接收单位在 1 个月内将此通知单回执，返还中心人事处。

第六章 档案的销毁

第十五条 销毁干部人事档案材料，必须严格按照中组部《干部档案工作条例》及其他有关规定执行。销毁的干部人事档案材料包括：内容重复的材料，无保存价值的材料，以及根据有关规定须撤出的材料。

第十六条 销毁的干部人事档案材料必须逐件填写《销毁干部人事档案材料登记表》，由人事处主要负责人和档案管理人员签字，报请中心领导审查批准后，安排两人负责监销。《销毁档案材料登记表》应装订成册，注明销毁时间、监销人等，与领导批示一同归入文书档案，永久保存。

第七章 附 则

第十七条 干部人事档案管理人员必须认真贯彻执行《中华人民共和国档案法》以及干部人事档案工作的有关规定，严格遵守安全保密制度，不得私自涂改、抽取、销毁或伪造档案材料，对违反有关规定的，视情节轻重给予批评或纪律处分。

第十八条 本办法由人事处负责解释。编外职工档案管理按照《公共气象服务中心编外职工人事档案管理办法》（公气发〔2019〕33号）执行。

第十九条 本办法自发布之日起执行。原《公共气象服务中心干部人事档案管理办法》同时废止。

（起草人：郑毅、范静 发布时间：2020年4月）

中国气象局公共气象服务中心职工调配工作管理办法

（公气发〔2020〕39号）

第一章　总　则

第一条　为加强中国气象局公共气象服务中心（以下简称中心）职工调配工作的管理，理顺和规范调配工作关系和程序，方便职工办理调动手续，制定本办法。

第二条　职工调配工作必须按照国家、部门有关职工调配工作的政策执行，有利于提高职工队伍的整体素质，改善结构以及各类人才资源的合理配置，有利于公共气象服务事业的长远发展。

第三条　职工调入、调出及中心内部调动，须遵守本办法。

第二章　职工调入审批程序

第四条　职工本人提出个人书面调入申请，附本人简历，拟调入处室领导班子根据实际工作需要研究同意，征求中心分管领导和人事处意见后，在调入申请上签署是否接收意见，并明确提出其岗位安排建议。

第五条　人事处负责与拟调人所在单位人事部门进行沟通，了解其基本情况和工作表现，并结合中心人才资源配置和岗位空缺情况，提出审核意见和建议，报送党委常委会审批。

第六条　党委常委会通过后，人事处通知拟调入处室，做好工作安排。同时，人事处出具《商调函》，通知拟调人所在单位人事部门办理人事调动手续。

第七条　调入手续办理流程。职工本人携带原单位出具的《干部调动介绍信》《工资关系转移介绍信》到中心人事处办理调动手续，携《党（团）组织介绍信》到党委办公室办理党团关系转入手续。人事处在办公网启动入职流程，各职能部门会签，拟调入处室负责人接收，完成调入手续。

第三章　职工调出审批程序

第八条　职工本人向所在处室提交个人书面调出申请，所在处室领导班子研究同意，并征求中心分管领导和人事处意见后，在其调出申请上签署是否同意意见。人事处报中心主任同意后，办理相关人事调动手续。

第九条　调出手续办理流程。人事处收到拟调入单位的《商调函》后，通知职工本人在办公网发出调出申请，处室负责人审批后，各职能处室会签，完成调出流程。人事处出具《干部调动介绍信》《工资关系转移介绍信》，党委办公室出具《党（团）组织介绍信》，职工本人携以上材料便可到调入单位报到。

第四章　职工内部调动审批程序

第十条　职工本人提出书面调动申请，说明调动理由及意向；双方处室主要负责人沟通协商达成一致意见，在调动申请上签署是否同意意见，并由拟调入处室主要负责人征求中心分管领导和人事处意见后，将调动申请交人事处办理。

第十一条　人事处与双方处室进行充分沟通，并结合中心机构及人员的具体情况，提出意见和建议，报送中心分管领导同意后，人事处通知双方处室做好工作交接。

第十二条　调动手续办理流程。由职工本人在办公网启动内部调动流程，处室负责人审批后，各职能处室会签，完成调动手续。

第五章　附　则

第十三条　编制外聘用职工的内部调动参照以上规定执行，调入参照《中国气象局公共气象服务中心编外职工招聘管理办法》执行，调出则按本人申请辞职处理。

第十四条　本办法由人事处负责解释。

第十五条　本办法自发布之日起执行。《公共气象服务中心职工调配工作管理办法》（公气发〔2013〕98号）同时废止。

（起草人：程洪娜、范静　发布时间：2020年4月）

中国气象局公共气象服务中心公开招聘应届高校毕业生管理办法

（公气发〔2020〕55号）

第一章 总 则

第一条 为进一步规范中国气象局公共气象服务中心（以下简称中心）公开招聘工作，推动中心人才队伍建设，根据《事业单位公开招聘人员暂行规定》（人事部令第6号）和《气象部门事业单位公开招聘应届高校毕业生管理办法（试行）》（气发〔2015〕53号）等有关规定，制定本办法。

第二条 公开招聘坚持德才兼备的用人标准，贯彻公开、平等、竞争、择优的原则。

第三条 中心人事处负责公开招聘的组织实施，党委办公室（纪检监察处）负责监督。

第四条 本办法适用于中心从全日制应届高校毕业生中公开招聘的工作人员，不包含以聘用方式录用的人员。

第二章 招聘条件和程序

第五条 应聘人员必须具备下列基本条件：

（一）具有中华人民共和国国籍，遵守宪法和法律。

（二）遵纪守法，品行端正，愿意履行事业单位人员的义务。

（三）具有国家承认的正规院校本科及以上学历（双证齐全）。

（四）岗位所需的专业或技能条件。

（五）适应岗位要求的身体条件。

（六）岗位所需要的其他条件。

第六条 公开招聘工作按下列程序进行：

（一）制定年度公开招聘高校毕业生人员计划及方案，经中心党委常委会审议通过后报送中国气象局人事司批准。

（二）对外发布招聘信息。招聘信息包含用人单位情况简介、招聘岗位和人员数量；应聘人员资格条件；招聘方法、程序和时间安排；报名方法以及体检、考察等需要说明的事项。

（三）受理并对应聘人员提交的应聘材料进行筛选，初步确定进入笔试面试人员名单。

（四）组建面试考官组，统一组织招聘工作。

（五）根据笔试面试成绩，综合遴选拟聘人选，报中心党委常委会审议。

（六）中心党委常委会研究确定拟聘人员。

（七）参照公务员入职体检标准，确定参加体检人员。

（八）对拟录用人员进行政审。

（九）招聘结果公示 1 周（至少 7 个工作日）。

（十）与录用人员签订就业协议（毕业生三方协议）。

（十一）将招聘结果报中国气象局人事司审批备案，人事处负责将相关资料存档。

第三章 纪律及监督

第七条 公开招聘工作负责人员和工作人员在开展工作时，涉及与本人有夫妻关系、直系血亲关系、三代以内旁系血亲关系以及近姻亲关系或者其他可能影响招聘公正的，应当回避。

第八条 公开招聘工作要做到信息公开、程序公开、结果公开，接受群众及有关部门的监督。

第四章 附 则

第九条 本办法由人事处负责解释。

第十条 本办法自正式印发之日起执行。《公共气象服务中心招聘应届高校毕业生管理办法》（公气发〔2013〕98 号）同时废止。

（起草人：程洪娜、范静 发布时间：2020 年 4 月）

中国气象局公共气象服务中心编外用工管理办法

（公气发〔2019〕71号）

第一章 总 则

第一条 为进一步规范中国气象局公共气象服务中心（以下简称中心）编外用工管理，保障编外职工的合法权益，建立有效的劳动用工制度，构建和谐稳定的劳动用工关系，根据《中华人民共和国劳动合同法》(以下简称《劳动合同法》)、《中华人民共和国劳动合同法实施条例》等有关法律规定，结合中心实际情况，制定本办法。

第二条 编外用工是指不占中央编办核定的全国气象事业编制的用工形式。编外职工是指从社会中招聘，并按《劳动合同法》的规定签订劳动合同，与中心形成劳动关系的聘用人员。

第二章 招 聘

第三条 因工作需要，由用人部门提出招聘需求申请，上报分管领导同意后，报送人事处，人事处上报中心党委常委会审批。

第四条 人事处根据中心党委常委会审批同意的岗位开展招聘工作，具体程序按照《中国气象局公共气象服务中心编外职工招聘管理办法》执行。

第三章 劳动合同的签订、解除与终止

第五条 中心自用工之日起即与编外职工建立劳动关系，1个月内依法与编外职工签订劳动合同。

第六条 对于新进中心的编外职工，原则上第一次签订3年期固定期限劳动合同，并约定3个月试用期，试用期届满前10日由用人部门根据试用职工的实际表现提出试用期是否符合录用条件的意见。中心对于试用职工是否符合录用条件考核结论应在劳动合同约定试用期届满的3日前作出。

第七条 合同期满后，经双方协商一致，可续签或终止劳动合同。第二次续签5年期限劳动合同，第三次按照《劳动合同法》的规定，连续签订两次固定期限劳动合同，除编外职工提出订立固定期限劳动合同外，应当订立无固定期限劳动合同。

第八条 凡有《劳动合同法》第三十九条规定的下列情形之一的，中心可以解除劳动合同：

（一）在试用期间被证明不符合录用条件的；

（二）严重违反用人单位的规章制度的；

（三）严重失职，营私舞弊，给用人单位造成重大损害的；

（四）劳动者同时与其他用人单位建立劳动关系，对完成本单位的工作任务造成严重影响，或者经用人单位提出，拒不改正的；

（五）因"以欺诈、胁迫的手段或者乘人之危，使对方在违背真实意思的情况下订立或者变更劳动合同的"致使劳动合同无效的；

（六）被依法追究刑事责任的。

第九条 凡有《劳动合同法》第四十条规定的下列情形之一的，中心提前30日以书面形式通知编外职工本人或者额外支付编外职工1个月工资后，可以解除劳动合同：

（一）劳动者患病或者非因工负伤，在规定的医疗期满后不能从事原工作，也不能从事由用人单位另行安排的工作的；

（二）劳动者不能胜任工作，经过培训或者调整工作岗位，仍不能胜任工作的；

（三）劳动合同订立时所依据的客观情况发生重大变化，致使劳动合同无法履行，经用人单位与劳动者协商，未能就变更劳动合同内容达成协议的。

第十条 劳动争议发生后，双方自行协商解决，如协商不成，则可以向北京市海淀区劳动争议仲裁委员会申请仲裁，对仲裁裁决不服方可向北京市海淀区人民法院起诉。

第四章 工资福利待遇

第十一条 新聘用的编外职工试用期期间基本工资和生活津补贴正常发放，绩效工资按照拟聘岗位对应一阶标准的80%发放。

第十二条 遵循"同工同酬"的原则，编外职工的薪酬结构、工资定级、工资调整、绩效管理按照《公共气象服务中心薪酬管理办法》执行。

第十三条 中心按规定为编外职工缴纳北京市养老保险、医疗保险、工伤保险、生育保险、失业保险和住房公积金，并代扣代缴。缴纳基数为本人上年度工资收入总额的月平均数，新聘用的编外职工则为在中心的第一个月工资。

第五章 日常管理

第十四条 编外职工的人事档案工作按照《公共气象服务中心编外职工人事档案管理办法》执行。

第十五条 编外职工的岗位、考勤、培训、职称、考核等按照中心相关管理办法执行。

第十六条 编外职工参加的中心各项考核结果，作为劳动合同续签、终止与解除的重要依据。

第十七条 编外职工应到党委办公室办理党、团组织关系转入手续，按照有关规定交纳党费和团费，参加党团组织活动；交纳工会会费，参加工会组织活动。

第六章 附 则

第十八条 本办法未涉及的相关事宜，按照国家有关法律法规执行。

第十九条 本办法中涉及的中心相关办法如有调整，则按照调整后的最新办法执行。

第二十条 本办法由人事处负责解释。

第二十一条 本办法自发布之日起执行。

（起草人：程洪娜、范静 发布时间：2019 年 11 月）

中国气象局公共气象服务中心
编外职工人事档案管理办法

（公气发〔2019〕33号）

第一章 总 则

第一条 为了进一步加强中国气象局公共气象服务中心（以下简称中心）编外职工人事档案管理，充分发挥人事档案作用，全面提高编外职工人事档案工作的管理水平，为中心发展服务，根据国家档案局和中国气象局档案管理的有关规定，结合中心实际情况，制定本办法。

第二条 编外职工是指不占中央编办核定的气象事业编制的用工形式，按照《中华人民共和国劳动合同法》规定与中心签订劳动合同并与中心形成劳动关系的聘用人员。

第三条 中心应建立健全编外职工人事档案。加强对编外职工的年度考核和聘用期考核，将编制外职工考核、教育培训、职称评审等纳入日常管理。

第四条 中心与中国气象局人才交流中心（以下简称人才交流中心）签订《人事代理服务合同》，中心委托人才交流中心具体负责编外职工人事档案的日常管理。

第五条 中心编外职工原则上应将其人事档案转递到人才交流中心（中心档案账户）统一管理，因特殊原因不能将本人档案转递的编外职工，应书面写出档案不能转递的原因及理由，并将本人档案存放地明确告知人事处。人事处指定专人到其档案存放地进行调阅，并制作编外职工档案副本，副本由人事处统一管理。

第二章 归档内容

第六条 编外职工档案内容和分类：

（一）履历材料；

（二）自传材料；

（三）鉴定、考核、考察材料；

（四）学历学位、职称评审、培训材料；

（五）政审材料；

（六）加入中国共产党、共青团及民主党派的材料；

（七）奖励材料；

（八）处分材料；

（九）工资、任免、劳动合同、参加社会保险等材料；

（十）其他可供组织参考的材料。

第三章　档案材料的收集和保管

第七条　编外职工人事档案材料收集归档范围按照中组部的有关规定执行。归入人事档案的材料应为原件，必须准确真实，完整齐全，文字清楚，手续完备。

第八条　归档材料必须认真鉴别，保证档案材料的真实，档案材料须经组织审查盖章或本人签字的，应在签字盖章后归档。

第九条　各部门应指定专人负责编外职工人事档案的归档工作，对本部门当年形成的档案材料按有关规定进行收集、整理，并按规定时间（每年 1 月份）移交人事处统一管理。

第四章　档案的查阅及服务

第十条　中心组织人事部门、纪检监察部门（2 人以上，中共党员）到人才交流中心办理登记手续后，可以直接查阅编外职工档案。

第十一条　人事档案由人才交流中心统一管理的编外职工，如需办理与人事档案相关事宜，应先到人事处办理登记手续，由人事处出具介绍信后，到人才交流中心办理相关事宜。

第五章　档案材料的转递及处理

第十二条　中心人事处年底将收集齐整的档案材料原件，分别转递到人才交流中心以及编外职工档案所在地。

第十三条　新入职的编外职工将人事档案转递到人才交流中心之前，应先填写《中国气象局人才交流中心集体存档人员转入登记表》（附件 1），并确保其人事档案材料完整齐全后，由人才交流中心开具人事档案商调函。

第十四条 编外职工调动、辞职、解除劳动合同或被开除辞退等，应在15天之内到人才交流中心将其人事档案转交其新的工作单位或其户口所在地的街道劳动部门，在填写《中国气象局人才交流中心集体存档人员转出登记表》（附件2）后，中心人事部门方可为其出具离职证明等相关材料。

第十五条 逾期未办理人事档案转移，或以各种理由拒绝办理人事档案转移的人员，中心对其依法依规做出相关的处理文件，归入其人事档案第八类，中心与其解除劳动关系等文件归入其档案第九类；并在报纸上进行公告，公告材料归入其人事档案。

第十六条 编外职工在工作期间严重违反中心相关规定，其人事档案未在人才交流中心保管的人员，人事处将把中心对其依法依规进行处理及解除劳动关系等文件，通过北京市机要局或指派单位工作人员转递到其人事档案存放地。

第六章 附 则

第十七条 本办法由人事处负责解释。

第十八条 本办法自发布之日起执行。

（起草人：郑毅、范静 发布时间：2019年4月）

附件（略）

中国气象局公共气象服务中心编外职工招聘管理办法

（公气发〔2020〕39号）

第一章 总 则

第一条 为进一步规范公共气象服务中心（以下简称中心）招聘行为，建设高素质的人才队伍，根据《事业单位公开招聘人员暂行规定》（人事部令第6号）与《气象部门编制外劳动用工管理办法（试行）》（气发〔2009〕104号）规定，结合中心实际情况，特制定本办法。

第二条 编外职工招聘要坚持德才兼备的选人标准，贯彻公开、平等、竞争、择优的原则。

第三条 人事处负责编外职工招聘的组织和实施工作；各用人部门负责报送招聘需求，制定本部门招聘岗位的岗位职责和任职资格条件等。

第四条 本办法适用于招聘后将与中心签订劳动合同的编外职工。不含招聘高校应届毕业生和离退休返聘人员。

第二章 招聘条件和程序

第五条 应聘人员必须具备下列基本条件：

（一）具有中华人民共和国国籍，遵守宪法和法律，具有良好的品行。

（二）具有国家承认的正规院校本科及以上学历（双证齐全）。

（三）具有岗位所需的专业或技能条件。

（四）适应岗位要求的身体条件。

（五）岗位所需要的其他条件。

第六条 编外职工招聘按下列程序进行：

（一）用人部门提出招聘需求，分析部门需求产生原因，上报分管领导，经征求分管领导意见后，报送人事处。

（二）人事处按照精简高效、总量控制的原则，同时根据部门业务职责和人员流动情况反馈招聘需求的修改意见，用人部门确定最终招聘需求。

（三）招聘需求确定后正式报送人事处，人事处上报中心党委常委会审批。

（四）人事处按照最终审批的招聘需求选择招聘渠道发布招聘信息，受理应聘者申请，进行资格审查。

（五）根据具体岗位组成 3 人以上面试考官组，组织人员笔试或面试工作。

（六）人事处根据面试或笔试成绩形成报告，上报中心党委常委会审议，确定拟录用人员名单。

（七）人事处将最终拟录用人员名单及人员基本信息在中心办公网公示5个工作日，同时组织体检。

（八）公示没有出现影响聘用情形的，且体检结果不影响相应岗位工作的，予以录用。按照《劳动合同法》的相关规定，与编外职工签订劳动合同，办理入职手续。

（九）因下列情况导致招聘岗位空缺的，可以从同一岗位拟录用人员名单中，按照考试成绩由高到低依次递补：

1. 拟聘人员体检不符合岗位实际工作的；

2. 拟聘人员公示结果影响录用的；

3. 拟聘人员因个人原因放弃录用或未按规定时间报到的。

第七条 中心将按照《劳动合同法》的相关规定，与编外职工签订劳动合同，约定试用期，办理入职手续。试用期内如发现员工对于与工作相关内容有虚假陈述及提供虚假材料的，或其他被证明不符合录用条件的，将解除劳动合同。

第三章 纪律与监督

第八条 职工招聘工作实行回避制度。用人部门负责人、面试官和工作人员在开展招聘工作时，涉及与本人有亲属关系或者其他可能影响招聘公正的，应当回避。

第九条 招聘工作要做到信息公开、过程公开、结果公开，接受群众及有关部门的监督。

第四章 附 则

第十条 本办法由中心人事处负责解释。

第十一条 本办法自发布之日起执行。《公共气象服务中心聘用职工招聘管理办法》同时废止。

（起草人：程洪娜、范静 发布时间：2020 年 4 月）

中国气象局公共气象服务中心退休职工工作管理办法

（公气发〔2020〕41号）

第一章 总 则

第一条 为了进一步规范中国气象局公共气象服务中心（以下简称中心）退休职工管理工作，提高退休职工管理工作科学化水平，根据中国气象局《关于进一步加强和改进气象部门离退休干部工作的意见》（气发〔2016〕60号）精神，结合中心退休职工工作实际，制定本办法。

第二条 本办法适用于中心全体退休职工。

第二章 组织管理

第三条 中心退休职工管理工作，在中心党委领导下由中心人事处负责日常管理和协调工作。

第四条 按照有关规定，做好退休职工活动经费预算工作，严格经费管理使用，确保退休职工工作正常开展。

第五条 做好退休职工服务管理工作，维护好退休职工信息档案库，及时了解掌握退休职工思想及身体状况、生活情况，引导退休职工理解支持国家和中心全面深化改革的举措，鼓励和支持退休职工做正能量的“播种机”，革命传统的“二传手”和经验智慧的“压舱石”。

第六条 组织退休职工持续开展以“展示阳光心态、体验美好生活、畅谈发展变化”为主要内容的为党的事业和气象事业增添正能量活动。

第七条 做好退休职工的政治、生活待遇的具体落实工作，抓好退休职工的学习教育工作，组织好春游、秋游、参观、学习等活动。

第八条 组织退休职工活动，要充分考虑退休人员的身体状况和承受能力，确保安全，对学习参观或春游、秋游地点要认真调研，制定周密的活动计划和安全防范措施。

第九条 组织退休职工外出活动范围以当天往返为宜。

第三章 政治和生活待遇

第十条 每年组织召开 1 至 2 次工作情况通报会，由中心领导向退休职工通报党和国家及中国气象局有关老干部工作的方针政策、中心发展改革、重点工作、主要动态以及涉及退休职工切身利益的事宜。

第十一条 退休党支部要有针对性地开展思想政治工作，加强新时期党的方针理论的学习，始终紧跟形势，做到离岗不离党，退休不褪色。

第十二条 中心重要会议和重大活动，可视情况邀请退休党支部负责人参加。

第十三条 退休职工党支部书记和委员培训按照有关要求，参加党务干部或基层党组织培训。

第十四条 给予退休党支部书记和委员适当工作补贴，所需经费可从党费或党组织工作经费中列支，具体标准可根据实际情况确定。

第十五条 职工办理退休手续后，按照相关规定，由中心办公室负责办理退休职工独生子女一次性补助费。

第十六条 每年组织一次退休职工健康体检，并协助退休职工做好公费医疗、因病住院、转院、医药费报销等相关工作。

第十七条 退休职工患重病或生活遇到较大困难时，中心主动看望和慰问退休职工。对于因个人患病影响基本生活的、因各类灾害或意外事故等原因造成生活困难的，可根据实际情况给予一次性不超过 1 万元的困难补助。

第十八条 中心退休职工确因重大变故、生活特别困难的，由退休职工个人提出书面申请，并经中心党委常委会批准后，可根据实际情况给予一次性不超过 3 万元的特殊困难补助，从中心“福利基金”或者“自有资金”中列支。

第十九条 逢重大节假日，中心领导及职能部门相关负责人，看望和慰问退休职工，送去组织上的关怀。

第四章 文体活动

第二十条 为退休职工文体活动搭建平台，丰富退休职工的晚年生活，不断满足退休职工的精神需求。

第二十一条 鼓励和支持退休职工参加中心春节文艺活动、职工运动会、趣味比赛等各类健康有益、丰富多彩的文体活动。支持退休职工参加中国气象局及局大院其他单位举办的各项文体活动。

第五章 返聘管理

第二十二条 从实际出发，支持和鼓励有精力、有能力的退休职工，采取多种形式和途径发挥技术专家、管理干部在中心业务服务中的经验和特长。

第二十三条 人事处对返聘人员要进行登记造册，并加强与所在部门联系，实行双重管理。

第六章 附 则

第二十四条 其他事宜按照国家和中国气象局有关规定执行。

第二十五条 本办法由人事处负责解释。

第二十六条 本办法自发布之日起执行。《公共气象服务中心退休职工工作管理办法》（公气发〔2017〕96号）同时废止。

（起草人：郑毅、范静 发布时间：2020年4月）

中国气象局公共气象服务中心退休人员返聘工作管理办法

（公气发〔2020〕74号）

第一章 总 则

第一条 为规范中国气象局公共气象服务中心（以下简写中心）退休人员返聘工作，发挥技术专家、管理干部在中心业务服务中的经验和特长，结合中心工作实际，制定本办法。

第二章 范 围

第二条 本办法适用于与中心签订返聘合同的退休人员。

第三条 退休人员是指达到法定退休年龄，并且已经在原单位办理退休手续的人员。

第三章 条 件

第四条 返聘对象：原关键岗或相当岗位以上专家技术人员、处级以上管理干部。

第五条 工作内容：返聘人员根据需要承担相应的工作。

第六条 年龄：不超过70岁。

第七条 健康状况：健康状况良好。

第八条 返聘期限：采取聘期制，每个聘期不超过3年。

第四章 程 序

第九条 各单位根据工作需要提交返聘人员的申请，经中心党委常委会审议通过后，由中心与被聘人员签订劳务合同（样本附后），一式两份，受聘人员、中心各执一份。

第十条 出现下列情况之一，该合同终止：

（一）返聘人员在聘期间未能按约定完成规定的工作任务的；

（二）返聘人员在返聘期间受到党纪、政纪处理的；

（三）返聘人员在返聘期间严重违反中心规章制度或因个人责任给中心造成严重负面影响或重大经济损失的；

（四）返聘人员因身体原因不能胜任工作或因病休假超过两个月的。

第五章 待 遇

第十一条 返聘人员待遇发放：

（一）标准：劳务报酬不高于中心同级别在职人员的岗位绩效标准，具体金额由聘用双方协商确定，并报中心党委常委会审定；特聘专家按相关规定执行。

（二）发放单位：由中心统一发放。

第十二条 返聘人员与中心建立的是劳务服务合同，适用于《合同法》以及《民法通则》，不享受《劳动合同法》规定的相关待遇。

第六章 管 理

第十三条 返聘人员的考勤等日常管理由其所在单位负责，其劳务报酬按月发放，并根据实际出勤情况计发。

第十四条 所在部门应在返聘人员合同期满前一个月完成考核，考核结果报中心人事处备案。

第七章 附 则

第十五条 各业务部门如因特殊原因，临时性返聘不符合本办法规定的退休人员，应参照本办法与部门签订返聘合同，做好日常管理。

第十六条 本办法自发布之日起执行，由中心人事处负责解释。《公共气象服务中心退休人员返聘工作管理办法》（公气发〔2017〕35号）同时废止。

（起草人：程洪娜、范静　发布时间：2020年6月）

财务资产篇

财务资产篇旨在加强中心的财务管理及对下属企业的国有资产管理。规范财务行为，不断提高资金使用效益，保障国有资产保值增值。气象服务事业的发展需要充足的经费作为保障，完备的财务管理制度，可以全面保障中心的资金与资产安全，有利于财务信息的真实可靠，有利于保障中心的平稳、健康运行。事业单位作为下属企业出资人，对企业国有资产进行监督管理是深化改革中出现的新课题，以管资本为主加强国有资产监管，将授权与监管相结合，放活与管好相统一，可有效保障国有资本规范有序运行。基于国家相关法律和政策，面对公共气象服务事业发展的要求，财务制度不仅对事业经费预算、资金分配和使用等过程进行规范，还对科技服务、建设项目、企业国有资本运行等经济活动进行有效的控制和监督，为事企多元化业务发展提供了有力保障。

中国气象局公共气象服务中心财务支出管理办法

（公气发〔2020〕26 号）

为加强和规范中国气象局公共气象服务中心（以下简称中心）财务管理，规范财务工作运行，保障资金安全和提高资金使用效益，根据《中国气象局机关和直属事业单位财务报销管理暂行办法》（气办发〔2013〕57 号）等有关规定，结合中心的实际情况，制定本办法。

第一章　总　则

第一条　中心财务收支均由中国气象局财务核算中心（以下简称核算中心）统一核算，由核算中心和中心计划财务处共同监督管理，严禁任何单位和个人设立“小金库”和“账外账”。

第二条　财务支出坚持“执行预算、严格审核、先批后办、报销列账”的原则。计划财务处根据预算设置报账卡，各单位凭报账系统打印单据及支出凭证到核算中心报销。

第三条　公用经费采用“明确职责、切块分配、包干使用”的原则。根据本年度业务需求、实际工作量及预算控制数情况，将公用经费切块给职能部门或业务单位使用。

第四条　项目经费支出严格按照部门预算批复及中心预算分配方案执行。

第二章　审批程序与权限

第五条　审批程序、审批权限及发票签字规定

（一）基本支出审批

1. 工资支出审批

人事处应于每月 25 日前向核算中心提交下月工资发放表，核算中心原则上在 3 个工作日内

完成当月工资发放，并于次月5日前完成上月工资结账工作。特殊情况需要单独发放津补贴的由人事处提交原始表，送核算中心发放。涉及个人住房公积金变动的，人事处应将变动情况随工资表一同送交核算中心，由核算中心办理公积金增加、减少及汇缴。

2. 公用经费支出审批

0.5万元以下支出由处室主要负责人审批；0.5万（含）～1万元支出由处室负责人审批，计划财务处负责人审签；1万（含）～20万元支出在处室负责人和计划财务处负责人审签基础上由中心分管业务领导及分管财务领导审批。20万元（含）以上由中心领导、或中心领导授权分管财务领导审批。

（二）项目（含课题）支出审批

1万元以下支出由项目负责人和项目负责人所在处室负责人联批；1万（含）～3万元支出由项目负责人和项目负责人所在处室负责人联批，业务科技处和计划财务处联合审签；3万（含）～20万元支出在项目负责人、项目负责人所在处室负责人、业务科技处、计划财务处审签基础上由中心分管业务领导和中心分管财务领导联合审批。20万元（含）以上由中心领导、或中心领导授权中心分管领导审批。

（三）办公室负责中心安排的会议费、因公出国（境）费、招待费审批；人事处负责中心安排的培训费审批；计划财务处负责对劳务费、咨询费、交通费进行审批。

（四）中心各处室申请机动经费使用时，须先报相关职能处室、计划财务处审核，经中心分管业务领导及分管财务领导审批后，方可执行。

（五）20万～100万元资金支出实行“大额资金审核会”审批制度。100万元（含）以上资金支出按照《公共气象服务中心政府采购管理办法》（公气发〔2017〕77号）执行。大额资金审核小组由中心分管财务领导、业务科技处负责人、计划财务处负责人、党委办公室（纪检监察处）审计人员组成。其中，业务科技处负责审议支出内容与可研是否相符及是否已完成项目立项，计划财务处负责审议是否符合项目预算及采购方式是否合理，党委办公室（纪检监察处）负责审议合同内容、格式及采购过程是否符合要求。各处室须按要求提交《大额资金备案材料》及相关附件。

（六）20万～100万元资金支出有下列情形之一的，无须经“大额资金审核会”审批。

1. 已经按照政府采购规定通过的协议供货或者网上竞价等政府采购程序进行的设备采购；

2. 已批复的项目（课题），在可研（项目书）中明确标注协作单位、委托业务单位等具体名称的；

3. 水电费、取暖费、物业费等由中国气象局下属单位收取的日常办公运行费用。

第三章　财务资金管理

第六条　报账手续

（一）办理报销业务，须由经办人在报账系统中填写相关报销单，提供与支出相关的所有原始单据（包括发票、购物清单、公务卡消费的POS小票、固定资产登记单及相关合同或文件等）。

（二）办理现金借款业务，须由经办人在报账系统中填写“借款单”，按照本办法中的经费使用审批权限进行审批。

（三）办理支票、汇款等业务，须由经办人在报账系统中填写“借款单”，按照本办法中的经费使用审批权限进行审批。具体规定如下：

1.开出支票要由领票人及审核批准人在支票领用单上签字；

2.作废或过期支票一律由本单位经办人员换取，外单位人员不予办理；

3.支票遗失应由经办人立即通知核算中心，由核算中心到银行挂失；

4.已领取的支票未使用的，不得自行销毁，应及时退回财务核算中心统一销毁。

（四）自有资金到款，各处室应及时填写到款登记单，附相关任务书或合同交核算中心会计，核算中心会计在3个月内及时入账。

（五）财务网上报销与审批流程按照《公共气象服务中心财务网上报销与审批管理办法》执行。

第七条　资金使用方式

（一）实行公务卡制度后，凡应使用公务卡进行结算的，原则上不得使用现金结算，有特殊原因不能使用公务卡结算的，在报销时应写明原因，经计划财务处审批后方可报销。持卡人应优先在有刷卡条件的商户进行消费。

（二）一次性支出金额超过1000元，除可使用公务卡外，可办理转账支票（同城）或汇款（异地）进行结算。除按规定可在异地支出的差旅费用以外，其他在异地的现金支出不予报销。

第四章　报销管理

第八条　办公用品

（一）凡属于固定资产的，应先办理资产登记手续，按照《公共气象服务中心国有资产管理办法》相关规定执行。

（二）凡在当年中央政府采购目录内的品目，应履行相关政府采购程序。

（三）不在政府采购目录内的品目可自行购买，附采购明细清单，并加盖供应商的公章（财务专用章或发票专用章）。

第九条 印刷（出版）费

（一）按实际发生金额报销。5万元（含）以上印刷（出版）费用须签订有标的、数量、质量、价款、履约期限、地点和方式等有实质性要约的合同。属于政府采购目录内的印刷费用，须履行政府采购程序。

（二）印刷（出版）费报销应提供单据：报销单、相关发票、相关合同，属政府采购范围的，应附政府采购电子验收单或政府采购合同。报销国内版面费的，应附对方单位出具的版面录用通知；报销国外版面费的，应附国外的发票或收据、支付款项当天的银行汇率（换汇银行官网截图）。

第十条 专家咨询费

专家咨询费不得支付给参与课题或项目的工作人员。

	会议形式		通信形式
	1～2天	3天及以上	
高级专业技术职称人员	500～800元/天	300～400元/天	60～100元/人次
其他专业技术人员	300～500元/天	200～300元/天	40～80元/人次

第十一条 基础设施维修费

公用基础设施的维修费用，由办公室主要负责人审批执行。

第十二条 邮电费

邮电费报销指信函、包裹、货物等物品的邮寄费及固定电话费、电报费、传真费、网络通信费等。不得报销个人家庭网络费用。

第十三条 交通费

公务车辆维持费用的报销范围为车辆维修费、保养费、保险费、燃油费、过路过桥费、停车费等，按实际发生金额报销。过路过桥费、停车费在发票背面注明车牌号。

出租车费按照实际发生金额报销。每张出租车票背面应注明所去单位、事由并由相关人员签字，原则上只报销北京市出租车费。报销时票据粘贴整齐，每张粘贴单粘贴票据控制在50张内。

车辆租赁费按照实际发生额（含由乘客支付的过路过桥费、燃油附加费）报销，报销时应附租赁合同。

交通费用的总金额不得超过当年交通费用控制数。

第十四条 差旅费

差旅费报销按照《公共气象服务中心差旅费管理办法》相关规定执行。

第十五条 因公出国（境）费用

因公出国（境）费用，按照《气象部门因公临时出国经费管理办法》（气发〔2014〕15号）

执行。因公出国（境）事项必须经办公室审核、由中心分管领导审批。因公出国（境）费用报销应附《出国（境）代表团（组）费用预算表》《出国（境）代表团（组）费用结算表》及相关票据和出国文件，经计划财务处审核后方可报销。

第十六条 会议费

会议费开支包括住宿费、伙食费、会议室租金、交通费、文件印刷费、医药费等，具体开支标准按照《公共气象服务中心会议费管理办法》相关规定执行。

第十七条 培训费

培训费是指各单位组织开展培训直接发生的各项费用支出，包括师资费、住宿费、伙食费、培训场地费、培训资料费、交通费及其他费用，具体开支标准按照《公共气象服务中心培训费管理办法》相关规定执行。

第十八条 公务接待费

公务接待费由办公室统一审批，需严格按照国家、中国气象局有关公务接待的标准执行，不得超规模、超标准报销公务接待费。

第十九条 值班（加班）报销

发放值班（加班费）需领取人签字确认，并填写相应报销单，注明值班（加班）事项、天数等，附带发放说明（盖部门公章）、签字表进行报销。

第二十条 探亲路费报销

职工探亲假期按照《国务院关于职工探亲待遇的规定》（国发〔1981〕36号）及财政部《关于职工探亲路费的规定》（财事字（1981）第113号）执行。职工探亲不得报销机票，因故乘坐飞机的，可按直线车、船票报销，多支部分自理。报销探亲路费需提交相应报销单、经人事部门签字的相关说明以及相关车、船票等。

第二十一条 委托业务费

委托业务费应签订委托合同或协议。报销应提供报销单、发票、委托合同或协议。纵向课题主要承担单位向课题参与单位转拨项目拨款时，应附项目预算书、银钱收据或加盖收款方财务章的银行进账单复印件等，可不再提供发票、委托合同、协议。

第二十二条 软件购置费

软件购置费中属于无形资产的，应先办理资产入库登记手续。5万元（含）以上软件购置须签订有标的、数量、质量、价款、履约期限、地点和方式等有实质性要约的合同。属于政府采购目录内的软件购置，须履行政府采购程序。

第二十三条 物业费、水电费、取暖费报销

物业费、水电费、取暖费按照实际发生金额报销。报销应提供报销单，相关发票，物业合同，物业、水电、取暖的明细结算清单。

第二十四条 劳务费

项目支出劳务费，须按照国家和中国气象局有关规定的标准执行，必须由项目负责人和所在单位主要负责人审核批准。劳务费须由核算中心会计核定代扣代缴个人所得税金额，最终按照税后金额发放。严禁先发放实发金额、后倒挤应发金额的做法。不得向本单位人员发放劳务费用。报销时须附劳务费发放说明，并加盖处室公章。

第二十五条 设备购置

采购政府集中采购目录中的设备须通过政府采购程序，取得中央政府采购合同后，由中心计划财务处备案，严禁在政府采购供货点以外的地点采购相关设备。

第二十六条 外事接待报销

外事接待报销执行《中国气象局局机关和直属事业单位财务报销管理暂行办法》（气办发〔2013〕57号）。

第二十七条 核算中心应按年度下发科目设账，单位所有资金均应在A++财务平台上核算，并保证账表一致。当月业务应当月结账，月底办理的事项，原则上应在一周之内办理完毕。经费必须当年结账，不得结转至第二年办理。

第二十八条 职工医药费及住院经费的支出按照《中国气象局直属事业单位公费医疗报销管理办法（试行）》（气发〔2009〕97号）相关规定执行。

第五章 附 则

第二十九条 本办法由中心计划财务处负责解释。

（起草人：黄祎、刘欣 发布时间：2020年3月）

中国气象局公共气象服务中心培训费管理办法

（公气发〔2020〕23号）

第一章 总 则

第一条 为加强和规范中国气象局公共气象服务中心（以下简称中心）培训费管理，根据《财政部 中共中央组织部 国家公务员局关于印发〈中央和国家机关培训费管理办法〉的通知》（财行〔2016〕540号）、《中国气象局关于印发〈气象部门培训费管理办法〉的通知》（气发〔2014〕33号）的要求，结合中心实际情况，制定本办法。

第二条 本办法所称培训，是指中心在境内举办的3个月以内的各类培训。

第三条 中心各处室举办培训应当坚持厉行节约、反对浪费的原则，实行内部统一管理，增强针对性和实效性，保证培训质量，统筹和节约培训资源，提高培训经费使用效益。

第二章 计划和备案管理

第四条 建立培训计划编报和审批制度。根据《公共气象服务中心教育培训管理办法》执行。

第五条 年度培训计划一经批准，原则上不得调整。因工作需要确需临时增加培训及调整预算的，应按《公共气象服务中心教育培训管理办法》执行。

第三章 开支范围和标准

第六条 本办法所称培训费，是指各处室开展培训直接发生的各项费用支出，包括师资费、住宿费、伙食费、培训场地费、培训资料费、交通费以及其他费用。

（一）师资费是指聘请师资授课发生的费用，包括授课老师讲课费、住宿费、伙食费、城市间交通费等。

（二）住宿费是指参训人员及工作人员培训期间发生的租住房间的费用。

（三）伙食费是指参训人员及工作人员培训期间发生的用餐费用。

（四）培训场地费是指用于培训的会议室或教室租金。

（五）培训资料费是指培训期间必要的资料及办公用品费。

（六）交通费是指用于培训所需的人员接送以及与培训有关的考察、调研等发生的交通支出。

（七）其他费用是指现场教学费、设备租赁费、文体活动费、医药费等与培训有关的其他支出。

参训人员参加培训往返及异地教学发生的城市间交通费，按照公共气象服务中心差旅费有关规定回单位报销。

第七条 除师资费外，培训费实行综合定额标准，分项核定，总额控制。

综合定额标准为550元/人/天，其中住宿费340元，伙食费130元，场地、资料、交通费50元，其他费用30元。

综合定额标准是培训费开支的上限，各项费用之间可以调剂使用。各处室应在综合定额标准以内结算报销。

30天以内的培训按照综合定额标准控制；超过30天的培训，超过天数按照综合定额标准的70%控制。上述天数含报到撤离时间，报到和撤离时间分别不得超过一天。

第八条 师资费在综合定额标准外单独核算。讲课费按实际发生的学时计算，每半天最多按4学时计算。讲课费（税后）执行以下标准：副高级技术职称专业人员每学时最高不超过500元，正高级技术职称专业人员每学时最高不超过1000元，院士、全国知名专家每学时一般不超过1500元。其他人员讲课费参照上述标准执行。同时为多班次一并授课的，不重复计算讲课费。

授课老师的城市间交通费按照中心差旅费有关规定和标准执行，住宿费、伙食费按照本办法标准执行，原则上由培训举办处室承担。

培训工作确有需要从异地（含境外）邀请授课老师，路途时间较长的，经处室主要负责人批准，讲课费可以适当增加。

第四章 培训组织

第九条 组织培训的工作人员控制在参加培训人员数量的5%以内，且最多不超过10人。

第十条 严禁借培训名义安排公款旅游；严禁借培训名义组织会餐或安排宴请；严禁组织高

消费娱乐、健身活动；严禁使用培训费购置电脑、复印机、打印机、传真机等固定资产以及开支与培训无关的其他费用；严禁在培训费中列支公务接待费、会议费；严禁套取培训费设立“小金库”。

培训住宿不得安排高档套房，不得额外配发洗漱用品；培训用餐以自助餐为主，不得上高档菜肴，不得提供烟酒；7日以内的培训不得组织调研、考察、参观。

第十一条 邀请境外师资讲课，须严格按照有关外事管理规定，履行审批手续。境内师资能够满足培训需要的，不得邀请境外师资。

第十二条 组织培训应充分利用中心会议室、业务平台等场地。尽量利用网络、视频等信息化手段，大力推行干部选学、在职自学等方式，降低培训成本，提高培训效率。

第五章 报销结算

第十三条 培训举办处室报销培训费，应当提供培训通知、实际参训人员签到表、讲课费签收单以及培训机构出具的原始明细单据、电子结算单等凭证。对未履行审批备案程序的培训，以及超范围、超标准开支的费用不予报销。

第十四条 讲课费、小额零星开支以外的培训费用，应当按照国库集中支付和公务卡管理的有关制度执行，采用银行转账或公务卡方式结算，不得以现金方式支付。

第十五条 培训费由培训举办处室承担，纳入部门预算管理，不得向参训人员收取任何费用。

第六章 附 则

第十六条 各处室参加中国气象局统一组织或外部门组织的培训，按照培训通知及相关规定报销培训费和差旅费。

第十七条 确因业务发展和人才培养需要举办的时间超过3个月的培训按照本办法执行。

第十八条 本办法由计划财务处负责解释。

（起草人：黄祎、刘欣 发布时间：2020年3月）

中国气象局公共气象服务中心会议费管理办法

（公气发〔2020〕22号）

第一章　总　则

第一条　为了加强和规范中国气象局公共气象服务中心（以下简称中心）会议费管理，精简会议，改进会风，提高会议效率和质量，节约会议经费开支，根据《气象部门会议费管理办法》（气发〔2018〕126号），结合中心实际情况，制定本办法。

第二条　各处室召开会议应当坚持厉行节约、反对浪费、规范简朴、务实高效的原则，严格控制会议数量，规范会议费管理。

第三条　各处室召开的会议实行分类管理、分级审批。

第四条　各处室应当严格会议费预算管理，控制会议费预算规模。会议费预算应当细化到具体会议项目，执行中不得突破。会议费应当纳入部门预算，并单独列示。

第二章　会议分类和审批

第五条　中心的会议主要有三类、四类会议。其中，三类会议指中心召开的，要求省、自治区、直辖市、计划单列市气象局相关业务部门及业务单位有关人员参加的会议。主要包括全国性的公共服务、预警信息发布业务工作会议等。

四类会议是指除上述三类会议以外的其他业务性会议，包括小型研讨会、座谈会、评审会等。

第六条　中心会议按以下程序和要求进行审批：

中心三类会议及其他需审议的会议，应由办公室于每年10月底前将下一年度会议计划报经中心主任办公会审议后执行。

会议计划一经批准，原则上不得调整。因工作原因确须临时增加的会议，由办公室会同计划财务处审核后，报中心主任办公会审定。

第七条 三类、四类会议会期均不得超过2天；传达、布置类会议会期不得超过1天。

会议报到和离开时间，三类会议合计不得超过2天，四类会议合计不得超过1天。

第八条 各处室应当严格控制会议规模。

三类会议参会人员不得超过150人，其中，工作人员控制在会议代表人数的10%以内。

四类会议参会人员视内容而定，一般不得超过50人。

第九条 各处室召开会议应当改进会议形式，充分运用电视电话、网络视频等现代信息技术手段，降低会议成本，提高会议效率。

传达、布置类会议优先采取电视电话、网络视频会议方式召开。电视电话、网络视频会议的主会场和分会场应当控制规模，节约费用支出。

第十条 不能够采用电视电话、网络视频召开的会议实行定点管理。各处室会议应当到定点会议场所召开，按照协议价格结算费用。未纳入定点范围，价格低于会议综合定额标准的单位内部会议室、礼堂、宾馆、招待所、培训中心，可优先作为会议场所。

无外地代表且会议规模能够在单位内部会议室安排的会议，原则上在中心内部会议室召开，不安排住宿。

第十一条 参会人员以在京单位为主的会议不得到京外召开，不得到党中央、国务院明令禁止的风景名胜区召开会议。

第三章 会议费开支范围、标准和报销支付

第十二条 会议费开支范围包括会议住宿费、伙食费、会议室租金、交通费、文件印刷费、医药费等。

前款所称交通费是指用于会议代表接送站，以及会议统一组织的代表考察、调研等发生的交通支出。

会议代表参加会议发生的城市间交通费，按照差旅费管理办法的规定由所在单位报销。

第十三条 会议费开支实行综合定额控制，各项费用之间可以调剂使用。

会议费综合定额标准如下：

单位：元/人/天

会议类别	住宿费	伙食费	其他费用	合 计
三类、四类会议	340	130	80	550

综合定额标准是会议费开支的上限，各处室应在综合定额标准以内结算报销。

第十四条 会议费原则上在部门预算公用经费中列支。

会议费由会议召开处室承担，不得向参会人员收取，不得以任何方式向下属企业转嫁或摊派。

第十五条 各处室在会议结束后应当及时办理报销手续。会议费报销时应当提供会议审批文件、会议经费预算表、会议通知及实际参会人员签到表、会议费结算表、定点会议场所等会议服务单位提供的费用原始明细单据、电子结算单等凭证。核算中心对未列入年度会议计划，以及超范围、超标准开支的经费不予报销。

第十六条 各处室会议费支付，应当严格按照国库集中支付制度和公务卡管理制度的有关规定执行，以银行转账或公务卡方式结算，禁止以现金方式结算。

第四章 会议费公示和年度报告制度

第十七条 各处室应当提供非涉密会议的名称、主要内容、参会人数、经费开支等情况查询。

第十八条 各处室应当于每年2月底前，将本处室上年度会议计划和执行情况（包括会议名称、主要内容、时间地点、代表人数、工作人员数、经费开支及列支渠道等）报办公室，办公室汇总后报中国气象局。

第五章 管理职责

第十九条 计划财务处会议费管理的主要职责是：

（一）会同办公室制定或修订会议费管理办法，并对执行情况进行监督检查；

（二）加强对中心会议费使用的内控管理。

第二十条 办公室会议费管理的主要职责是：

（一）配合计划财务处制定或修订会议费管理办法；

（二）负责提出会议年度计划，报送审议；

（三）负责中心召开的三类会议的总务工作。

第六章 监督检查和责任追究

第二十一条 计划财务处和党委办公室（纪检监察处）对各单位会议费管理和使用情况进行监督检查。主要内容包括：

（一）会议计划的编报、审批是否符合规定；

（二）会议费开支范围和开支标准是否符合规定；

（三）会议费报销和支付是否符合规定；

（四）会议会期、规模是否符合规定，会议是否在规定的地点和场所召开；

（五）是否向下属公司转嫁、摊派会议费；

（六）会议费管理和使用的其他情况。

第二十二条 严禁各处室借会议名义组织会餐或安排宴请，严禁套取会议费设立“小金库”，严禁在会议费中列支公务接待费。

各处室应严格执行会议用房标准，不得安排高档套房；会议用餐严格控制菜品种类、数量和分量，安排自助餐，严禁提供高档菜肴，不安排宴请，不提供烟酒；会议会场一律不摆花草，不制作背景板，不提供水果。

不得使用会议费购置电脑、复印机、打印机、传真机等固定资产以及开支与本次会议无关的其他费用；不得组织会议代表旅游及参加与会议无关的参观；严禁组织高消费娱乐、健身活动；严禁以任何名义发放纪念品；不得额外配发洗漱用品。

第二十三条 违反本办法规定，有下列行为之一的，依照本规定追究会议举办处室和相关人员的责任：

（一）未经批准召开计划外会议的；

（二）以虚报、冒领手段骗取会议费的；

（三）虚报会议人数、天数等进行报销的；

（四）违规扩大会议费开支范围，擅自提高会议费开支标准的；

（五）违规报销与会议无关费用的；

（六）其他违反本办法行为的。

有前款所列行为之一的，由计划财务处会同党委办公室（纪检监察处）责令改正，追回资金，并经报批后予以通报。按照有关规定对直接负责的主管人员和相关负责人予以责任追究。涉嫌违法的，移交司法机关处理。

第七章 附 则

第二十四条 本办法由计划财务处负责解释。

（起草人：黄祎、刘欣 发布时间：2020 年 3 月）

中国气象局公共气象服务中心差旅费管理办法

（公气发〔2020〕24号）

第一章　总　则

第一条　为了加强和规范中国气象局公共气象服务中心（以下简称中心）差旅费管理，根据《中国气象局办公室关于印发〈气象部门差旅费管理办法〉的通知》（气发〔2019〕116号）、《中央和国家机关差旅费管理办法有关问题的解答》（财办行〔2014〕90号）的要求，结合中心实际情况，制定本办法。

第二条　差旅费是指中心工作人员临时到常驻地以外地区出差所发生的城市间交通费、住宿费、伙食补助费和市内交通费。

第三条　出差人应报经处室领导批准，填写出差审批单；出差人在填报出差审批单时必须明确填报具体出差事由，出差地点至少填到地区级行政区。

第四条　各处室要严格差旅费预算管理，控制控制出差人数和天数，控制差旅费支出规模；严禁无实质内容、无明确公务目的的差旅活动，严禁以任何名义和方式变相旅游，严禁异地部门间无实质内容的学习交流和考察调研。

第五条　财政部按照分地区、分级别、分项目的原则制定差旅费标准，并根据经济社会发展水平、市场价格及消费水平变动情况适时调整。中心各单位按照该标准执行。标准如有更新，按更新后的标准执行。

第二章　城市间交通费

第六条　城市间交通费是指工作人员因公到常驻地以外地区出差乘坐火车、轮船、飞机等交通工具所发生的费用。

第七条 出差人员应当按规定等级乘坐交通工具。乘坐交通工具的等级如下表所示。

交通工具 级 别	火车（含高铁、动车、全列软席列车）	轮船（不包括旅游船）	飞机	其他交通工具（不包括出租小汽车）
部级及相当职务人员、院士	火车软席（软座、软卧），高铁/动车商务座，全列软席列车一等软座	一等舱	头等舱	凭据报销
司局级及相当职务人员、首席、总师、正高级职称专家	火车软席（软座、软卧），高铁/动车一等座，全列软席列车一等软座	二等舱	经济舱	凭据报销
其余人员	火车硬席（硬座、硬卧），高铁/动车二等座、全列软席列车二等软座	三等舱	经济舱	凭据报销

部级及相当职务人员出差，因工作需要，随行一人可乘坐同等级交通工具。

出差人员未按规定等级乘坐交通工具的，超支部分由个人自理。降低规定的等级乘坐交通工具的，按实际费用据实报销，不另外领取补助。

出差人员原则上可以乘坐全列软席列车软座，但在晚 8 时至次日晨 7 时期间乘车时间 6 小时以上的，或连续乘车超过 12 小时的，经单位领导批准，可以乘坐软卧，按照软卧车票报销。

第八条 到出差目的地有多种交通工具可选择时，出差人员在不影响公务、确保安全的前提下，应当选乘经济便捷的交通工具。

第九条 乘坐飞机的，民航发展基金、燃油附加费可以凭据报销。

第十条 乘坐飞机、火车、轮船等交通工具的，每人次可以购买交通意外保险一份并报销，所在单位统一购买交通意外保险的，不再重复购买。

第三章 住宿费

第十一条 住宿费是指工作人员因公出差期间入住宾馆（包括饭店、招待所，下同）发生的房租费用。

第十二条 财政部按照分地区、分级别、分项目的原则制定差旅费标准，并根据经济社会发展水平、市场价格及消费水平变动情况适时调整。中心各单位按照该标准执行。标准如有更新，按更新后的标准执行。

第十三条 部级及相当职务人员住普通套间，司局级及以下人员住单间或标准间。

第十四条 因工作需要，出差人员当日乘坐下午或晚上飞机、火车离开出差地，住宿结账时间较晚，宾馆多收半日或 1 日住宿费，多收部分可在标准限额内报销。

第十五条 出差人员应当在职务级别对应的住宿费标准限额内，选择安全、经济、便捷的宾馆住宿。

第十六条 连续多地出差，住宿费标准不同，须分别执行各地区标准，不得统筹使用。

第四章 伙食补助费

第十七条 伙食补助费是指对工作人员在因公出差期间给予的伙食补助费用。

第十八条 伙食补助费按出差自然（日历）天数计算（出差天数不得超过出差审批单批准的天数），按规定标准包干使用。

第十九条 财政部分地区制定伙食补助费标准，作为各单位工作人员到相关地区出差的伙食补助费标准。中心各处室按照该标准执行。

第二十条 出差人员出差期间按规定领取伙食补助费。除确因工作需要由接待单位按规定安排的一次工作餐外，其余用餐费用自行解决。出差人员需接待单位协助安排用餐的，应当提前告知控制标准，并向伙食提供方交纳伙食费。

在单位内部食堂用餐，有对外收费标准的，出差人员按对外收费标准交纳；没有对外收费标准的，早餐按照日伙食补助费标准的 20% 交纳，午餐、晚餐按照日伙食补助费标准的 40% 交纳。

在宾馆、饭店等餐饮服务单位用餐的，按照餐饮服务单位收费标准交纳相关费用。

第五章 市内交通费

第二十一条 市内交通费是指工作人员因公出差期间发生的市内交通费用。

第二十二条 市内交通费按出差自然（日历）天数计算（出差天数不得超过出差审批单批准的天数），每人每天 80 元包干使用。

第二十三条 出差人员出差期间按规定领取市内交通费。接待单位协助提供交通工具并有收费标准的，出差人员按标准交纳，最高不超过日市内交通费标准；没有收费标准的，每人每半天按照日市内交通费标准的 50% 交纳。

第二十四条 到常驻地以外出差，中心不安排公务用车接送机场、车站。

往返机场的专线客车、机场快轨及出租车等费用不能报销。

第六章 报销管理

第二十五条 出差人员应当严格按规定开支差旅费，费用由所在单位承担，不得向下属企业或其他单位转嫁。

第二十六条 城市间交通费按乘坐交通工具的等级凭据报销，订票费、经批准发生的签转或退票费、交通意外保险费凭据报销。

住宿费在标准限额之内凭发票据实报销。

伙食补助费按出差目的地的标准报销，在途期间的伙食补助费按当天最后到达目的地的标准报销。

市内交通费按规定标准报销。

未按规定开支差旅费的，超支部分由个人自理。

第二十七条 工作人员出差结束后应当及时办理报销手续。差旅费报销时应当提供出差审批单（参考附件）、机票、车票、住宿费发票等凭证。根据实际情况，还须提供会议通知、培训通知、邀请函、调研函等相应文件。

接待单位协助安排用餐、提供交通工具的，出差人员应当按照标准缴纳费用，接待单位应及时出具相应的行政事业单位资金往来结算票据或税务发票等凭证，确实无法出具上述凭证的，可出具其他收款凭证，个人保存备查，不作为报销依据。所收费用可冲减相关支出或做收入处理。

住宿费、机票支出等按规定用公务卡结算，具体要求按照《公共气象服务中心公务卡管理办法》执行。

第二十八条 各单位临时聘请专家或人员开展咨询、评审、调研、试验等工作发生差旅事项，可以按规定标准报销差旅费，报销时应附邀请函。

第二十九条 各单位财务部门应当严格按规定审核差旅费开支，对未经批准出差以及超范围、超标准开支的费用不予报销。其中：

（一）工作人员到边远地区出差无法取得住宿费发票的，由出差人员说明情况并经所在处室领导批准，可以报销城市间交通费、伙食补助费和市内交通费。其他情况一般不予报销差旅费。

（二）工作人员到常驻地以外参加会议、培训的，会议、培训期间执行会议和培训费的相关制度。往返会议、培训地点发生的城市间交通费、伙食补助费和市内交通费按照差旅费管理办法的规定报销。

确因工作需要，参加其他部门举办的会议，举办单位统一安排食宿，但要求参加会议人员承担住宿费或伙食费的，会议期间的食宿费可以按规定标准报销，不报销市内交通费；往返会议地点的差旅费由所在单位按照规定报销。

确因工作需要，参加其他部门举办的培训，举办单位统一安排食宿，但要求参加培训人员承担住宿费或伙食费的，培训期间的住宿费按规定标准报销，30 天以内的培训伙食补助费按规定标准报销，超过 30 天的培训，超过天数伙食补助费按规定标准的 70% 报销；不报销市内交通费；往返培训地点的差旅费由所在单位按照规定报销。

时间超过1个月（含1个月）以上的培训，培训期间逢3天（不含3天）以上的国家法定节假日，可以在国家法定节日期间报销一次往返培训地及常驻地之间的城市间交通费。

（三）赴异地交流任职、挂职（含借调）和援派（扶贫）的工作人员到原工作地点出差的，无住宿费发票可以按规定标准报销城市间交通费、伙食补助费和市内交通费。所需费用由接收单位负责报销（扶贫人员差旅费可由派出单位负责报销）。

（四）当天往返未发生住宿的或乘坐夕发朝至城际列车没有住宿费发票的，可以报销当天或路程期间的城市间交通费、伙食补助费和市内交通费。

（五）经领导批准，工作人员出差期间回家省亲办事的（在审批单上注明省亲办事时间），城市间交通费按不高于从出差目的地返回单位按规定乘坐相应交通工具的票价予以报销，超出部分由个人自理；伙食补助费和市内交通费按从出差目的地返回单位的天数（扣除回家省亲办事的天数）和规定标准予以报销。

（六）自带交通工具出差的，自带交通工具期间不能报销市内交通费。

第三十条 工作人员到北京市远郊区县参加会议、培训的，不报销住宿费、伙食补助费和市内交通费；到远郊区县开展其他公务活动且实际发生住宿、伙食、交通等费用的，按照差旅费管理办法的规定标准报销。统一安排伙食、交通工具的，不再报销伙食补助费和市内交通费。

北京市远郊区县是指门头沟区、房山区、通州区、顺义区、昌平区、大兴区、怀柔区、平谷区、密云县、延庆县。

第七章 监督问责

第三十一条 各处室应当加强对本单位工作人员出差活动和经费报销的内控管理，对本处室出差审批制度、差旅费预算及规模控制负责。

各处室负责人对差旅费报销进行审核把关，确保内容真实完整，经办人员应确保票据合法合规。

各处室应当自觉接受审计部门对出差活动及相关经费支出的审计监督。对未经批准擅自出差、不按规定开支和报销差旅费的人员进行严肃处理。

第三十二条 出差人员不得向接待单位提出正常公务活动以外的要求，不得在出差期间接受违反规定用公款支付的宴请、游览和非工作需要的参观，不得接受礼品、礼金和土特产品等。

第三十三条 违反本办法规定，有下列行为之一的，依法依规追究相关单位和人员的责任：

（一）单位无出差审批制度或出差审批控制不严的；

（二）出差人员提供虚假材料，虚报冒领差旅费的；

（三）擅自扩大差旅费开支范围和提高开支标准的；

（四）不按规定报销差旅费的；

（五）转嫁差旅费的；

（六）其他违反本办法行为的。

有上列行为之一的，由计划财务处会同党委办公室（纪检监察处）责令改正，违规资金应予追回，并视情况予以通报。对直接责任人和相关负责人，报请其所在单位按规定给予行政处分。涉嫌违法的，移送有关部门处理。

第八章　附　则

第三十四条　本办法由计划财务处负责解释。

（起草人：黄祎、刘欣　发布时间：2020 年 3 月）

附件（略）

中国气象局公共气象服务中心财务网上报销与审批管理办法

（公气发〔2020〕25号）

第一章　总　则

第一条　为规范中国气象局公共气象服务中心（以下简称中心）财务网上报销与审批流程，加强财务风险防控，确保财务网上报销与审批业务安全有效运转，根据中国气象局有关财务制度，结合中心实际情况，制定本办法。

第二条　财务网上报销与审批坚持“预算控制、处室负责、流程管理、岗位（权限）制衡”的原则。

第三条　本办法适用于中心各处室在线上办理财务审批、报销事项。收入事项以及工资发放、银行托收、缴纳税款等支出事项不适用本办法。

第二章　财务报销审批及签字

第四条　审批系统按财务报销业务类型设置不同类型的单据类型，计划财务处根据中心财务支出管理办法对各类经费的审批流程进行预置。

第五条　各处室财务经办人在办理有关财务业务时，应根据拟办理的财务业务内容，在审批系统中正确选择相应的报销单据类型进行填报。填报时应正确填写报销事由、报销金额、结算方式、原始票据信息等。

第六条　各处室财务经办人在审批系统中填报相关单据时，应向审批系统上传有关电子附件，具体要求如下：

（一）按中心规定在办理财务借款、结算、报销时应提供的原始单据，均应上传电子附件；

（二）电子附件采取拍照方式制作，与纸质原始单据保持一致，电子文档名称按原始票据名称命名；

（三）电子附件应清晰完整。

第七条 审批人在审批时，可直接在审批系统中根据相关单据填报情况和电子附件进行审批。审批人在审批时如有疑问，可要求有关处室进行说明并提供纸质原始单据进行查验。

第八条 审批流程结束后，由财务经办人在审批系统中打印经费报销单，持经费报销单及纸质原始单据直接到财务核算中心办理有关财务业务。

第九条 财务网上报销与审批的签字规定如下：

（一）报销人须在每张原始单据上手工签字。其中，同类小额发票数量（如出租车票、停车发票等）较多的，可以使用粘贴单，由报销人直接在粘贴单上签字即可。

（二）报销人须在审批流程结束后打印出的经费报销单上手工签字。

（三）审批人可不在原始单据和审批流程结束后打印出的经费报销单上手工签字。审批系统生成的签名与审核意见，与手写签名具有同等效力。

第三章 系统账户安全管理

第十条 审批系统所有用户应妥善保管系统证书和账户密码，密码设置不得与用户名一致，应使用英文字母＋数字＋特殊字符的组合，并定期更改密码（原则上至少每季度一次）。为了确保系统用户安全，应设置电脑开机密码和待机启动密码。

第十一条 不得使用、借用、盗用他人账户进行审批。遇特殊事项审批人无法完成审批的，可通过书面或短信方式授权指定的代理人进行操作，授权必须留痕以分清责任。

第四章 附 则

第十二条 本办法由计划财务处负责解释。

（起草人：黄祎、刘欣 发布时间：2020 年 3 月）

中国气象局公共气象服务中心政府采购管理办法

（公气发〔2017〕77号）

第一章　总　则

第一条　为了加强中国气象局公共气象服务中心（以下简称中心）政府采购管理，建立和规范中心政府采购运行机制，根据《中华人民共和国政府采购法》《中华人民共和国政府采购法实施条例》（中华人民共和国国务院令第658号）、《政府采购非招标采购方式管理办法》（中华人民共和国财政部令第74号）、《中央国家机关政府采购工作规程（试行）》（国机采字〔2006〕9号）、《气象部门政府采购管理实施办法（征求意见稿）》，结合中心实际情况，制定本办法。

第二条　中心政府采购是指中心各部门（采购单位）使用纳入预算管理的资金采购国务院公布的政府集中采购目录以内或者采购限额标准以上的货物、工程和服务的行为。

第三条　各类项目应当采购本国货物、工程和服务，并优先采购节能、环保、安全和自主创新产品。

需要采购非本国货物、工程和服务的项目，依据《政府采购进口产品管理办法》（财库〔2007〕119号）的要求执行，由计划财务处进行审核后报计划财务司，经财政部审批后方可实施。

购买的产品属于政府强制采购节能产品范围的，应当按照《国务院办公厅关于建立政府强制采购节能产品制度的通知》（国办发〔2007〕51号）和财政部、国家发展改革委公布的《节能产品政府采购清单》，在强制采购节能产品范围内购买。对于其中同时列入《环境标志产品政府采购清单》和《节能产品政府采购清单》的产品，应当优先于只获得其中一项认证的产品。其中《节能产品政府采购清单》中以“★”标注的为强制采购节能产品的品目。政府采购工程项目应当严格执行环境标志产品优先采购制度。

第二章 政府采购的管理职责

第四条 计划财务处是中心政府采购归口管理机构，负责中心政府采购活动的组织协调、监督管理、计划上报、信息统计、资料的收集。

业务科技处是中心政府采购辅助管理机构，负责部门集中采购、分散采购项目需求的审核。

监察审计室负责政府采购行为合法合规情况的监督。

中心各部门（采购单位）负责采购事项的具体实施。

第五条 计划财务处的主要职责：

（一）根据国家政府采购法律、法规及气象部门规章制度制定和完善中心政府采购管理实施办法；

（二）组织编制、汇审上报中心政府采购预算，转发政府集中采购目录和部门集中采购目录；

（三）负责政府采购计划的制定、执行及年度统计报表的上报；

（四）对中心政府采购活动实施管理，监督检查政府采购执行情况；

（五）负责组织委托中央国家机关政府采购中心对特定品目进行采购，签订相关的采购合同并监督、验收合同履约情况；

（六）负责批量集中采购项目的政府采购；

（七）负责采购项目资金来源及采购计划合理性的审核；

（八）审核汇总和报送中心政府采购备案和审批事项；

第六条 业务科技处的主要职责：

（一）负责部门集中采购和分散采购项目需求的审核；

（二）负责采购项目谈判文件内容的审核；

（三）负责合同签订的审核和验收。

第七条 监察审计室的主要职责：

（一）负责政府采购的审计监管工作；

（二）负责采购项目谈判文件合法性的审核；

（三）负责开标评标环节的监督；

（四）负责合同履行的监督。

第八条 中心各部门（采购单位）的主要职责：

（一）严格执行政府采购法律、法规和规章制度；

（二）编制政府采购计划及预算报计划财务处；

（三）起草采购项目的招标及谈判文件；

（四）起草变更采购方式的理由备案和审批事项；

（五）完成政府采购合同签订的审批手续，履行政府采购合同并完成相关材料的收集整理工作。

第三章　政府采购的组织形式

第九条　政府采购组织形式分为政府集中采购机构采购、部门集中采购和单位自行采购。

政府集中采购机构采购，是指将属于政府集中采购目录中的政府采购项目，委托政府设立的集中采购机构代理的采购活动。

部门集中采购，是指中国气象局统一组织实施的采购活动。

单位自行采购也称分散采购，是指各级预算单位采购限额标准以上的未列入集中采购目录的项目自行采购或者委托采购代理机构代理采购的行为。

第十条　属于政府集中采购目录内的项目，由中心各部门（采购单位）提出采购需求报计划财务处，由计划财务处审核汇总后报计财司，按月委托政府集中采购机构代理采购。属于国家统一招标的协议供货项目，采购单位从财政部公布的中标范围内在中央政府采购网（http://www.zycg.gov.cn）申请采购；协议供货的货物型号不能满足需求时，采购单位可以进行网上竞价采购。

第十一条　部门集中采购项目，由中心各部门（采购单位）向计划财务处提出采购需求，由计划财务处牵头组织业务科技处、监察审计室审核，审核同意后委托中国气象局资产管理事务中心政府采购中心承办，由计划财务处、监察审计室进行监督审查。

第十二条　单位自行采购（即分散采购）由采购单位向计划财务处提出采购需求，通过公开招标、邀请招标、竞争性谈判、单一来源、竞争性磋商等方式进行采购（非公开招标方式遵照中国气象局《关于＜气象部门非公开招标方式采购管理暂行办法＞的通知》（气发〔2009〕79号）执行）。其中土建工程类项目，由办公室牵头组织实施，货物或服务类项目由业务科技处组织实施。

（一）采购单项或批量金额在20万元以下的货物、服务类项目，由中心各部门（采购单位）自行采购。

（二）采购单项或批量金额在20万（含）～100万元的货物及服务类项目，中心各部门（采购单位）向计财处提出采购需求，由计划财务处牵头组织业务科技处、监督审计室对项目进行审查并签署审批意见后，由中心各部门自行组织采购。

（三）采购单项或批量金额在100万元（含）以上项目，120万元（含）以上的工程项目，由中心各部门（采购单位）向计财处提出采购需求，由计划财务处牵头组织业务科技处、参与审查并签署《会商意见》后委托局政府采购中心或委托社会中介代理机构组织采购。

第十三条 单位自行采购的方式

（一）公开招标

公开招标应作为政府采购的主要采购方式。中心各部门（采购单位）采购货物或者服务应当采用公开招标方式的，其具体数额标准，由国务院规定。中心各部门（采购单位）不得将应当以公开招标方式采购的货物或者服务化整为零或者以其他任何方式规避公开招标采购。

（二）邀请招标

符合下列情形之一的货物或者服务，可以采用邀请招标方式采购：

1.具有特殊性，只能从有限范围的供应商处采购的；

2.采用公开招标方式的费用占政府采购项目总价值的比例过大的。

（三）竞争性谈判

符合下列情形之一的货物或者服务，可以采用竞争性谈判方式采购：

1.招标后没有供应商投标或者没有合格标的或者重新招标未能成立的；

2.技术复杂或者性质特殊，不能确定详细规格或者具体要求的；

3.采用招标所需时间不能满足用户紧急需要的；

4.不能事先计算出价格总额的。

（四）单一来源采购

符合下列情形之一的货物或者服务，可以采用单一来源方式采购：

1.只能从唯一供应商处采购的；

2.发生了不可预见的紧急情况不能从其他供应商处采购的；

3.必须保证原有采购项目一致性或者服务配套的要求，需要继续从原供应商处添购，且添购资金总额不超过原合同采购金额10%的。

（五）询价

采购的货物规格、标准统一、现货货源充足且价格变化幅度小的政府采购项目，可以采用询价方式采购。

（六）网上竞价

如协议供货的货物型号不能满足中心各部门（采购单位）需求，可以采用网上竞价方式采购。

（七）竞争性磋商

1.政府购买服务项目；

2.技术复杂或者性质特殊，不能确定详细规格或者具体要求的；

3.因艺术品采购、专利、专有技术或者服务的时间、数量事先不能确定等原因不能事先计算出价格总额的；

4.市场竞争不充分的科研项目，以及需要扶持的科技成果转化项目；

5.按照招标投标法及其实施条例必须进行招标的工程建设项目以外的工程建设项目。

第十四条 达到公开招标数额标准的采购项目，应当采用公开招标采购方式。因特殊情况需要采取公开招标以外的邀请招标、竞争性谈判、竞争性磋商、询价和单一来源等采购方式的，应当在采购活动开始前报送计划财务处，由计划财务处报送计划财务司并经财政部批准后实施。

第十五条 中心采取公开招标方式的政府采购项目的采购信息，应当在政府主管部门指定的政府采购信息发布媒体上公告。其中，委托政府集中采购机构代理采购的信息，由该机构承办公告事宜；部门集中采购的信息，由中国气象局资产管理事务中心政府采购中心办理公告事宜；中心自行采购达到公开招标数额标准的采购项目信息，在政府采购信息发布媒体上公告。必须公告的政府采购信息包括招标公告、中标或成交结果。中心各处室自行招标采购的项目，须在中心内网上进行公示。

第四章 政府采购的预算和计划

第十六条 中心政府采购工作基本流程：

（一）编制年度政府采购预算；

（二）按季度编报政府采购实施计划；

（三）实施政府采购（政府集中采购机构采购、部门集中采购、分散采购）；

（四）计划财务处留存一份政府采购相关资料，按季度编报政府采购执行情况表。

第十七条 中心各部门（采购单位）应根据经费预算和采购需求的预测情况，将该财政年度政府采购项目及资金预算报送计划财务处，由计划财务处审核汇总后报计划财务司。

第十八条 根据财政部批复的部门预算，计划财务司将政府采购预算随部门预算批复至中心，由计划财务处根据批复组织执行。

第十九条 采购单位根据政府采购预算编制政府采购计划，按照计划财务处每次规定的时间和下发的计划表的要求报送，由计划财务处上报计划财务司送财政部备案。

第二十条 中心各部门（采购单位）对政府采购计划进行补充调整的，须编报政府采购计划追加（减）表，报送计划财务处备案。

第二十一条 无政府采购预算的政府采购项目，不得实施采购。

第五章 政府采购备案和审批

第二十二条 政府采购备案和审批，是指中心各部门（采购单位）按照规定以文件形式报送备案或审批的有关政府采购文件及采购活动事项，报送计划财务处审核汇总后报计划财务司，经财政部依法予以备案或审批的管理行为。

第二十三条 除财政部另有规定外，备案事项不需要回复意见。下列事项应报计划财务处，经计划财务司送财政部备案：

（一）中央单位政府采购评审专家库以外的部门集中采购评审专家人选；

（二）政府集中采购和部门集中采购实施计划；

（三）调整后的政府集中采购和部门集中采购实施计划；

（四）经财政部批准，采用公开招标以外采购方式的执行情况；

（五）部门集中采购项目的合同副本；

（六）国家法律、行政法规规定的其他需要备案的事项。

第二十四条 审批事项应当经财政部依法批准后方可组织实施。下列事项应报计划财务处，由计划财务处报计划财务司送财政部审批：

（一）达到公开招标数额标准的采购项目，因特殊情况需要采用公开招标以外的采购方式的；

（二）因特殊情况需要采购非本国货物、工程或服务的；

（三）财政直接支付项目因采购合同变更而涉及支付金额的；

（四）国家法律、行政法规规定的其他需要审批的事项。

第六章　采购合同的签订、履行与归档

第二十五条 政府集中采购和部门集中采购项目的采购文件及相关资料，由计划财务处负责归档。

第二十六条 分散采购的采购文件及相关资料（如招标公告、招标文件、投标文件、评标结果、中标公告、合同等），由牵头采购部门负责整理交计划财务处归档。

第二十七条 政府采购应当签订书面合同，采购合同应当由中心各部门（采购单位）与中标、成交供应商签订。合同管理遵照《公共气象服务中心合同管理办法》执行。

第二十八条 中标、成交通知书发出时间超过30日，中心各部门（采购单位）或中标、成交供应商任何一方拒绝签订合同的，违约一方应当向对方支付采购文件中规定的违约金。

第二十九条 中心各部门（采购单位）及牵头组织中心各部门（采购单位）应当按照合同约定，对履约情况进行验收。国家重点工程项目应当委托国家专业检测机构办理验收事务。

履约验收应当依据事先规定的标准和要求，不得增加新的验收内容或标准。凡符合事先确定标准的，即为验收合格。当事人对验收结论有异议的，应当请国家有关专业检测机构进行检测。

第三十条 政府采购合同订立后，不得擅自变更、中止或者终止。经合同双方当事人协商一

致的，可以依法变更合同。

第三十一条 中心各部门（采购单位）应当按合同约定及时支付采购资金。须直接支付的项目，按直接支付规定程序向计划财务处提交资料，办理直接支付手续。

第七章 监督检查

第三十二条 中心计划财务处、业务科技处、监察审计室及采购单位负责人，按照管理权限履行政府采购监督管理职责，对中心各部门（采购单位）执行政府采购法律、法规和规章制度情况进行监督检查。

第三十三条 各政府采购管理部门对政府采购活动进行监督检查的主要内容：

（一）政府采购法律、法规、制度和政策的执行情况；

（二）政府采购预算和政府采购实施计划的编制、执行情况；

（三）政府集中采购和部门集中采购项目的执行情况；

（四）政府采购备案或审批事项的落实情况；

（五）政府采购信息在政府指定媒体上的发布情况；

（六）政府采购合同的订立、履行、验收和资金支付情况；

（七）其他有关事项。

第三十四条 本规定自印发之日起实施，由计划财务处负责解释。

（起草人：杨琢、刘欣　发布时间：2017 年 9 月）

中国气象局公共气象服务中心国有资产管理办法

（公气发〔2019〕97号）

第一章 总 则

第一条 为规范和加强中国气象局公共气象服务中心（以下简称中心）国有资产使用和处置管理，提高国有资产使用效益，规范国有资产处置行为，防止国有资产流失，根据《事业单位国有资产管理暂行办法》（财政部令第36号）、《关于印发气象部门国有资产使用和处置管理两个暂行办法的通知》（气发〔2010〕6号）、《中央行政单位通用办公设备家具配置标准》（财资〔2016〕27号）的有关规定，结合中心实际情况，制定本办法。

第二条 本办法所指的国有资产是指事业单位占有、使用的，依法确认为国家所有，能以货币计量的各种经济资源的总称，即事业单位的国有（公共）财产，包括国家拨给的资产，按照国家规定运用国有资产组织收入形成的资产，以及接受捐赠和其他经法律确认为国家所有的资产，其表现形式为流动资产、固定资产和无形资产等。

第三条 国有资产的管理应当遵循权属清晰、安全完整、风险控制、注重绩效的原则。

第四条 中心国有资产的管理和使用坚持国家统一所有、统一领导、分级管理、责任到人、物尽其用的原则，确保国有资产不流失。

第二章 管理体制及职责

第五条 中心计划财务处为国有资产管理部门，通过资产管理信息系统对中心国有资产进行统一管理，其主要职责是：

（一）贯彻执行国家有关国有资产管理的法律、行政法规和政策；

（二）根据财政部、中国气象局有关国有资产管理的规定，制定本单位国有资产管理的具体办法并组织实施；

（三）负责国有资产合理配置，负责闲置资产的调剂，会同资产使用部门定期进行资产清查，并对各单位的资产管理工作进行监督检查，确保其安全、完整；

（四）负责国有资产的登记，按照国有资产管理信息化的要求，及时将资产信息录入管理信息系统，统一印发资产卡片及条码，负责保管国有资产管理档案；

（五）负责办理国有资产调拨、转让、报损、报废、捐赠等申报手续及规定范围内的审批工作；

（六）定期与中国气象局财务核算中心（以下简称核算中心）核对国有资产明细，做到账实相符；

（七）接受主管部门和财政部的监督、指导，并报告有关国有资产管理工作。

第六条 中心各单位应设国有资产管理员（可由行政或业务秘书兼任)，管理员负责本部门占有、使用的国有资产的日常管理，对资产的使用情况进行监督和检查，确保固定资产管理制度的执行、国有资产的安全完整及合理有效分配使用。严格按照有关审批程序配备及使用、处置国有资产，负责保管国有资产卡片，保证资产条码及时正确地粘贴在设备上。工作调动时必须办清交接手续。

第七条 国有资产直接使用人负责国有资产的使用与维护，未经批准不得擅自调换和处置国有资产，对所用资产的安全完整负责。资产如有丢失、损坏或报废，使用人应立即告知本部门资产管理员进行相应处理。工作调动、离职、退休或其他原因离开中心的，应在办理资产交还或转移手续后，方可办理相关调离手续。

第八条 国有资产的统一建账、统一核算，由中心委托核算中心负责，设置国有资产总账及明细分类账，对国有资产的增减变动进行账务处理。

第三章 国有资产的范围、分类与计价

第九条 符合下列标准的列为固定资产：

（一）使用年限在一年以上，一般设备单位价值在1000元以上、专用设备单位价值在1500元以上，并在使用过程中基本保持原有实物形态的资产；

（二）单位价值虽未达到规定标准，但耐用时间在一年以上的大批同类物资也作为固定资产管理。

第十条 固定资产分为六类：房屋及建筑物、专用设备、一般设备、文物和陈列品、图书、其他固定资产。

（一）房屋及建筑物，是指房屋、建筑物及其附属设施。房屋包括办公用房、业务用房、经营用房、职工宿舍、食堂用房、仓库、锅炉房等；建筑物包括道路、围墙、水塔、车库、地下设施等；附属设施包括房屋、建筑物内的电梯、通信线路、输电线路、水气管道等。

（二）专用设备，是指各种用于天气观测和气象预报业务及信息资料传输具有专门性能和专门用途的设备，包括各种地面观测设备、高空探测设备、专用计算机、天气雷达、气象卫星及接收设备等。

（三）一般设备，指办公和业务用的通用性设备。包括办公用家具、用具、电气机械设备、通信设备、视频设备、电子计算机及外围设备、专用软件、钟表及定时仪器、体育设备、娱乐设备、交通工具等。

（四）文物和陈列品，是指历史文物、纪念品、装饰品、展品、藏品等。

（五）图书，是指图书馆（室）、阅览室、资料室的图书、资料等。

（六）其他固定资产，是指未能包括在上述各项内的固定资产。

第十一条 固定资产的计价：

（一）购入、调入的固定资产，按照实际支付的买价、调拨价以及运杂费、安装费、车辆购置附加费等的合计金额记账。

（二）基本建设项目形成的固定资产，按照项目竣工决算完成额入账；自行建造的固定资产，按照建造过程中实际发生的全部支出记账；对于建设周期比较长，在建设期间分期、分批投入使用的固定资产，按照暂估价值入账，待项目竣工决算完成后，再按照实际价值进行调整。

（三）在原有固定资产基础上改建、扩建的固定资产，按照改建扩建发生的支出，减去改建、扩建过程中发生的变价收入后的余额，增记固定资产账。

（四）接受捐赠的固定资产，须向中心计财处提供捐赠单位或个人出具的固定资产价值证明（转让合同或原始发票复印件等）；无价值证明的，按照同类固定资产的市场价格或者有关凭证记账，接受捐赠固定资产时发生的相关费用，应当记入固定资产价值。

（五）无偿调入的固定资产，按照原值入账，不能查明原值的，按照估价入账。

（六）盘盈的固定资产，按照重置完全价值或者估价入账。

（七）已投入使用，但尚未办理移交手续的固定资产，可以按照暂估价值入账，待其实际价值确定后，再按照确定后的价值进行调整。

（八）用外币进口的设备，按照当时的汇率折合成人民币金额，加上由我方支付的国外部分的运费及其他费用（外币应当折合成人民币金额），加上支付的关税、海关手续费等计价入账。

（九）融资租入的固定资产，按照租赁协议或者合同确定的价款加上运杂费、保险费、安装费等记账。

（十）购置固定资产过程中发生的差旅费，不记入固定资产价值。

（十一）调出、报废等处置固定资产，按照账面原值注销。

第十二条 凡属大型专用设备，若在使用过程中增加、更换了新配件，应将新配件的价值加入该设备的原值中，再减除被更换旧配件的价值，以形成该设备新的价值。待该设备需要报废时，以最终价值做核销处理。

第十三条 不符合固定资产标准的各种办公用品、用具、生活用品、器具、材料等资产，统一作为办公耗材管理，也要分类登记，参照本办法管理。

第十四条 办公耗材分为四类：办公设备耗材、电脑周边耗材、输出介质耗材、其他耗材。

（一）办公设备耗材，是指打印机与复印机耗材如硒鼓、墨粉盒、碳粉、墨盒喷头、墨水、碳带及配件等。

（二）电脑周边耗材，是指鼠标、键盘、音箱、耳麦、插座、电源、U盘、移动硬盘、刻录光盘、内存条、录音笔等。

（三）输出介质耗材，是指彩喷纸、相片纸、背胶纸、卡纸、打印纸、复印纸、特殊用途纸等。

（四）其他耗材，是指未能包括在上述各项内的且未达到固定资产标准的资产。

第四章　资产配置及使用

第十五条 国有资产的配置应当充分考虑现有资产的配备情况及财力的可能，根据业务工作的需要，本着合理、节约、高效的原则，在认真研究和科学论证的基础上，编制预算和购置计划，按照审批权批准后执行。

第十六条 国有资产配置应当分清资金渠道，属于基本建设范围的，由基本建设投资解决；不属于基本建设投资范围的，由事业经费或者其他经费解决。

第十七条 各单位应当严格按照计划配置国有资产，做到专款专用。对属于纳入政府采购的商品，按照政府采购到专款专用。对属于纳入政府采购的商品，按照政府采购的有关规定执行。

第十八条 各单位对购置、接受捐赠、无偿划拨等方式获得的资产应及时办理验收入库、国有资产登记及财务入账手续；自建资产应及时办理竣工验收、竣工财务决算，并按要求办理资产移交、产权登记。

第十九条 国有资产的使用包括单位自用、对外投资和出租、出借等方式。

第二十条 各单位国有资产自用管理应本着实物量和价值量并重的原则，定期清查实物资产，对资产丢失、毁损等情况实行责任追究制度。

第二十一条 对由不同资金渠道形成的国有资产实行统一管理。购置的国有资产在报销前，无论是何种经费开支和通过何种渠道取得，都必须办理验收、登记手续，验收合格后，才能办理有关账务处理和领用手续，具体按以下程序办理：

（一）经办人在购入资产时应取得正规有效的发票，发票中应详细填写商品名称、品牌、规格、型号、数量、单价、金额并加盖销售单位发票专用章。经办人持发票到中心计划财务处验收，验收合格后，由经办人、资产管理员及具有审批权限的领导在发票上签字，并对固定资产指定使用人，如有多人共同使用同一固定资产，要指定其中一人为资产责任人。

（二）经办人持验收、签字后的发票到计划财务处进行资产登记，按照资产信息对固定资产录入资产管理信息系统并发放国有资产增加单及条码，对单位价值500元以上的办公耗材录入耗材台账，计划财务处定期抽查。

（三）经办人持发票及增加单到核算中心办理报销手续。资产使用部门留存的增加单由本单位资产管理员统一保管，资产条码由资产使用人负责粘贴在实物资产明显位置，以便进行资产清查。

第二十二条 需要利用国有资产对外投资、出租、出借等应当在科学论证、公开决策的基础上提出申请，附相关材料，按审批权限进行审批。具体要求和程序按《气象部门国有资产使用管理暂行办法》执行。

第五章 国有资产的日常管理

第二十三条 要建立资产的领用交还制度，将国有资产管理落实到人。

第二十四条 工作人员调动、离职、退休或其他原因离开中心的，应及时交回配备和领用的资产，由所在单位资产管理员对交回的资产进行核对、签收，签署《资产变更交接单》（附件8），方可在人事处办理调动、离职、退休等手续，并在计划财务处办理资产变更手续。

第二十五条 资产随人员在中心内部单位之间调动的，须事先征得调出、调入单位领导同意，由双方单位签署《资产变更交接单》（附件8），再到中心计划财务处办理资产变更手续。

第二十六条 因公出国人员可携带在国外工作期间需要使用的资产，但须经所在单位领导同意，并在单位资产管理员处进行登记。因私出国人员不得携带中心资产离境。

第二十七条 单位国有资产一般不得对外出租出借，确需出租出借的，应由所在单位提出申请，由中心计划财务处审核后，报中心分管领导审批。

第二十八条 中心计划财务处会同资产使用部门定期对中心各单位国有资产进行全面清查，至少每两年一次。中心各单位须对本部门资产进行自查，至少每年一次。

第六章 国有资产的处置

第二十九条 国有资产的处置是指对占有、使用的国有资产进行产权转移或注销的行为。处置方式包括无偿调拨（划转）、对外捐赠、出售、转让、置换、报废、报损等。

第三十条 国有资产按照以下原则进行处置：

（一）对确因技术性能落后或者本部门不适用等原因，但使用功能尚好的资产，且已达到资产最低使用年限标准的（附件6、附件7），经审核小组鉴定后可申请调拨或者变卖。（通用办公设备家具最低使用年限参照附件7）

（二）对确因长期使用磨损、技术落后等原因不宜继续使用，或者维护修理费用过高（修理费用在产品价值50%以上），无修复价值的资产，经审核小组鉴定后可提出报废申请。

审核小组由计划财务处工作人员、党委办公室（纪检监察处）工作人员及技术人员组成。

电子类产品由预警运控室指定技术人员鉴定，办公家具类资产、交通运输类资产由办公室指定技术人员鉴定，其他资产由计划财务处资产管理人员鉴定。

（三）对由于自然灾害、责任事故等非正常原因造成的国有资产毁损，应当由资产使用部门写出书面报告并提出处理意见，按照规定进行报损处理。

（四）变卖资产的价格和报废资产的残值确定，必须经有关人员讨论评估，采取集体定价或者拍卖的办法。

（五）国有资产转为投资的，必须按照有关规定进行资产评估。

（六）长期闲置不用、低效运转、超标准配置的资产，用于部门内部非经营性的，原则上实行无偿调拨；用于部门内部经营性的和对部门外的调剂，原则上实行有偿转让；事业单位隶属关系改变，资产应当无偿移交。

（七）资产处置收入，包括出售、出让、转让、转换、报废、报损等资产过程中获得的收入，均属国家所有，在扣除相关费用后，一律上缴核算中心，列入修购基金，实行“收支两条线”管理。

第三十一条 资产处置应当严格审核，逐级申报，分级审批：

（一）一次性处置资产单位价值或批量价值5万元（不含）以下，经各单位领导审核后，由中心计划财务处审批；5万元以上至20万元（不含）以下的，经中心计财处审核后，由中心分管业务领导、中心分管计财领导共同审批；20万元以上至100万元（不含）以下的，经中心计财处审核后，由中心主任办公会决议审批；100万元以上至200万元（不含）以下的，经中心计财处审核后，由中心党委常委会决议审批；200万元以上的，在鉴定可以报废后，经中心党委常委会审核后，报中国气象局审批并备案，方可进行处理。

（二）重大自然灾害导致的资产报废、报损，重点工程建设项目中一次性无偿调拨以及气象部门内部各单位之间无偿捐赠固定资产按以下程序审批：一次处置资产单位价值或批量价值在800万元（不含）以下的，经资产管理部门审核后，由中心党委常委会审批；800万元以上的，经中心党委常委会审核后，报中国气象局审批并备案。

第三十二条 单位价值在50万元（含）以上的资产处置，根据审批单位的批复，委托具有资产评估资质的评估机构对拟处置的资产进行评估（气象专用设备应当经过中国气象局业务职能司审核或授权审核），评估结果报中国气象局备案。评估结果按照国家有关规定须经核准的，报财政部核准。

第三十三条 各单位处置资产，应当按以下程序办理：

（一）资产使用部门提出申请报告，填写《气象部门国有资产处置申请表》，并附相关材料，经本部门领导审核后，形成正式文件交中心计财处。

（二）中心计财处对申报处置材料进行合规性、真实性等审核，也可对拟处置的资产有关情况进行实地核查。审核后，按照本办法第三十一条规定的审批权限审批或上报。

（三）中心计划财务处根据批准意见实施资产处置，办理相关手续。

（四）各单位将批准处置（对外捐赠、报废、报损、无偿调拨等）的资产按照批复自行处置。

第三十四条 处置资产时，应当根据不同情况提交有关文件及材料：

（一）资产处置申请文件。

（二）《气象部门国有资产处置申请表》（附件4）。

（三）资产价值凭证及产权证明，如购货发票或收据、工程项目竣工决算副本复印件等。

（四）气象部门内部资产无偿调拨（划转），填写《气象部门固定资产调拨单》（附件2-事业经费用或附件3-基建经费用），以及《气象部门国有资产处置申请表》（附件5）。若资产无偿调拨（划转）到气象部门外其他单位的，应提供双方意向性协议及接收方同意接收的有关文件。

（五）资产对外捐赠，应提交捐赠报告（包括捐赠事由、途径、方式、责任人、资产构成及交接程序等），还应提交受赠方出具的同级财政部门统一印（监）制的捐赠收据或捐赠资产交接清单，也可是城镇街道、乡镇等基层政府组织出具的证明；使用货币资金对外捐赠的，应提供货币资金的来源说明等。

（六）资产出售、出让、转让，须提交出售、转让方案及其他相关材料。

（七）申请资产置换，应提交对方单位拟用于置换资产的基本情况说明、是否已被设置为担保物等；双方草签的置换协议，对方单位的法人证书或营业执照的复印件及单位近期的财务报告等相关材料。

（八）资产报废、报损，应提交对非正常损失责任事故的鉴定文件及对责任者的处理文件。

（九）资产对外投资发生损失，应提交被投资单位的清算审计报告及注销文件，债权或股权凭证、形成呆坏账的情况说明和具有法定依据的证明材料，申请仲裁或提起诉讼的相关法律文书等。

（十）其他相关材料。

第七章　国有资产的监督管理

第三十五条　中心计划财务处及各单位资产管理员有权对所辖范围内的资产使用和管理情况进行监督检查，发现问题及时处理。

第三十六条　对资产监督检查的主要内容包括：

（一）各项资产管理制度执行情况；

（二）对所占用、使用的资产是否做到合理、节约、有效使用；

（三）资产是否安全、完整，有无遭到侵犯、损害；

（四）资产处置是否按照有关规定履行申请审批程序，手续是否完备；

（五）对单价500元以上的办公耗材，各单位资产管理员须于报销前在中心办公网进行公示。

（六）其他需要监督检查的内容。

第三十七条　对未经单位批准，将占用、使用的资产擅自处理的，按照相关规定追究有关负责人责任。

第三十八条　对接受捐赠、调拨的资产，不及时办理资产审批登记手续的，追究有关负责人及经办人的责任。

第八章　附　则

第三十九条　本办法由中心计划财务处负责解释。

第四十条　本办法自发布之日起执行。

（起草人：黄祎、刘欣　发布时间：2019年12月）

附件（略）

中国气象局公共气象服务中心内部审计工作规定

（公气党发〔2020〕2号）

第一章　总　则

第一条　为健全中国气象局公共气象服务中心（以下简称中心）内部审计制度，强化内部审计工作，依据《中华人民共和国审计法》和《审计署关于内部审计工作的规定》等有关法律法规，结合中心实际，制定本规定。

第二条　中心内部审计机构在中心的领导下，依照国家法律、法规和政策，独立行使内部审计监督权。对中心及所属单位财务活动的合法性、合规性、效益性进行监督、鉴证和评价，对中心领导负责并报告工作，接受上级主管部门的业务指导和检查。

第二章　内部审计机构和审计人员

第三条　党委办公室（纪检监察处）配备专职内部审计人员，负责中心内部审计工作，依照国家法规、政策和规章制度，独立行使内部审计职权，开展内部审计工作。

第四条　内部审计人员应当具备与工作职责相匹配的道德操守和专业胜任能力，严守工作中知悉的商业秘密，秉公执法，不徇私舞弊；对内部审计工作成绩显著、有突出贡献的审计人员，中心应给予表彰和奖励。

第三章　内部审计机构职责

第五条　根据国家有关法律法规规定，党委办公室（纪检监察处）应当履行以下职责：

（一）制定中心内部审计规章制度；

（二）拟订中心内部审计年度工作计划并组织实施；

（三）对中心及所属单位的财务收支及其有关经济活动的真实性、合法性、合规性和效益性进行审计监督；

（四）对中心风险控制制度执行的有效性进行监督；

（五）参与中心领导指定的对外投资谈判的审计监督；

（六）接受人事部门委托对中心重要岗位负责人及所属单位负责人进行经济责任审计；

（七）按照上级主管部门要求填报各类审计报表；

（八）完成中心领导临时交办的审计工作。

第四章　内部审计机构权限

第六条　党委办公室（纪检监察处）履行职责所必需的权限：

（一）要求被审计单位按时报送相关的计划、预算、决算和报表等资料；

（二）查阅与审计事项相关资料和文件；

（三）对涉及审计的有关事项进行调查，索取相关证明资料和证明文件；

（四）对经济合同、对外投资、大宗设备、物资采购程序进行审计监督；

（五）对严重违反财经法规或造成损失浪费行为的单位和责任人依据国家法律、法规提出处理意见和建议上报中心；

（六）根据审计资源和审计事项的需要，委托具有资质的社会中介机构进行专项审计。

第五章　内部审计工作程序

第七条　审计工作程序

（一）拟订年度审计工作计划

按照审计监督全覆盖的要求，对每年根据有关规定应审计的经费和项目都要列入年度审计计划。其中，中心财务收支经费审计，由党委办公室（纪检监察处）商计划财务处制定年度审计计划并实施；各类项目的审计，由办公室、业务科技处、计划财务处等项目管理部门按照权限负责编制年度审计计划，并将《年度审计项目一览表》（附件）于3月底前报党委办公室（纪检监察处）组织实施，同时分别将列入年度审计计划的项目和审计时间等书面通知项目负责人和项目负责人所在单位。项目负责人应提前准备好被审计项目的相关资料。

（二）编制审计项目工作方案

实施审计前，内部审计人员应拟订审计方案，确定审计范围、内容、方式和时间以及审计小组成员，并通知被审计单位。

（三）实施审计

内部审计人员应深入调查了解被审计单位的情况，对其经营活动及内部控制的真实性、合法性和有效性进行符合性测试和实质性测试。

（四）编制审计工作底稿

内部审计人员按照预定的审计实施方案实施审计，取得审计证据，编制审计工作底稿，工作底稿中有关审核事项应由相关人员签字确认。

（五）出具审计报告

党委办公室（纪检监察处）负责人对征求意见修改后的审计报告进行复核，报中心领导审批。批准后，向被审计单位出具审计结果报告。被审计单位应在审计报告送达后的15日内反馈书面意见。被审计单位对审计报告如有异议，可向中心主任办公会提出。在主任办公会未作出新决定前，原审计报告依然有效。

（六）审计结果跟踪检查

党委办公室（纪检监察处）负责对审计结果执行情况进行跟踪检查。

（七）内部审计人员负责建立审计档案。

第八条 法律责任

有下列行为之一的单位和个人，党委办公室（纪检监察处）根据情节轻重，可以向中心领导提出处理建议：

（一）拒绝或拖延提供与审计事项有关的文件、会计资料和证明材料的；

（二）转移、隐匿、篡改、毁弃有关文件、会计资料的；

（三）弄虚作假，隐瞒事实真相的；

（四）阻挠审计人员行使职权，抗拒、破坏监督检查的；

（五）拒不执行审计决定的；

（六）报复陷害审计人员或检举人员的。

以上行为构成犯罪的，移交司法机关处理。

第六章 附 则

第九条 本规定由党委办公室（纪检监察处）负责解释。

第十条 本规定自颁布之日起施行。原中心内部审计管理制度同时废止。

（起草人：李雪萍 发布时间：2020年4月）

附件（略）

中国气象局公共气象服务中心公务卡管理办法

（公气发〔2020〕53号）

第一章 总 则

第一条 为进一步深化国库集中支付制度改革，规范支付业务，减少现金支付结算，提高资金支付透明度，根据财政部和中国人民银行《中央预算单位公务卡管理暂行办法》（财库〔2007〕63号）、《关于气象部门实施中央预算单位公务卡强制结算目录有关事宜的通知》（气办发〔2011〕63号）、《关于印发气象部门公务卡管理实施办法的通知》（气发〔2012〕59号）等规定，制定本办法。办法中提及的公务卡为工作人员持有的个人公务卡。

第二条 个人持有的公务卡，是指公共气象服务中心工作人员持有的，由计划财务处在中国建设银行统一办理的，主要用于日常公务支出和财务报销业务的银联标准信用卡（银行贷记卡）。公务卡实行实名制管理，凭持卡人个人密码及签名消费，仅限办理人民币消费业务。

第二章 公务卡的日常管理

第三条 计划财务处为公务卡的管理部门，中国气象局财务核算中心负责公务卡的报销和财务监督工作。

第四条 所有在编在职工作人员必须办理公务卡。借调、挂职和聘用等非在编人员，可根据实际情况，经人事处审核并报单位领导批准后，可予办理公务卡。

第五条 新增工作人员时，须由所在单位秘书经人事处审核后，向计划财务处及时申请办理公务卡。

第六条 新办公务卡时，各单位秘书须报送《预算单位公务卡办卡清单》（附件1）与《中国建设银行财政预算单位公务卡申请表》至计划财务处,《中国建设银行财政预算单位公务卡申请表》在申请办理公务卡审批通过后至计划财务处领取。

第七条 现有工作人员因调出或退休等原因离职时，须及时清理与本人公务卡有关的债权债务，并在办理离职、退休手续时报送《预算单位公务卡停卡清单》(附件2)至计划财务处，办理公务卡的停止使用手续。

第八条 公务卡的信用额度，由公共气象服务中心与发卡行协商确定。原则上每张公务卡信用额度不少于2万元，不高于5万元。发卡行可根据持卡人的资信情况对公务卡信用额度进行调整。持卡人在规定的信用额度和免息还款期内先支付，后还款。

第九条 公务卡主要用于公务支出的支付结算，也可用于个人支付结算业务。

公务支出发生后，由持卡人及时向所在单位申请办理报销手续；个人支出发生后，由持卡人自行办理还款，不得办理财务报销手续，公共气象服务中心不承担个人消费行为导致的一切责任。

第十条 持卡人的主要职责是：

(一)按规定申请办理公务卡，妥善保管卡片和密码，并承担因个人保管不善等原因引起的相关费用；公务卡遗失或损毁后的补办等事项由持卡人及时到发卡行办理，并通过计划财务处及时通知发卡银行维护公务卡支持系统。

(二)执行公务所需支出，应使用公务卡结算和报销，并接受财政部门和计划财务处的监控管理。

(三)及时归还个人公务卡下银行欠款。

(四)因离职、退休等原因离开所在单位，须按要求清理个人公务卡下债权债务，停止公务卡的使用。

(五)遵守国家关于银行卡使用管理的法律法规。

(六)公务卡只能由持卡人本人使用，因出租、转让或转借公务卡而导致的经济责任及产生的风险损失由持卡人承担。

(七)持卡人应在发卡行认可的安全网络环境下使用公务卡在互联网上进行交易。

第十一条 纪检监察处依据本办法对公务卡使用管理及账务处理进行监督、检查。

第三章　公务卡支付管理

第十二条 公务卡的使用必须严格执行《气象部门公务卡强制结算目录》(附件3)。

第十三条 实行公务卡制度后，财务核算中心原则上不再办理现金报账业务，但下列情况可不使用公务卡结算：

（一）在县级以下（不包括县级）地区发生的公务支出；

（二）在县级及县级以上地区不具备刷卡条件的场所发生的单笔消费在200元以下的公务支出；

（三）按规定支付给个人的支出（如咨询费、劳务费）；

（四）签证费、快递费、过桥过路费、出租车费用等目前必须使用现金结算的支出。

第十四条 持卡人使用公务卡进行公务消费时，在信用额度范围内，原则上不再设定单笔消费的上限，但单笔金额在5000元（含）以上大额消费前，应事前告知计划财务处。

第十五条 确因特殊情况不能使用公务卡而使用现金结算的，报销人须提供收款方不能使用公务卡结算的证明材料（加盖收款方印章）或在发票背面注明不能使用公务卡结算的原因（加盖收款方印章），经处室负责人及计划财务处负责人签字批准后方可报销。

无法取得上述证明材料的，报销人须在发票背面注明不能使用公务卡结算的原因，并经单位负责人签字批准后方可报销。

第十六条 持卡人在报销公务卡消费时，除提供原规定的相关发票、明细单、协议、合同等有效单据以外，还须提供公务卡POS消费凭条（持卡人存根联）。

持卡人因网上消费无法取得POS消费凭条或消费凭条丢失时，对于已出账单的支出，可依据持卡人提供的对账单交易明细进行报销；对于未出账单的支出，可依据持卡人提供载有公务卡卡号（或持卡人姓名）、消费日期和消费金额等要素的纸质交易明细进行报账。

第十七条 特殊情况下公务卡信用额度不能满足公务消费需要时，持卡人可通过计划财务处提前向发卡行申请临时增加信用额度，增加的额度和使用期限等具体事项，按照发卡行有关规定执行。

第十八条 持卡人原则上不允许通过公务卡提取现金。确有特殊需要，须事前经过计划财务处批准；未经批准的提现业务，手续费由持卡人自行承担。

第四章　公务卡报销管理

第十九条 实行公务卡制度后，原有报销审批程序不变。报销人凭发票、POS消费凭条（持卡人存根联）等单据，填报报销审批凭证按《公共气象服务中心财务支出管理办法》中规定的报销程序审批。

第二十条 持卡人使用公务卡进行公务消费后，必须在规定的免息还款日5个工作日之前，到中国气象局财务核算中心办理报销手续。

公务卡免息还款期最短为20日，最长为50日。凡当月7日（含）前公务卡发生的支出，免息还款期截止日为当月27日；凡当月8日（含）后公务卡发生的支出，免息还款期截止日为下月 27 日。

第二十一条 持卡人因特殊情况（如长期在外地出差），不能在第二十条规定时间内办理报销手续的，可由持卡人或其所在单位相关人员向中国气象局财务核算中心提供持卡人姓名、交易日期和每笔交易金额的明细信息，办理相关借款手续，经计划财务处审核批准后，于免息还款期之前，先将资金存入公务卡，持卡人返回单位后按核算中心规定时间补办报销手续；持卡人也可以按照还款期限，在出差当地的建行自行还款，返回单位后按规定时间补办报销手续。

第二十二条 因向供应商退货等原因导致已报销资金退回公务卡的，持卡人须首先将相应款项退回中国气象局财务核算中心，持卡人与供货商发生的退货、退款事宜，由持卡人与供货商办理。持卡人退货时，尚未办理报销手续的，由持卡人直接与供货商协商退款。

第二十三条 如果一笔公务卡支出，需要在公用经费、项目经费及科研课题中分别支出的，须分别刷卡，取得多个刷卡凭证。如果一笔公务卡支出，需要在多个零余额项目经费中分别支出的，须按每个项目刷卡一次，取得多个刷卡凭证。

第五章 附 则

第二十四条 本办法未尽事宜，按照财政部、中国人民银行相关规定执行。

第二十五条 本办法由公共气象服务中心计划财务处负责解释。

第二十六条 本办法自颁布之日起执行。

（起草人：乔亚南、刘欣 发布时间：2020 年 4 月）

附件（略）

中国气象局公共气象服务中心科技服务财务管理办法

（公气发〔2019〕75号）

第一章 总 则

第一条 为加强中国气象局公共气象服务中心（以下简称中心）科技服务财务管理，根据《中国气象局关于印发＜气象部门事业单位科技服务财务管理办法＞的通知》（气发〔2013〕127号）的有关精神，结合中心财务管理工作实际情况，制定本办法。

第二条 气象科技服务，是指利用气象业务服务产品、科研成果和资产等国有资源，在确保公益性气象服务的前提下，根据经济社会发展和市场需求，依照国家有关政策和法规开展的各类服务。

第三条 计划财务处负责对科技服务进行财务管理和监督。科技服务资金必须纳入中心财务账户统一管理，统一核算。

第二章 预算管理

第四条 各处室直接从事科技服务取得的各项收入和企业上缴给中心的收入，以及发生的相关支出，应当全部纳入中心部门预算，任何处室不得以任何名义将科技服务资金截留在部门预算以外。在编制部门预算时，应按照综合预算的原则统筹考虑财政资金、气象科技服务资金和其他资金情况编制。未纳入部门预算的一律不得支出。

第五条 纳入单位部门预算管理的科技服务收入和支出，应根据年度部门预算编制的要求编制预算。

（一）收入预算。从事科技服务取得的各项收入应根据收入性质分别在“事业收入”“经营收入”和“其他收入”科目中编列；附属单位和企业上缴的收入在“附属单位上缴收入”科目中编列；取得上级单位对本单位的补助经费在“上级补助收入”科目中编列。

（二）支出预算。从事科技服务发生的各项支出，凡属于自身使用的部分，应视具体支出性质分别在“基本支出”“项目支出”“经营支出”中编列，“经营支出”应与“经营收入”配比。其中基本支出预算按照气象部门基本支出综合定额编制，项目支出预算按照批准的项目内容和建设标准编制。不属于单位自身使用的部分，应在“上缴上级支出”或“对附属单位补助支出”中编列。

第三章　投资管理

第六条　使用科技服务资金对外投资应按《公共气象服务中心国有资产管理办法》的规定履行审批程序。

第七条　各处室不得利用科技服务资金从事股票、期货、基金、企业债券等投资。

第八条　对外投资应当视情况分别记入单位“短期投资”或“长期投资”科目，不得记入“其他应收款”等往来科目。对外投资取得的收益，应当记入“其他收入—投资收益”科目，不得直接冲减“短期投资”“长期投资”科目或“其他应收款”等往来科目。

第四章　收入管理

第九条　气象科技服务收入是指中心各处室以气象科学技术为依托，利用气象业务服务产品、科研成果和资产等国有资源，在为国民经济各行业、各部门、各类社会经济组织及公民个人提供服务时取得的收入。

第十条　各处室应当按照国家发改委核定的收费项目和标准组织科技服务收入；对属于市场行为，其收费标准由各处室与服务对象自行协商确定，并在签订的科技服务合同中明确列示收费金额。

第十一条　开展科技服务取得的各项收入，必须按照国家有关税收法规规定，依法纳税。

第十二条　各处室取得的科技服务收入必须及时、足额缴纳到中心基本账户，严禁私设“小金库”或“账外账”。核算中心在入账时，应核对以下资料：

（一）所缴的现金或转账支票金额与所开具的票据或发票金额是否一致。

（二）所缴的现金或转账支票金额与科技服务合同中明确列示的收费金额是否一致。

（三）开出发票暂未收到服务对象资金的，科技服务人员应及时将发票记账联交核算中心财务人员入账，在“应收账款”科目反映。各处室应定期对科技服务收入“应收账款”进行催收，避免长时间形成呆账。

第十三条 各处室不得以任何名义将资金违规转移到企业作为企业收入。

第十四条 应遵守银行账户管理的有关规定，由计划财务处统一办理银行账户开立、变更等手续，并由计划财务处统一负责所有银行账户的使用和管理。

第十五条 各处室应完善收入内部控制机制。服务、开票、收费等不得由同一人员担任。对外提供的各类服务合同应注明被服务对象的详细地址、服务内容、收费依据和标准等，其中收费合同一式三联，服务对象、服务部门、财务部门各一联。

科技服务收入应及时上交到中心基本账户。财务核算中心收到服务部门交来的款项后，应根据收费标准和相关合同注明的事项，计算应收取的费用，并与实际收到资金、开具发票金额进行核对。实际收到的资金与应收取的费用不一致的，服务部门应书面说明原因。属于对方欠缴的，服务部门应书面说明原因。相关报告结论页、发票、服务部门的书面说明、减免文件或依据等应作为财务部门入账的原始凭证。

第十六条 资产出租出借收入及管理：各处室将资产进行出租出借的，收到出租出借收入后，应记入“其他收入”等收入类科目，不得在“其他应付款”等往来类科目列收列支；资产出租出借应按照《公共气象服务中心国有资产管理办法》执行。

第五章 成本管理

第十七条 科技服务成本是指为开展科技服务而发生的直接物化成本、工资、劳务成本及其他成本费用支出。具体包括：直接用于开展科技服务的材料消耗、固定资产折旧；支付给从事科技服务人员的工资及劳务支出；支付给从事公益气象事业单位和上级管理部门的信息资源费、资料费、协作费；发生的各项税费；开展科技服务所发生的办公费、取暖费、水电费、通信费、差旅费、车辆维持费、交通费、会议费、招待费、租赁费、信息费、劳务费、广告费等各项费用。

第十八条 科技服务成本核算，应按照收入与费用配比原则进行。

第十九条 固定资产折旧按照规定的折旧方法足额计提，已列入事业支出的固定资产购置成本，其计提的折旧不允许再列入经营支出；发生的取暖费、水电费、通信费、差旅费、车辆维持费、交通费、会议费、房屋租赁费等按照实际发生数如实计入成本，如与单位发生的相关费用无法分清的，按照分摊的原则计算分摊金额计入成本。

第二十条 支付气象信息资源使用费的具体金额应根据客观量化的依据，和有关单位协商确定。支付气象信息资源使用费等有关资金，必须以合同为依据，不得以现金形式支付，不得将资金直接返回给个人或其他单位。

第二十一条 未从事科技服务的人员，其人员支出和其他支出不得挤占单位科技服务成本；

应在企业成本中列支的支出不得挤占单位的支出。

第六章 资产和材料管理

第二十二条 开展科技服务所使用的固定资产要纳入中心财务部门统一管理，并建立固定资产台账。对资产的报废、处置、出租、转让、调拨等应按照《公共气象服务中心国有资产管理办法》执行。

第七章 科技服务净收入的使用

第二十三条 科技服务净收入是指各处室从事科技服务收入扣除相关成本、税费后的净结余。

第二十四条 科技服务净收入的分配，应当兼顾国家、集体和个人三方面利益。应当从气象事业发展、科技服务自身发展、职工激励机制等各方面统筹考虑科技服务净收入的使用。

第二十五条 科技服务净收入具体用途包括：弥补以前年度科技服务亏损；科技服务自身发展；人才引进和培训，职工补贴津贴及有关福利、奖励等基本支出；气象业务现代化建设，气象科研和技术开发，项目支出。其中用于职工补贴津贴的部分必须严格执行国家补贴津贴有关规定。

第八章 监督检查

第二十六条 科技服务财务情况定期公开，接受中国气象局计划财务司和群众监督。中心将科技服务收入和支出情况在一定范围内公开。

第九章 附 则

第二十七条 本办法由计划财务处负责解释。

（起草人：刘欣、乔亚南 发布时间：2019 年 11 月）

中国气象局公共气象服务中心建设项目管理办法

（公气发〔2020〕34号）

第一章 总 则

第一条 为加强中国气象局公共气象服务中心（以下简称中心）建设项目管理，规范建设程序和行为，确保工程质量，提高投资效益，根据《气象部门基本建设管理办法》（气发〔2012〕23号）、《中国气象局重点工程建设项目概算管理办法》（气发〔2016〕49号）文件的要求，结合中心实际，制定本办法。

第二条 本办法所称建设项目是指全部或部分使用中央预算内基本建设投资或中心自筹经费投资，以扩大业务能力或新增工程效益为主要目的而实施的新建、改扩建、续建项目。

第三条 气象建设投资主要用于公益性、基础性和示范引导性气象项目，须形成新的固定资产或业务能力，一般包括以下几类项目：

（一）中国气象局重点工程项目；

（二）小型基础设施建设项目；

（三）小型业务类建设项目；

（四）中心安排的重点建设项目。

第四条 中心建设项目管理遵循科学管理、分级负责、严格程序、讲求效益的原则。要充分应用现代化管理手段，提高建设项目管理水平和科学决策水平。

第二章 管理职责划分

第五条 计划财务处是建设项目的管理部门，主要职责有：

（一）制定和修订本单位建设项目管理规章制度；

（二）负责对项目申报中的预算内容进行审定和把关；

（三）组织建设项目的竣工验收和预决算审查，以及相关资料的管理；

（四）负责中心“中国气象行业建设项目管理信息系统”管理；

（五）负责组织各处室建设项目管理人员的培训；

（六）负责组织项目绩效评价工作。

第六条 办公室是基础设施类建设项目的管理部门，主要职责有：

（一）负责组织编制建设类项目建议书、可行性研究报告、初步设计等；

（二）负责建设项目的业务验收与业务化以及绩效评价工作。

第七条 业务科技处是业务类建设项目的管理部门，主要职责有：

（一）负责组织编制业务类项目建议书、可行性研究报告、初步设计等，并负责对业务类项目实施进行指导、跟踪检查与评估；

（二）负责业务类项目的业务验收与业务化以及绩效评价工作。

第八条 党委办公室（纪检监察处）是建设项目的审计及监督部门，主要职责是负责对建设项目资金使用情况进行监督检查。

第九条 项目建设承担处室负责项目建设的全过程管理，主要职责有：

（一）负责编报项目建议书、项目申报书、可行性研究报告、初步设计、实施方案等；

（二）负责项目实施、建设进度、质量、安全及运行管理；

（三）负责系统运行测试、委托合同验收等，并根据要求提供项目进展以及验收等相关材料；

（四）负责实施工程竣工验收的所有内容；

（五）负责相关资料的档案管理；

（六）负责完成项目绩效考评工作。

第三章 建设项目管理程序

第十条 建设项目从立项到建成交付使用应执行下列程序。一般情况下，完成上一道程序后方可转入下一道程序：

（一）编报项目建议书/建设需求；

（二）编报可行性研究报告；

（三）纳入项目库管理；

（四）下达项目计划、预算；

（五）编报实施方案或初步设计；

（六）勘察、设计、监理、预算编制等委托或招标并签订相应合同；

（七）办理建设用地规划许可证、开工许可证等手续；

（八）工程施工招投标、签订施工合同；

（九）工程施工与管理；

（十）委托合同验收；

（十一）项目业务验收；

（十二）工程结算审计与付款；

（十三）项目竣工财务决算审计、固定资产移交；

（十四）项目竣工验收；

（十五）资料整理归档；

（十六）绩效考评或后评价。

第四章　中国气象行业建设项目管理信息系统的管理

第十一条　“中国气象行业建设项目管理信息系统”的基础信息是了解单位建设情况的重要途径，也是投资决策的重要依据。基础信息由计划财务处负责录入。

第十二条　计划财务处负责每年结合中心实际需求，依据《气象部门项目库管理办法》（气发〔2009〕93号）将项目信息及可行性研究报告录入系统进行项目申报，并按照中国气象局的要求进行项目库执行分析。

第五章　建设项目前期准备工作

第十三条　项目建设前期工作是从建设项目酝酿到开工建设以前进行的各项工作，是项目建设程序中重要的阶段。

项目建设前期工作主要包括：编写项目建议书，编制可行性研究报告，编报实施方案或初步设计，编制工程预算，招投标，以及按照管理权限提请建设主管部门审批等。

第十四条　估算总投资在1000万元及以上的建设项目应当按要求编写项目建议书/建设需求。

项目建议书应根据国家需要和气象发展规划，在经过调查研究、收集资料、踏勘场址、初步分析经济效益和社会效益的基础上提出。

第十五条　建设项目均应编报可行性研究报告。

项目报送可行性研究报告时，应附以下材料：

（一）城建规划部门的规划选址意见书；

（二）国土部门的用地预审文件；

（三）环境保护部门的环评审批文件；

（四）需要气象业务主管部门审批的，应附上业务审批意见；

（五）可行性研究报告的专家论证意见；

（六）其他必要的材料。

根据建设项目的性质、规模、投资及复杂程度，可行性研究报告的内容和所附材料，可以有所侧重或者合理简化。

技术复杂和有特殊要求的建设项目，还应提出两个以上设计方案，便于比较和审查。

第十六条 估算总投资在1000万元及以上的建设项目，建设承担处室须委托具有相应资质的工程咨询机构编制可行性研究报告，并附上专家论证意见。

可行性研究报告批准前，中心将视项目的重要程度组织评审；可行性研究报告批准后，如因情况变化，需要改变内容时，须报中心审定后，报原批准单位同意。工程都应进行初步设计，对技术复杂和有特殊要求的建设项目，还应进行技术设计。抗震设防、消防、人防等应严格按照国家有关规定执行。初步设计的总概算应控制在已批准的可行性研究报告规定的范围以内，建设内容超过可行性研究报告投资范围10%以上，或总概算超过可行性研究报告批复估算10%以上的，项目可行性研究报告须重新报批。

初步设计批准后，不得随意修改。建设承担处室根据批准的初步设计进行施工图设计。

第十七条 施工图设计应遵循国家强制性建设规范和限额设计的原则，经审查的施工图预算原则上不得突破批准的初步设计概算。

第十八条 中心建设项目执行招投标制度，基础设施建设项目的招投标实行属地化管理原则。对于业务类基建项目，必须进行招投标的建设项目，其功能规格书应由业务科技处组织专家论证，其招标文件、施工合同应接受计划财务处、党委办公室（纪检监察处）审查。

任何处室不得将依法必须招标的项目化整为零或者以其他任何方式规避招标。

第十九条 凡列入集中采购目录以内的或者采购限额标准以上的货物、工程、服务，必须进行政府采购，具体要求按《中华人民共和国政府采购法》《公共气象服务中心政府采购管理办法》（公气发〔2017〕77号）等相关规定执行。

第六章 工程施工管理

第二十条 建设项目实行项目责任人终身负责制。建设项目实施前，建设承担处室须确定项目责任人。

第二十一条 工程建设要坚持先勘察、后设计、再施工的原则。必须委托有相应资质的单位进行勘察、设计，严禁使用没有加盖设计单位和图纸审核单位图章的施工图。在项目建设中要积极推广使用新技术、新材料和新工艺，执行《公共建筑节能设计标准》（GB 50189—2015），依靠科学技术，确保工程效益和质量。

第二十二条 实行工程施工变更签证审批制度。工程建设必须严格按图纸施工，经项目责任人确认需要变更的，视变更内容的重要性，上报项目领导小组或经中心审定批准后方可实施。

第二十三条 建设项目应当委托具有相应资质的工程监理单位进行监理，并与监理单位依法订立合同，明确双方的权利、义务及索赔条件、范围等。

第二十四条 建设项目的勘察、设计、施工、设备材料的采购要依法订立合同。合同应明确工程价款及价款调整的范围，应明确质量要求、履约担保和违约处罚条款。

第二十五条 建设项目实行质量监督制度。按属地化管理，新建、改建、扩建等工程，需到地方建设主管部门办理建设用地规划许可证、工程施工许可证的，应到当地建筑工程质量监督机构办理工程质量监督手续。

第二十六条 建设项目实行质量保修制度。建设承担处室在与施工单位签订施工承包合同时，在国家建筑建设部门有关质量保修标准要求下，明确建设工程的保修范围、保修期限和保修责任。

第七章 计划、财务、审计管理

第二十七条 中心建设项目投资计划要贯彻执行国家有关法律、法规，做好建设项目资金的筹集、分配和使用，依法监督和考核建设项目计划、支出预算执行情况，严格控制建设成本，提高投资效益。

第二十八条 项目预算一经批复，任何处室和个人不得擅自调整项目预算。确需调整的，必须经中心审定后报中国气象局审批。

第二十九条 建设项目要加强设计概算、施工图预算、项目竣工财务决算管理。建设承担处室依据施工合同、施工图预算，按工程进度拨款。建设项目竣工后必须编制工程竣工决算，依批准的竣工决算调整固定资产账。

第三十条 因项目建设期价格大幅上涨、政策调整、地质条件发生重大变化、自然灾害等不可抗力因素及确需对原项目技术方案进行完善优化等原因导致原批复概算不能满足工程实际需要的，可以申请概算调整。涉及初步设计调整的，在变更前由项目承担处室提出设计变更方案，由中心审核后报中国气象局审定。未经批准的，不得擅自调整实施。

第三十一条 对于各组成项目之间累计概算调整的数额超过总投资10%的，或总投资规模超出原批复概算的，由项目承担处室提出调整方案，由中心报中国气象局申请调整概算。中国气象局审定后报送国家发展和改革委员会审批。概算调增幅度超过原批复概算 10% 的，原则上由国家发展和改革委员会先商请审计机关进行审计，并依据审计结论进行核定概算调整。

第三十二条 对于项目总投资不超过原批复概算，且各组成项目之间的累计概算调整数额不超过总投资 10% 的，由项目承担处室提出调整方案，由中心报中国气象局申请调整概算。中国气象局审定后须报国家发展和改革委员会备案。

第三十三条 申请概算调整时，应编制完整、真实的概算调整文件，调整的项目应与原批复概算相对应。概算调整文件包括以下材料：

（一）原初步设计及概算文件和批复核定文件；

（二）由具有工程造价或工程咨询资质单位编制的概算调整报告，主要包括项目基本情况，变更主要内容及规模，概算调整原因、依据和计算方法等，并附调整变化对照清单、调整后概算表及其与原批复概算对比表；

（三）与概算调整有关的招标、合同文件及结算资料（包括变更部分），以及纪要、文件、企业报价单等有关证明材料；

（四）达到初步设计深度的设计变更专题报告、专家论证意见、原设计单位审查意见，以及设计变更的批复文件；

（五）施工图设计（含装修设计）及预算文件等概算调整所需的其他材料。

第三十四条 申请概算调整的项目，对于使用预备费可以解决的，不予调整；预备费的使用，由项目承担处室提出申请，中心审核后报主管职能司，主管职能司商计划财务司批复。

第三十五条 中心建设项目工程价款结算应按照财政部《建设工程价款结算暂行办法》（财建〔2004〕369 号）中的相关规定在合同条款中进行约定。其中，工程款支付额度如下：

（一）工程预付款可根据所在地区建设项目实际情况确定，但最高不超过合同价款的 30%；为确保资金安全，应有相应的抵押办法（如对等的履约保证金、银行履约保函或其他等）；

（二）工程进度款累积支付额度（工程预付款已分期抵扣）应控制在合同价款的 60% ~ 90%；

（三）结算审计后应预留 5% 的工程尾款作为工程维修质保金。

第三十六条 中心建设项目财务管理要求按财政部《基本建设财务管理规定》（财建〔2002〕394 号）和中国气象局建设财务管理有关规定执行。

第三十七条 中心建设项目审计按照《公共气象服务中心内部审计工作办法》中相关规定执行。

第八章 验收及绩效考评与后评价

第三十八条 中心建设项目实行竣工验收制度。验收流程包括委托合同验收、业务验收和竣工验收。

验收结果将作为下年度对各承担建设处室的项目和投资安排的重要依据之一。验收不合格的，要在规定的期限内完成整改。

（一）委托合同验收，指根据合同内容，由各承担建设处室对合同中约定的建设内容进行验收。各承担建设处室在进行委托合同验收前，应完成项目建成的系统测试，测试合格的，才能进行委托合同验收。委托合同验收专家组成员原则上须由业务科技处、承担建设处室等相关人员组成。

（二）项目业务验收，指依据项目可行性研究报告或初步设计中的建设内容，由业务科技处牵头组织，各承担建设处室配合，对项目建设内容进行验收。项目业务验收前，各承担建设处室需向业务科技处提交委托合同验收意见，并提供项目业务验收所需相关材料。业务科技处统一组织对项目中逐项任务的分项业务验收后，再组织项目总体业务验收。

（三）项目竣工验收，指依据《气象建设项目竣工验收规范》（QX/T 31—2018）规定，由计划财务处牵头组织，会同业务科技处、党委办公室（纪检监察处）对建设项目实施全过程进行验收。

竣工财务决算的编制、决算审计、决算审核、决算批复、备案及资产移交细则按照《气象部门基本建设项目竣工财务决算管理办法》（气发〔2018〕102号）文件执行。

第三十九条 中心建设项目实行项目绩效考评制度。项目申报时应确定明确的绩效目标，作为绩效考评的依据。项目完成后，项目建设承担处室及时填报《项目绩效报告》，计划财务处按中国气象局统一要求组织开展绩效考评，完成《项目绩效评价报告》。

第九章 资料档案管理

第四十条 建设项目档案资料包括建设项目的提出、调研、可行性研究、评估、批复、勘测、设计、招投标、施工、设备调试、竣工、使用等活动中形成的文字材料、图纸、图表、计算材料、声像材料等。

第四十一条 建设承担处室应按照《中华人民共和国档案法》、建设项目档案资料管理规定和中国气象局档案管理的有关规定，从项目申请立项时，即开始进行档案资料的积累、整理、审查工作；项目竣工验收时，同步完成资料的验收和归档工作。

第四十二条 档案资料的汇总整理：

（一）建设项目实行总承包的，各分包单位负责收集、整理分包范围内的档案资料，交总包单位汇总、整理；竣工时由总包单位向建设承担处室提交完整、准确的项目档案资料。

（二）建设项目由建设承担处室分别向若干单位发包的，各承包单位负责收集、整理所承包工程的档案资料，交建设承担处室汇总、整理，或由建设承担处室委托一个承包单位汇总、整理。

第四十三条 施工单位要按规定编制好竣工图。工程竣工验收前，建设承担处室组织检查竣工图的质量。

第十章 监督问责

第四十四条 建设项目未按规定的程序和审批权限进行立项而擅自开工建设的，中心将责令停工并进行通报批评，视情况对已建设项目进行处置，并视造成损失情况，追究项目责任人的责任。

第四十五条 由于建设承担处室管理不善、失职渎职，擅自扩大规模、提高标准、增加建设内容，故意漏项和报小建大等造成调整概算超过原批复概算的，中心将给予通报批评。对于超概算严重、性质恶劣的，将追究项目承担处室的相关责任。

第四十六条 违反本办法规定不进行项目竣工财务决算审计，不进行竣工决算工作，造成国有资产流失的；未及时办理竣工验收手续、未经竣工验收或验收不合格即交付使用的；以及违反国家有关规定的，中心将追究建设承担处室及其责任人的责任。

第十一章 附 则

第四十七条 小型业务类建设项目和中心安排的建设项目根据建设内容特点，其项目管理程序可适度、合理简化。

第四十八条 中国气象局重点工程项目等另有独立管理办法和规定的，执行相关的管理办法和规定。

第四十九条 本办法由计划财务处负责解释。

（起草人：刘欣、陈辉、倪敏莉 发布时间：2020 年 3 月）

中国气象局公共气象服务中心党费收缴、使用和管理办法

（公气党发〔2020〕21号）

第一章　总　则

第一条　按照党章规定按时向党组织交纳党费，是共产党员必须具备的起码条件，是党员对党组织应尽的义务。党费收缴、管理和使用，是党的基层组织建设和党员队伍建设中的一项重要工作。为进一步加强中国气象局公共气象服务中心（以下简称中心）党费收缴、使用和管理工作，根据《关于中国共产党党费收缴、使用和管理的规定》（中组发〔2008〕3号）、《中国气象局直属机关党委党费收缴使用管理办法》（气党发〔2019〕48号）等，结合中心实际情况，制定本办法。

第二章　党费收缴

第二条　党费计算基数。根据《中共中央组织部办公厅关于进一步规范党费工作的通知》精神，党费计算基数不包括6类18项具体项目。事业单位党员的绩效工资中的基础性绩效工资列入党费计算基数，奖励性绩效工资不列入党费计算基数。企业人员党员不定期、非普遍发放的奖金和绩效工资，不列入党费计算基数。

（一）党费计算基数：

纳入党费计算基数的部分为岗位工资、薪级工资、职务补贴和岗位津贴。

（二）党费计算基数公式：

党费基数＝岗位工资＋薪级工资＋职务补贴＋岗位津贴－五险一金－职业年金－个人所得税

第三条 党员交纳党费比例。党费计算基数在3000元（含3000元）以下者，交纳0.5%；3000元至5000元（含5000元）者，交纳1%；5000元至10000元（含10000元）者，交纳1.5%；10000元以上者，交纳2%。

第四条 党费核定方法。《中共中央组织部办公厅关于进一步规范党费工作的通知》中明确基层党组织年初核定党员月交纳党费数额，年内一般不变动。从2020年起以计算每年一月份党费的当月工资为基数进行党费核定，年内党费数额不再变动，具体做法为党员根据一月份工资条按照党费基数计算方法得出全年党费缴纳额后按月交纳党费。因计算当月发放大额奖金或者其他费用导致当月税费大幅提高而使党费标准降低的，应规避奖金对税费的影响，按上一个月或者临近月标准计算，确保党费不低于正常标准。党费计算基数直接乘以交纳比例得出，不能分段累进计算。

第五条 离退休党员党费计算方法。离退休职工中的党员交纳党费以每月实际领取的基本离退休费或基本养老金为计算基数，不包括津补贴，5000元（含5000元）以下的按0.5％交纳党费，5000元以上的按1％交纳党费。

第六条 交纳党费确有困难的党员，经党支部研究，报中心党委批准后，可以少交或免交党费。

第七条 预备党员从支部大会通过其为预备党员之日起交纳党费。

第八条 党员工资收入（离退休费）发生变化后，从按新工资标准领取工资的当月起，以新的工资收入为基数，按照规定比例交纳党费。

第九条 党员自愿多交党费不限。自愿一次多交纳1000元以上的党费，各党支部要单独报告党委。

第十条 党员应当增强党员意识，主动按月交纳党费，遇到特殊情况，经党支部同意，可以每季度交纳一次党费，也可以委托其亲属或者其他党员代为交纳或者补交党费。补交党费的时间一般不得超过6个月。

第十一条 各党支部应该教育引导党员自觉、主动、足额交纳党费。对不按照规定交纳党费的党员，其所在党支部及时对其进行批评教育，限期改正。对无正当理由，连续6个月不交纳党费的党员，按自行脱党处理。

第十二条 各党支部应当按照规定收缴党员党费，不得垫交或扣缴党员党费，不得要求党员交纳规定以外的各种名目的“特殊党费”。

第十三条 党员每月10日向组织关系所在党支部交纳党费。各党支部每月15日将本支部党费以现金形式交中心党委办公室，由专职人员存入中心党费账户。

第十四条 按照中国气象局直属机关党委要求，中心党委每年年初将上年度党费按照30%的比例上缴机关党委。

第三章　党费使用

使用党费应当坚持统筹安排、量入为出、收支平衡、略有结余的原则。党费必须用于党的活动，主要作为党员教育经费的补充，具体使用范围包括：

第十五条　培训党员。教育培训党员和入党积极分子、基层党务工作者所产生的住宿费、伙食费、交通费、师资费、场地费、资料费、门票费、讲解费等。

第十六条　订阅或者购买用于开展党员教育的报刊、资料、音像制品和设备。

第十七条　表彰先进基层党组织、优秀共产党员和优秀党务工作者。

第十八条　补助生活困难的党员。

第十九条　修缮、新建基层党组织活动场所、为活动场所配置必要设施等所产生的相关费用。

第二十条　开展“三会一课”、创先争优、党组织换届以及党内集中学习教育所产生的会议费等。

第二十一条　编印党员教育培训教材和印制入党志愿书、党员组织关系介绍信、党员证明信、流动党员活动证、党费证、党员档案等所产生的工本费，以及购买党徽党旗等费用。

第二十二条　党务财务管理中发生的购买支票、转账手续费等相关费用。

党费的使用必须建立审批制度，严格使用手续。坚持勤俭节约原则，精细合理使用党费。使用流程如下：

第二十三条　各党支部使用党费前，要拟定活动方案。活动方案要有时间、地点、参加人数、主题、形式、详细预算等主要信息。

第二十四条　各党支部需到中心办公网“相关下载”目录中下载《公共气象服务中心党费使用申请表》，连同活动方案一起报送党委办公室审批，如超过 1 万元需专职党委副书记审批。审批通过后方可组织活动或使用党费。

第二十五条　活动结束后到党委办公室开具报销单据，再到核算中心进行财务报销。发票背面需有经办人和党支部书记签字。

第二十六条　活动结束 1 周内将活动成果报告提交党委办公室，报告中要体现活动效果、活动意义并附参加活动的具体人员名单。

第四章　党费管理

第二十七条　党费由党委办公室代党委统一管理。党费工作的业务管理和财务管理应当分开，业务管理由党委办公室专职人员负责，财务管理工作由中国气象局核算中心代办。

第二十八条　各党支部要指定专人负责党费的收缴工作，遇人员变动要做好交接。各党支部的党费收缴和使用应认真做好登记，定期开展党费工作情况自查，发现问题，及时纠正。党委办公室不定期地进行抽查和检查。

第二十九条 党费收缴、使用和管理情况作为党务公开的一项重要内容，要认真做好党费收支情况公示工作。中心党委择机在全体党员大会向大会报告党费收缴、使用和管理情况，接受党员审议和监督。

第三十条 对违反党费收缴、使用和管理规定的，依据《中国共产党纪律处分条例》及有关规定严肃查处，触犯刑律的依法处理。

第五章 附 则

第三十一条 本办法由党委办公室负责解释。

第三十二条 本办法自印发之日起实施。

（起草人：韦号 发布时间：2020 年 4 月）

中国气象局公共气象服务中心党建活动经费管理办法

（公气党发〔2020〕20号）

第一条 为加强中国气象局公共气象服务中心（以下简称中心）党组织建设，推进“两学一做”学习教育常态化制度化，规范党建活动经费管理，依据《中华人民共和国预算法》《中国共产党党和国家机关基层组织工作条例》《中央和国家机关基层党组织党建活动经费管理办法》等有关法律法规，制定本办法。

第二条 本办法所称党建活动，是指中心党支部开展的“三会一课”、主题党日活动、党员和入党积极分子教育培训、学习调研等活动。

第三条 各党支部开展党建活动，必须坚持厉行节约、反对浪费原则。应编制活动计划（包括活动内容、形式、时间、地点、人数、所需经费及列支渠道等），报党委办公室审核。

第四条 各党支部编制党建活动计划，应当充分听取党员意见，并经支部委员会讨论。

第五条 本办法所称党建活动经费支出项目包括租车费、城市间交通费、伙食费、场地费、讲课费、资料费和其他费用。

（一）租车费指开展党建活动须集体出行发生的租车费用，标准为大巴（25座以上）每辆每天不超过1500元，中巴（25座及以下）每辆每天不超过1000元，租车到常驻地以外的，租车费可以适当增加，不得租用轿车（5人以下）。

（二）城市间交通费是指到常驻地以外开展党建活动发生的城市间交通支出，交通工具一般不得乘坐飞机，标准同差旅费，个人不得领取交通补助。

（三）伙食费为开展活动期间发生的用餐费用，标准参照中央和国家机关差旅费标准，一天仅一次就餐的，人均伙食费不超过40元内据实报销，个人不得领取伙食费补助。

（四）住宿费为开展活动期间发生的租住房间费用，标准同差旅费。

（五）场地费为用于党建活动发生的会议室、活动场地租金，标准为每半天人均不得超过

50元。

（六）讲课费指请师资为党员授课所支付的费用，标准按照培训费执行。

（七）资料费是指为党员学习教育集中购买的培训资料费用；其他费用是指现场教学费、文体活动费、医药费以及授课教师交通、食宿等支出。资料费及其他有关费用经批准后据实报销。

第六条 开展党建活动，要突出增强党员的政治意识、大局意识、核心意识、看齐意识，同时注重与中心工作结合，注重质量效果，防止形式主义。

第七条 开展党建活动，要充分发挥党员作用，必须自行组织，不得将活动组织委托给旅行社等其他单位。

第八条 开展党建活动，要因地制宜，充分利用本地条件，每个党支部到常驻地以外开展党建活动原则上每两年不超过一次，要严格控制租用场地举办活动，确需租用的，要选择安全、经济、便捷的场地。

第九条 开展党建活动，要严格遵守中央八项规定精神，严格执行廉洁自律各项规定。

严禁借党建活动名义安排公款旅游；严禁到党中央、国务院明令禁止的风景名胜区开展党建活动；严禁借党建活动名义组织会餐或安排宴请；严禁组织高消费娱乐健身活动；严禁购置电脑、复印机、打印机、传真机等固定资产以及开支与党建活动无关的其他费用；严禁套取资金设立“小金库”；严禁发放任何形式的个人补助；严禁转嫁党建活动费用。

第十条 报销党建活动经费，需经党委办公室审核后履行报销程序。计划财务处应当严格按照规定进行审核报销。

第十一条 党建活动的资金支付，应当执行国库集中支付和公务卡管理有关制度规定。

第十二条 党委办公室对各支部党建活动经费管理使用情况进行监督检查：

（一）党建活动计划的编报是否符合规定；

（二）党建活动经费开支范围和开支标准是否符合规定；

（三）党建活动经费报销和支付是否符合规定；

（四）是否存在奢侈浪费现象；

（五）是否存在其他违反本办法的行为。

第十三条 党委办公室应当将党建活动经费开支情况以适当方式公开。对有违反本办法的行为，由党委办公室、计划财务处等有关部门责令改正，追回资金，并予以通报。相关责任人员按规定予以党纪政纪处分；涉嫌违法的，移交司法机关处理。

第十四条 本办法由党委办公室负责解释。

第十五条 本办法自印发之日起实施。

（起草人：李雪萍　发布时间：2020年4月）

中国气象局公共气象服务中心
工会经费收支管理实施细则

（公气发〔2019〕67号）

第一章 总 则

第一条 为了加强中国气象局公共气象服务中心（以下简称中心）工会经费收支管理，规范工会经费使用，根据中华全国总工会《基层工会经费收支管理办法》《中央和国家机关基层工会经费收支管理实施细则（试行）》及《中国气象局直属机关工会财务管理暂行办法》等有关规定，结合中心工会实际，制定本细则。同时废止《公共气象服务中心工会经费收支使用管理办法》。

第二条 本细则适用于中心工会及所属各分工会。

第三条 中心工会经费收支管理应当实行独立核算，加强民主管理，严肃财经纪律，厉行勤俭节约，确保正确的使用方向，维护职工合法权益。

第二章 工会经费收入

第四条 中心工会经费收入包括：

（一）会费收入，指工会会员依照规定按本人基本工资收入的5‰向所在基层工会交纳的会费。

（二）中心按照全部职工工资总额2%向工会拨缴的经费中的留成部分。

（三）上级工会补助的款项。

（四）单位行政按照《中华人民共和国工会法》《中国工会章程》和国家的有关规定给予工会组织的补助款项。

（五）行政补助收入。中心依法对中心工会给予的各项经费补助。

（六）其他收入。

第五条 中心工会应当严格工会经费收入管理。按时收取全部会员会费，及时存入工会银行账户，全部留存开支使用。

第三章 工会经费支出

第六条 中心工会经费支出应当主要用于为职工服务和开展工会活动，包括职工活动支出、维权支出、业务支出、资本性支出、事业支出和其他支出。各项支出必须严格按照中华全国总工会关于基层工会经费支出管理的规定执行。

第七条 职工活动支出是指中心工会组织开展职工教育、文体、宣传等活动所发生的支出和工会组织的职工集体福利支出。包括：

（一）职工教育支出。用于举办专题培训和职工技能培训所需的教材资料、教学用品、场地租金等方面的支出；用于支付职工教育活动聘请授课人员的酬金；用于中心组织的职工素质提升补助和职工教育培训优秀学员的奖励。

1.开展职工教育活动、评选优秀学员等奖励应以精神奖励为主、物质奖励为辅。设置奖项的，奖励范围不超过参加人数的30%，给予物质激励每年不超过2次，奖励标准每人每次不超过500元。

2.教师酬金（税后）支付标准可按照同级财政部门或单位行政有关规定执行。如同级财政部门或单位行政没有相关规定，可按每人每学时300～1500元的标准执行，讲课费按实际发生的学时计算，每半天最高不超过4学时。

（二）文体活动支出。用于中心工会开展或参加上级工会组织的职工业余文体活动所需器材、服装、用品等方面支出；用于租赁与维修、活动场地、交通工具等方面的租金；用于文体活动优胜者的奖励；用于文体活动中必要的伙食补助费。

1.文体活动奖励应以精神鼓励为主、物质激励为辅。设置奖项的，奖励范围不得超过参与人数的2/3，个人项目奖品（奖金）标准为每人不超过800元，团体项目奖品（奖金）标准为每人不超过500元；不设置奖项的，可为参加人员发放人均价值不超过300元的纪念品。

2.代表中心工会参加上级工会组织的文体活动，对获得名次的奖励标准为：团体最高奖励人均不得超过400元；个人奖励最高不得超过500元，其他名次依次递减。

3.代表中心工会或上级工会参加行业、中央国家机关等组织的市级或全国性文体活动，对获得名次的和成绩特别突出的奖励标准为：团体最高奖励人均不得超过500元；个人奖励最高不得超过800元。其他名次依次递减。

4.需要为参加文体活动职工购置服装（含鞋子）的，每人每2年限购1次，确需统一购置服装的，人均不超过1000元。参加上级工会举办的文体活动，需要为参加职工（含领队）购置服装（含鞋子）的，可增加购置，每项活动限购1次且人均不超过1000元。工会建立服装发放台账。

5.工会鼓励职工发挥个人特长，对于在中心工会组织的重大文艺活动、体育活动以及文化建设工作中做出突出贡献的会员，奖励标准为最高800元/人，其他的奖励等次依次递减。

6.经批准到外地参加上级工会组织的文体活动的，如上级工会组织不承担相关费用的可按同级财政或单位行政规定的差旅费标准报销。

7.举办文体比赛活动期间，须聘请导演、教练、裁判员、评委等工作人员的，根据专项活动预算批复情况确定支付劳务费标准。

8.各分工会可以用会员会费组织会员观看电影、文艺演出和体育比赛等，开展春游秋游，为会员购买本地公园年票。会费不足部分可以用工会经费弥补，弥补部分不超过各分工会当年会费收入的3倍。

9.各分工会每年可以组织会员春游、秋游各1次，应当当日往返，不得到明令禁止前往的风景名胜区开展春游、秋游活动。确需在外用餐的，可安排工作餐。每餐人均标准不超过40元，每日不超过100元，但不得以现金形式发放给个人。春游、秋游活动可开支活动误餐补助、交通费、公园门票等。

（三）宣传活动费。用于中心工会开展重点工作、重大主题和重大节日宣传活动所需的材料消耗、场地租金、购买服务等方面的支出；用于培育和践行社会主义核心价值观，弘扬劳模精神和工匠精神等经常性宣传活动方面的支出；用于中心工会开展或参加上级工会举办的知识竞赛、宣讲、演讲比赛、展览等宣传活动支出。

（四）职工集体福利支出。用于逢年过节和工会会员生日、结婚生育、退休离岗的慰问支出等。

1.中心工会逢年过节可以向全体会员发放节日慰问品，每名会员年度总金额不得超过2500元。“逢年过节”的年节是指国家规定的法定节日（元旦、春节、清明节、劳动节、端午节、中秋节和国庆节）。节日慰问品原则上为符合中国传统节日习惯的用品和职工群众必需的生活用品等，可发放实物或者货物领取券，但不可发放现金和购物卡、代金券。

2.中心工会会员生日慰问，可以向会员送生日蛋糕等实物慰问品，也可以发放指定蛋糕店的蛋糕券，每人每年不得超过400元。

3.中心工会会员结婚、生育，符合国家法律政策的，可以给予不超过1000元的慰问品。

4.中心工会会员生病住院，当年可给予不超过1000元的慰问品。因同一病种当年多次住院的，限慰问1次。

5.中心工会会员去世，可给予其家庭不超过5000元的慰问金；其直系亲属（限会员本人的配偶、父母、子女）去世时，可给予会员不超过3000元的慰问金。

6.工会会员退休，可以发放不超过1000元的纪念品。

7.各分工会应严格界定会员身份，避免非本工会会员重复享受中心工会集体福利。凡工资未纳入拨缴工会经费工资总额或未交纳会费的员工，不得享受集体福利。

（五）其他活动支出。用于中心工会组织开展的劳动模范和先进职工疗休养补贴等其他活动支出。

第八条 维权支出是指中心工会用于维护职工权益的支出，包括劳动关系协调费、劳动保护费、法律援助费、困难职工帮扶费、送温暖费和其他维权支出。

中心工会应当妥善用好维权支出。建立和完善中心困难职工档案，根据实际情况和经费保障能力，制定标准统一、程序规范、管理严格的困难职工帮扶慰问管理办法，对工会会员本人以及家庭因大病、意外事故、子女就学等原因导致困难的可以给予一定金额的慰问。在高温、严寒和雾霾等极端天气情况下，可以为一线员工购买防暑降温、防寒保暖、防雾霾用品以及食品饮料。年度人均慰问总金额根据年初预算执行，按合理、适度原则予以安排。

第九条 业务支出是指中心工会培训工会干部、加强自身建设以及开展业务工作发生的各项支出，包括培训费、会议费、专项业务费和其他业务支出。

（一）培训费。用于中心工会开展工会干部和积极分子培训发生的支出。开支范围和标准按照同级财政部门或中心制定的培训费管理办法执行。

（二）会议费。用于中心工会会员大会或会员代表大会、委员会、常委会、经费审查委员会以及其他专业工作会议的各项支出。开支范围和标准按照同级财政部门或中心制定的会议费管理办法执行。

（三）专项业务费。用于中心工会开展工会组织建设、建家活动、劳模和工匠人才创新工作室、职工创新工作室等创建活动发生的支出；用于中心工会开办的图书馆、阅览室和职工书屋等职工文体活动阵地所发生的支出；用于中心工会开展专题调研所发生的支出；用于中心工会开展女职工工作支出；用于中心工会开展外事活动方面的支出；用于中心工会组织开展合理化建议、技术革新、发明创造、岗位练兵、技术比武、技术培训等劳动和技能竞赛活动支出及其奖励支出。

中心工会组织开展合理化建议、技术革新、发明创造、岗位练兵、技术比武、技术培训等劳动和技能竞赛活动，可进行适当奖励。奖励范围不得超过参与人数的1/3，个人项目奖励标准为每人不超过2000元；团体项目奖励标准为人均不超过800元。

（四）其他业务支出。用于经上级批准评选表彰的优秀工会干部和积极分子的奖励支出；用于中心工会必要的办公费、差旅费；用于中心工会支付代理记账、中介机构审计等购买服务方面的支出。

经上级批准，中心工会每年可评选表彰奖励1次优秀工会干部和积极分子。表彰比例控制在中心工会会员总数的5%以内，奖励标准为每人不超过1000元。

第四章　财务管理

第十条　中心工会主席应当履行中心工会会计工作第一责任人职责，加强对中心工会财务的管理。

第十一条　中心工会应根据有关规定，编制工会经费年度预算，编报工会经费年度财务决算，依法履行必要程序后报上级工会审批。

第十二条　中心工会应当规范财务管理，单独开设工会银行账户，实行独立核算。举办活动应当有方案（通知）以及预算，填写《公共气象服务中心工会经费（含会费）使用申请表》（见附件）。开具发票必须符合国家税务机关的规定，如实详细填写品名、数量、单价等信息，数量较多时应当提供具体清单。规范经费支出申请、审批、报销流程。发放慰问品、奖品、纪念品、蛋糕券、入场券等实物，要求审批手续齐全，实名制发放，实名签收。严格工会经费专用票据管理，不得用于与工会经费无关的项目。

第五章　监督检查

第十三条　中心工会应当加强工会经费使用情况的内部会计监督和工会预算执行情况的审查审计监督，依法接受并主动配合中心内部审计和上级审计监督。

第十四条　工会应严格执行以下规定：

（一）工会经费全部用于为职工服务和开展工会活动。

（二）工会每项支出要严格执行有关财务报销规定并计入相应会计科目。

（三）严格控制工会经费开支。

1.不准用工会经费购买购物卡、代金券等，搞请客送礼等活动。

2.不准违反工会经费使用规定，滥发津贴、补贴、奖金。

3.不准用工会经费支付高消费娱乐健身活动。

4.不准单位行政利用工会账户违规设立“小金库”。

5.不准将工会账户并入单位行政账户，使工会经费开支失去控制。

6.不准截留、挪用工会经费。

7.不准用工会经费参与非法集资活动，或为非法集资活动提供经济担保。

8.不准用工会经费报销与工会活动无关的费用。

第六章 附 则

第十五条 本细则核定的标准为上限标准，中心工会在执行中要根据实际情况量力而为，在标准内执行，不得擅自突破。

第十六条 本细则中教师酬金、奖金、劳务费用等均指税后支付标准，中心工会和各分工会在实施中要按照税法有关规定代扣代缴相关个人所得税。

第十七条 本细则由中心工会负责解释。

第十八条 本细则自发布之日起施行。

（起草人：韦号、董安安 发布时间：2019 年 11 月）

附件（略）

北京华新天力能源气象科技中心监管办法（试行）

（公气发〔2020〕40号）

第一章　总　则

第一条　为切实履行中国气象局公共气象服务中心（以下简称中心）对北京华新天力能源气象科技中心（以下简称华新天力）出资人职责，促进华新天力企业发展，依据《中华人民共和国企业国有资产法》《企业国有资产监督管理暂行条例》（国务院令第378号）及《改革国有资本授权经营体制方案》（国发〔2019〕9号）（以下简称《方案》）有关规定，结合实际制定本办法。

第二条　本办法所称企业国有资产，是指中心对企业各种形式的出资所形成的权益。

第三条　华新天力是中心全资企业，中心按照事企分开、管办分离、不干预企业依法自主经营的原则，依法履行出资人职责，对华新天力企业国有资产进行监管。

第四条　华新天力实行中心党委领导下的总经理负责制。资产监管处是企业国有资产监管主管部门，其他职能部门配合进行管理。

第二章　出资人权利

第五条　中心依据有关法律对华新天力享有资产收益、参与企业重大决策、选择企业管理者等出资人权利。

第六条　享有资产收益权。资产监管处负责对华新天力制定经营指标，华新天力根据中心要求上缴企业利润。

第七条　审定企业发展战略及规划。中心负责对华新天力发展战略及规划进行指导。华新天力相关方案报中心党委审定批准后执行。

第八条 企业管理者的任命与管理。华新天力领导班子成员，由中心党委进行任命和管理。华新天力主要负责人年度综合考评工作由人事处会同资产监管处、办公室组织实施，其他班子成员由企业组织考核。人事处对企业负责人薪酬制定进行指导。

第三章 出资人职责

第九条 中心按照有关规定，以管资本为主加强国有资产监管，加强履职清单管理和事中事后监管，将授权与监管相结合，放活与管好相统一，监督国有资本规范有序运行。

第十条 企业章程的制修订。资产监管处负责指导华新天力制修订企业章程。华新天力企业章程须经中心党委审定后执行。

第十一条 企业工资总额的监管。资产监管处会同人事处、计划财务处根据华新天力实际情况对其工资总额决定机制进行指导。

第十二条 企业国有资产保值增值的监管。资产监管处负责对华新天力国有资产保值增值工作进行监管。华新天力对本企业及下属企业国有资产保值增值负责，防止企业国有资产流失。华新天力须定期向中心上报国有资产情况报告。

第十三条 企业财务工作的监管。计划财务处负责对华新天力财务相关工作进行监管。负责向上级单位报送企业预决算及财务相关报表，负责监管企业国有资产处置事项。

第十四条 指导企业党建工作。党委办公室（纪检监察处）负责指导华新天力党建工作。

第十五条 指导企业改革重组。中心负责对华新天力的改革和重组进行指导，相关改革重组方案由华新天力报中心党委审定后执行。中心党委认为重大的改革重组方案，报上级部门审定。

第十六条 其他企业重大事项的审批。除上述需要中心党委审定的事项以外，华新天力有关合并、分立、改制，增加或者减少注册资本，50万元以上投资项目、投资成立公司，国有股权转让，发行债券，分配利润，解散、申请破产，以及《中共中国气象局公共气象服务中心委员会全委会、常委会议事规则》（公气党发〔2019〕20号）第七条中有关事项须经中心党委审议批准后执行。中心党委认为重大的事项，报上级部门审批。

第四章 国有资产监管义务

第十七条 企业经营的业务支撑。业务科技处负责协调为华新天力经营活动提供相关业务技术资源，华新天力要建立定期向中心反馈市场需求的机制。

第十八条 推进资源优化配置，提高企业竞争力。中心指导推进华新天力资产资源优化配置，监督投资战略性调整，促进华新天力提升市场竞争力。

第十九条 推进现代企业制度管理，维护企业合法权益。中心指导华新天力建立并完善法人治理结构，在推进现代企业制度管理的同时，保障企业享有法人财产权和经营自主权。

第五章 授权华新天力履行的职责

第二十条 为贯彻落实《方案》中关于“坚持放管结合完善机制”“坚持权责明晰分类授权”的精神，确保国有企业享有充分的经营自主权，承担国有资产保值增值责任，中心依据华新天力实际情况，进行一定范围的授权，做到权责对等、动态调整。

第二十一条 华新天力领导班子以外人员的任命及管理。除中心党委任命以外的华新天力其他岗位人员由企业负责选拔聘任及管理。华新天力须制定人事管理制度并报人事处备案。

第二十二条 人员考核及薪酬管理。按照国家有关规定，以“谁任命，谁考核奖励，谁确定薪酬”为原则，华新天力选拔聘任的人员，其考核及薪酬确定由华新天力负责，华新天力须制定考核及薪酬管理制度并报人事处备案。

第二十三条 关联方交易事项的管理。华新天力与关联方交易事项，按照华新天力决策议事程序审议后执行，并报资产监管处备案。

第二十四条 对所投资公司履行股东职责。华新天力按照《中华人民共和国公司法》有关规定对其所投资公司履行股东职责，享有股东权益。

第六章 附 则

第二十五条 本办法由资产监管处负责解释。

第二十六条 本办法自发布之日起施行。

（起草人：韩萌、吴瑞艳 发布时间：2020 年 4 月）

党建群团篇

习近平总书记在党的十九大报告中强调，坚定不移全面从严治党，不断提高党的执政能力和领导水平。全面从严治党是“四个全面”战略布局的重要组成部分，是党的十八大以来党中央作出的重大战略部署，也是全面建成小康社会、全面深化改革、全面依法治国顺利推进的根本保证。

新时代党的建设总要求是：坚持和加强党的全面领导，坚持党要管党、全面从严治党，以加强党的长期执政能力建设、先进性和纯洁性建设为主线，以党的政治建设为统领，以坚定理想信念宗旨为根基，以调动全党积极性、主动性、创造性为着力点，全面推进党的政治建设、思想建设、组织建设、作风建设、纪律建设，把制度建设贯穿其中，深入推进反腐败斗争，不断提高党的建设质量，把党建设成为始终走在时代前列、人民衷心拥护、勇于自我革命、经得起各种风浪考验、朝气蓬勃的马克思主义执政党。

充分发挥工会、共青团组织的优势和作用，维护职工权益，调动职工的积极性和创造性，紧紧围绕中心任务开展群团工作，提高职工队伍整体素质，建设文体活动阵地，最大限度地调动职工积极性和创造性，推动公共气象服务事业高质量发展。

中国气象局公共气象服务中心
解决形式主义、官僚主义问题的若干措施

（公气党发〔2019〕23号）

为深入贯彻落实《中共中国气象局党组关于印发<解决形式主义、官僚主义问题的若干措施>的通知》（中气党发〔2019〕85号）要求，切实推动“基层减负年”落地见效，解决形式主义、官僚主义突出问题，更好地为基层干部松绑减负，激励广大干部担当作为、不懈奋斗，结合前期听取基层意见建议情况和中国气象局公共气象服务中心（以下简称中心）工作实际，特制定如下措施。

一、坚决贯彻落实党中央重大决策部署

1.提高政治站位。坚决落实党中央、国务院重大决策部署，特别是对习近平总书记关于气象工作的重要指示批示精神，中国气象局党组下发的重要文件等，中心党委要及时学习，研究部署贯彻落实工作。对贯彻落实工作实行台账管理，优化流程、规范程序、明确责任，坚持“马上就办”，跟踪督办，确保贯彻措施不折不扣落实落地。

2.增强纪律意识。增强“四个意识”，做到“两个维护”，严格执行《中国共产党重大事项请示报告条例》，落实《中国气象局党组落实〈中国共产党重大事项请示报告条例〉具体措施》（中气党发〔2019〕99号）。

3.强化责任担当。围绕中心党委贯彻落实党中央、国务院、中国气象局党组重大决策部署的重点工作任务，主动担当作为，将重点工作任务落实情况纳入考核内容，确保落实。（责任单位：各职能处室）

二、密切联系服务群众

4.改进调查研究。坚持中心领导班子带头开展调查研究工作，聚焦公共气象服务转型升级重大问题，深入基层一线，研究新情况，解决新问题。加强调研成果运用，及时将调研成果转化为政策措施，把落实情况纳入督查内容。

5.真心服务基层。真心回应基层关切，真情服务群众诉求，对基层关心的科技、人才、专业服务等要加强政策研究，出台相关制度措施。

6.严格数据材料报送管理。加强数据报送的管理，整合压减报送事项，建立数据报送通报和共享机制，减少多头要数据、重复报数据现象。

三、改进完善问责工作机制

7.坚持审慎精准问责。科学运用执纪问责“四种形态”，依规依纪依法精准问责，坚决防止问责随意化、简单化、扩大化。对于出现对习近平新时代中国特色社会主义思想和党中央决策部署置若罔闻、应付了事、弄虚作假、阳奉阴违的，要严肃问责。问责事项确保事实清楚、全面客观。

8.正确对待被问责干部。对干部在干事创业、改革创新、担当作为中出现的失误和错误，要按照“三个区分开来”客观分析，积极主动容错。加强对被问责干部的跟踪了解，对影响期满、表现好的干部，符合有关条件的，该使用的要使用。

四、精简文件改进文风

9.控制文件规格和数量。能以函形式印发的，不以正式文件形式印发；能以便函发的，不印发文件。

10.提高文件质量。以中心名义印发的普发类文件一般不超过5000字。报中国气象局的“请示”一般不超过1000字，报告不超过3000字。调研报告、参加会议总结等一般不超过4000字。

11.加强微信群、QQ群管理。不得在微信群、QQ群转发传播不当言论。

五、层层精简会议改进会风

12.提高会议效率。中心党务、政务类会议，主办单位会前严格审核会议文件，确保议题成熟，相关单位汇报应简明扼要、突出重点，提高会议效率。

六、统筹规范督查检查考核

13.改进年度综合考评工作。不简单机械地将开会发文、台账记录、工作笔记、截图留痕，以及是否“有领导批示”“出台落实意见”“提交工作进展报告”等作为评判工作是否完成或完成质量高低的标准。

七、激励干部担当作为

14.健全激励保障机制。进一步落实中国气象局有关激励干部担当作为的措施，认真落实好关心关爱干部的政策措施。进一步做好平时激励、专项表彰奖励工作，落实好干部职工体检、带薪休假等制度，更加关注干部职工的身心健康。

15.关心干部成长。对干部队伍开展深入调研，积极选派干部在重要岗位锻炼、参加中国局挂职交流，对在重要岗位、挂职锻炼工作的干部，成绩突出的优先使用。

（起草人：韩笑、贺姗姗、范静、刘欣、吴瑞艳、韦号　发布时间：2019年12月）

中共中国气象局公共气象服务中心委员会理论学习中心组学习办法

（公气党发〔2019〕18号）

第一章 总 则

第一条 为规范和加强中国气象局公共气象服务中心党委理论学习中心组（以下简称中心组）学习，强化习近平新时代中国特色社会主义思想的理论武装，根据《中国共产党党委（党组）理论学习中心组学习规则》《中央和国家机关贯彻落实＜中国共产党党委（党组）理论学习中心组学习规则＞实施办法》《中共中国气象局党组理论学习中心组学习办法》，结合实际制定本办法。

第二条 中心组应以政治学习为根本，以深入学习贯彻习近平新时代中国特色社会主义思想为首要任务，努力掌握和运用贯穿其中的马克思主义立场、观点和方法，坚持围绕中心、服务大局，坚持知行合一、学以致用，坚持问题导向、注重实效，坚持依规管理、从严治学，切实在理论学习上走在前、做表率。

第三条 中心党委应当把中心组学习纳入党建工作责任制和意识形态工作责任制，认真抓好贯彻落实。

第二章 组织与职责

第四条 中心组主要由党委委员、纪委委员组成，中心各部门主要负责人列席。根据需要，列席人员范围可扩大至处级以上领导干部及相关人员。中心组学习要邀请中国气象局直属机关党委领导列席。

第五条 中心党委对中心组学习负主体责任，对中心各部门理论学习负领导责任。

中心党委书记是中心组学习第一责任人，主要职责是：审定学习计划、确定学习主题、提出学习要求、主持集体学习研讨、进行学习讲评、指导和督促中心组成员学习、完善学习制度等。

中心党委副书记是中心组学习直接负责人，主要职责是配合党委书记做好学习的组织工作。

中心组成员应当充分发挥“关键少数”的示范和表率作用，大兴学习之风，自觉学、带头学，有效带动各党支部和广大党员干部的学习。

第六条 中心组配备学习秘书，由党委办公室负责人担任，主要职责是：拟订学习计划和方案，准备学习资料，印发学习通知，协调学习事务，选请辅导专家，负责学习考勤和记录，统计学习情况，起草年度学习情况报告和阶段性工作总结，管理学习档案等。

第三章 学习内容、形式与要求

第七条 中心组学习内容主要包括：马克思列宁主义、毛泽东思想、邓小平理论、“三个代表”重要思想、科学发展观、习近平新时代中国特色社会主义思想；党章党规党纪和党的基本知识；党的路线、方针、政策和决议；国家宪法和法律法规；社会主义核心价值观；党的历史、中国历史、世界历史和科学社会主义发展史；推进新时代中国特色社会主义事业所需要的经济、政治、文化、社会、生态、科技、军事、外交、民族、宗教等方面知识；改革发展实践中的重点、难点问题；党的建设和全面从严治党的重要问题；党中央及中央有关部门、中央和国家机关工委、中国气象局要求学习的其他重要内容；中心制定的规章制度等。

第八条 中心组学习以成员自己学、自己讲为主，适当组织专题讲座、辅导报告，并对讲课人选、内容严格把关。将集体学习研讨作为学习的主要形式，把重点发言和集体研讨、专题学习和系统学习结合起来，深入开展学习讨论和互动交流。集体学习研讨每季度不少于一次，中心组成员每年至少在集体学习研讨中做一次重点发言。

第九条 中心组成员在集体学习前，应当认真进行个人自学，根据形势任务的要求，结合工作需要和本人实际，研读必要书目，充分利用网络平台，拓宽学习渠道，读原著、学原文、悟原理，做好学习笔记，积极参加所在支部学习交流活动。

第十条 中心组成员要把学习马克思主义理论作为做好一切工作的看家本领，把学习党的基本理论、基本路线、基本方略与学习党的理论创新成果贯通起来，自觉主动学、及时跟进学、联系实际学、笃信笃行学，领会精神实质，把握精髓要义，做到真学真懂真信真用。把学习效果体现在思想认识、能力素质和工作质量提高上。大兴调查研究之风，以破解问题为导向，坚持把理论学习与专题调研结合起来，每年至少撰写一篇学习心得、调研报告或理论文章。

第四章　学习管理

第十一条　中心组要建立健全并严格执行学习考勤和学习档案制度。每次中心组集体学习，中心组成员出席人数不少于三分之二。因特殊情况确需请假的，要履行请假手续，并及时补学。考勤情况定期在中心组内部通报。

学习档案包括：学习制度，成员名单，年度学习计划，年度学习情况报告及统计表，阶段性工作总结，发言材料，考勤记录和学习记录，学习心得、调研报告和理论文章等。

学习秘书要在年初将上一年度中心组学习情况报告及统计表，学习心得、调研报告和理论文章等汇总整理并提交党委审定，按要求报送中国气象局直属机关党委。

第十二条　中心组按照中国气象局党组安排，结合工作实际每年制定年度学习计划。年度学习计划和中心组成员名单于年初报送中国气象局直属机关党委备案。

第五章　附　则

第十三条　本办法适用于中心组学习。

第十四条　本办法自印发之日起执行。

（起草人：韦号　发布时间：2019 年 11 月）

中共中国气象局公共气象服务中心委员会关于意识形态工作责任制实施细则

（公气党发〔2019〕16号）

第一章 总 则

第一条 为进一步加强和改进意识形态工作，落实党要管党意识形态原则，明确干部的意识形态工作责任，根据中国气象局党组落实意识形态工作责任制要求，制定本细则。

第二条 落实意识形态工作责任制，必须坚持党管意识形态原则，坚持分级负责和谁主管谁负责的原则。

第三条 中共中国气象局公共气象服务中心（以下简称中心）党委领导班子对本单位意识形态工作负主体责任，党委书记是第一责任人，要旗帜鲜明地站在意识形态工作第一线，带头抓意识形态工作，带头批评错误观点和错误倾向，重要工作亲自部署，重要问题亲自过问，重大事件亲自处置。

第四条 分管党建工作中心领导是直接责任人，协助党委书记抓好统筹协调指导工作，其他班子成员根据工作分工，按照“一岗双责”要求，抓好分管部门的意识形态工作，对职责范围内的意识形态工作负领导责任。

第五条 中心党委将把意识形态工作作为党的建设重要内容，列入年度工作重点，纳入重要议事日程，纳入党建工作责任制，纳入领导班子、干部目标管理。

第六条 中心党委成立意识形态分析研判领导小组，党委书记孙健任组长，党委副书记毛恒青和党委常委陈云峰、郑江平任副组长，办公室、人事处、党委办公室主要负责人为成员。

第二章 党委主要责任

第七条 认真贯彻落实党中央和中国气象局党组关于意识形态工作的部署及指示精神，牢牢把握正确的政治方向，严守政治方向、政治纪律和政治规矩，严守组织纪律和宣传纪律，坚决维护党的权威，在思想上、政治上、行动上同党中央保持高度一致。

第八条 定期分析研判意识形态领域情况，辨析思想领域的突出问题，对重大事件、重要情况、重要社情民意中的倾向性苗头性问题，有针对性地进行引导，做出工作安排，维护意识形态安全。中心党委至少每年专题研究一次意识形态工作，并及时向中国气象局党组报告意识形态领域的重大情况并提出建设性意见。

第九条 加强对各类意识形态阵地的管理，包括办公网络、微信工作群、职工个人朋友圈、举办的报告会、研讨会、讲座论坛等。

第十条 切实加强网络信息管控，对于发布或转发否定中国共产党的领导、攻击中国特色社会主义制度等错误言论，及时上报，敢于亮剑，对散布传播政治谣言的党员干部，依法严肃查处。

第三章 监督考核

第十一条 中心党委建立意识形态工作责任制的检查考核制度。重点检查考核党支部落实意识形态工作主体责任，加强组织领导，贯彻上级关于意识形态工作的决策部署，分析研判意识形态领域状况，加强意识形态阵地管理，维护网络意识形态安全，开展思想舆论宣传和责任追究等情况。

第十二条 中心各党支部每年向中心党委汇报一次意识形态工作。各党支部要把意识形态工作作为组织生活会内容，接受监督和评议。

第四章 责任追究

第十三条 有下列情形之一的，视情节轻重追究有关领导、干部责任：

（一）对党中央或者上级党组织安排部署的重大宣传教育任务、重大思想舆论斗争组织开展不力的。

（二）在处置意识形态领域重大问题上，党支部书记没有站在第一线、没有带头与错误观点和错误倾向作斗争的。

（三）对所管理的党员干部公开发表违背党章、党的决定决议和政策的言论放任不管、处置不力的。

（四）网络意识形态安全出现严重问题的。

（五）微信工作群、职工个人朋友圈、举办的报告会、研讨会、讲座、论坛有发表否定党的领导、攻击中国特色社会主义制度言论，造成严重影响后果的。

（六）其他未能切实履行工作职责，造成严重后果的。

第十四条 意识形态重大重问题处理流程：

（一）党委办公室接受意识形态领域重大问题举报和各支部上报问题；

（二）党委办公室对问题进行整理后报告中心意识形态分析研判领导小组；

（三）中心意识形态分析研判领导小组组织调查、核实，形成问题调查报告，提出处理意见；

（四）提交中心党委常委会议研究，做出处理决定。

第十五条 各党支部书记有上述所列情况，情节较轻的，给予批评教育，责令作出书面检查；情节较重的，给予通报批评；情节严重的，给予组织处理和纪律处分。

第十六条 受到责任追究的党支部书记和党员干部，取消当年考核评优和评先资格。受到调离岗位处理的，一个月内不得提拔；引咎辞职和受到责令辞职、免职处理的，一年内不得重新担任与其原任职务相当的职务；受到降职处理的，两年内不得提拔。

（起草人：韦号　发布时间：2019 年 10 月）

中国气象局公共气象服务中心关于加强党建和党风廉政建设工作组织体系建设的实施办法

（公气党发〔2020〕21号）

为深入贯彻党中央关于全面从严治党的战略部署，深化以落实主体责任为核心、党建与党风廉政建设有机融合的工作格局，根据《中国气象局党组关于加强气象部门党建和党风廉政建设工作组织体系建设的若干意见》，结合中国气象局公共气象服务中心（以下简称中心）实际，制定本办法。

一、进一步加强中心党建和党风廉政建设组织领导。调整中心党建和党风廉政建设工作领导小组（以下简称领导小组）组成人员，由党委书记任组长，其他中心领导任副组长，各职能处室主要负责人为小组成员。领导小组要贯彻落实党中央和中国气象局党组关于全面从严治党的各项要求，负责中心党建和党风廉政工作的统筹规划、组织协调、监督落实工作，领导小组成员情况见附件。

二、明确工作机构。领导小组办公室（以下称党建办）作为办事机构，与党委办公室合署办公，统筹负责中心党建和党风廉政建设工作的组织落实、督促检查及考核问责，承担领导小组日常工作。

三、健全完善纪检监察机制。中心纪检工作要承担好行政监察职责，按照《中国共产党章程》规定的三项任务、五项经常性工作，发挥好监察工作在廉政建设中的作用。全面落实中国气象局党组要求，中心纪委书记对中国气象局党组直接负责，纪委书记向局党组主要负责同志和分管党风廉政建设的党组成员以及联系局领导每年至少汇报一次工作，对党风廉政重大事项直接向中国气象局党组请示报告。对于涉及处级干部的问题线索、立案审查、党纪处分等事项，必须向中心党委和局党组报告。发现党委主要负责人及其他司局级干部的问题线索，必须同时向中国气象局党组和中央纪委驻农业部纪检组报告。

四、建立党建和党风廉政建设工作联席会议制度。会议由专职党委副书记任召集人，办公室、业务科技处、人事处、计划财务处、资产监管处、党委办公室（纪检监察处）等部门负责人参加，通报党建和党风廉政建设工作情况，研究和解决工作中的重大问题和相关问题，增强工作合力，相关部门按照职责分工各司其职，协同推进中心党建和党风廉政建设工作。

五、落实好全面从严治党主体责任。中心党委班子成员按照联系点制度，每季度对联系单位进行党建工作督导，要梳理、制定党建和党风廉政建设工作责任清单，并报机关党委备案。要组织带动中心各支部对党建和党风廉政建设工作的经验做法进行总结宣传，推动主体责任层层压实。

六、抓好党务干部队伍选拔培养。要把党性强、业务精、作风好、工作实的优秀党员选拔充实到党务干部中来，配齐配强党务干部。加强党务干部的培养和使用，组织参加上级党组织举办的培训班，选派优秀干部参与巡视和纪律审查，提升党务干部履职尽责能力。

（起草人：韦号　发布时间：2020 年 4 月）

中共中国气象局公共气象服务中心委员会党支部工作规则

（公气党发〔2020〕31号）

为落实《关于加强和改进中央和国家机关党的建设的意见》，推动中国气象局公共气象服务中心（以下简称中心）党委全面从严治党向纵深发展，强化中心各党支部教育党员、管理党员、监督党员和组织群众、宣传群众、凝聚群众、服务群众的职责，有效激发基层党组织的先锋模范作用和战斗堡垒作用，根据《中国共产党章程》和《中国共产党支部工作条例（试行）》，结合中心实际，制定本规则。

一、工作原则

（一）坚持以马克思列宁主义、毛泽东思想、邓小平理论、“三个代表”重要思想、科学发展观、习近平新时代中国特色社会主义思想为指导，遵守党章，加强思想理论武装，坚定理想信念，不忘初心、牢记使命，始终保持先进性和纯洁性。

（二）坚持把党的政治建设摆在首位，牢固树立“四个意识”，坚定“四个自信”，做到“四个服从”，旗帜鲜明讲政治，坚决维护习近平总书记党中央的核心、全党的核心地位，坚决维护党中央权威和集中统一领导。

（三）坚持践行党的宗旨和群众路线，组织引领党员、群众听党话、跟党走，成为党员、群众的主心骨。

（四）坚持民主集中制，发扬党内民主，尊重党员主体地位，严肃党的纪律，提高解决自身问题的能力，增强生机活力。

（五）坚持围绕中心、服务大局，充分发挥积极性主动性创造性，确保党的路线方针政策和决策部署贯彻落实。

二、组织设置

（一）党支部设置一般以处级单位为基础，有正式党员3人以上的，都应当成立党支部。正式党员不足3人的单位，按照业务相关等原则，成立联合党支部。

（二）党支部的成立，一般由处级单位提出申请，报中心党委研究决定并批复。中心党委同意后，处级单位召开党员大会进行选举，选举结果报中心党委审批。根据工作需要，中心党委可以直接作出成立党支部的决定。

（三）党支部的调整和撤销，一般由党支部报中心党委批准，也可以由中心党委直接作出决定。

三、基本任务

（一）宣传和贯彻落实党的理论和路线方针政策，宣传和执行党中央、中国气象局党组和中心党委的决议。参与决定本部门重要事项，充分发挥党员先锋模范作用，团结组织群众，努力完成本部门所担负的任务。

（二）组织党员认真学习马克思列宁主义、毛泽东思想、邓小平理论、“三个代表”重要思想、科学发展观、习近平新时代中国特色社会主义思想，推进“两学一做”学习教育常态化制度化，学习党的路线方针政策和决议，学习党的基本知识，学习科学、文化、法律和业务知识。做好思想政治工作和意识形态工作。

（三）对党员进行教育、管理、监督和服务，突出政治教育，提高党员素质，坚定理想信念，增强党性，严格党的组织生活，开展批评和自我批评，维护和执行党的纪律，监督党员切实履行义务，保障党员的权利不受侵犯。关怀帮扶生活困难党员和老党员。做好党费收缴、使用和管理工作。依规稳妥处置不合格党员。

（四）密切联系群众，向群众宣传党的政策，经常了解群众对党员、党的工作的批评和意见，了解群众诉求，维护群众的正当权利和利益，做好群众的思想政治工作，凝聚广大群众的智慧和力量。

（五）对要求入党的积极分子进行教育和培养，做好经常性的发展党员工作，把政治标准放在首位，严格程序、严肃纪律，发展政治品质纯洁的党员，重视吸收一线业务人员中的优秀分子入党。

（六）将党风廉政建设的要求落实到日常管理工作之中，认真传达落实中心党风廉政建设以及反腐败工作的相关部署安排，虚心听取党员意见建议，确保本支部党风廉政建设工作落到实处。将本部门重要事项决议纳入纪检监督范围。

（七）实事求是对中心党的建设、党的工作提出意见建议，及时向中心党委报告重要情况。教育党员、群众自觉抵制不良倾向，坚决同各种违纪违法行为作斗争。

（八）按照规定，向党员、群众通报党的工作情况，公开党内有关事务。

（九）开展丰富多彩的党支部活动，践行“改革创新，艰苦创业；严谨求实，科学立业；进取奉献，爱岗敬业；开放共享，协同兴业”的公服精神，加强社会主义核心价值观教育，推进党支部文化建设。

（十）退休党支部，宣传执行党的路线方针政策，根据党员实际情况，组织参加学习，开展党的组织生活，听取意见建议，引导他们结合自身实际发挥作用。

四、工作机制

（一）党支部党员大会是党支部的议事决策机构，由全体党员参加，一般每季度召开一次。

党支部党员大会的职权是：听取和审查党支部委员会的工作报告；按照规定开展党支部选举工作，推荐出席上级党代表大会的代表候选人，选举出席上级党代表大会的代表；讨论和表决接收预备党员和预备党员转正、延长预备期或者取消预备党员资格；讨论决定对党员的表彰表扬、组织处置和纪律处分；决定其他重要事项。

（二）党支部委员会是党支部日常工作的领导机构。

党支部委员会会议一般每月召开一次，根据需要可以随时召开，对党支部重要工作进行讨论、作出决定等。党支部委员会会议须有半数以上委员到会方可进行。重要事项提交党员大会决定前，一般应当经党支部委员会会议讨论。

（三）党员人数较多或者党员工作地比较分散的党支部，按照便于组织开展活动原则，应当划分若干党小组，并设立党小组组长。党小组组长由党支部指定，也可以由所在党小组党员推荐产生。

党小组会一般每月召开一次，组织党员参加政治学习、谈心谈话、开展批评和自我批评等。

（四）党支部党员大会、党支部委员会会议由党支部书记召集并主持。书记不能参加会议的，可以委托副书记或者委员召集并主持。党小组会由党小组组长召集并主持。

五、组织生活

（一）党支部应当严格执行党的组织生活制度，经常、认真、严肃地开展批评和自我批评，增强党内政治生活的政治性、时代性、原则性、战斗性。

党员领导干部应当带头参加所在党支部或者党小组组织生活。

（二）党支部应当组织党员按期参加党员大会、党小组会和上党课，定期召开党支部委员会会议。

“三会一课”应当突出政治学习和教育，突出党性锻炼，以“两学一做”为主要内容，结合党员思想和工作实际，确定主题和具体方式，做到形式多样、氛围庄重。

党课应当针对党员思想和工作实际，回应普遍关心的问题，注重身边人讲身边事，增强吸引力感染力。党委领导班子成员每年至少讲一次党课。

党支部每月相对固定一天开展主题党日，组织党员集中学习、过组织生活、进行民主议事和志愿服务等。主题党日开展前，党支部应当认真研究确定主题和内容；开展后，应当抓好议定事项的组织落实。

（三）党支部每年至少召开一次组织生活会，一般安排在第四季度，也可以根据工作需要随时召开。组织生活会一般以党支部党员大会、党支部委员会会议或者党小组会形式召开。

组织生活会应当确定主题，会前认真学习，谈心谈话，听取意见；会上查摆问题，开展批评和自我批评，明确整改方向；会后制定整改措施，逐一整改落实。

（四）党支部一般每年开展一次民主评议党员，组织党员对照合格党员标准、对照入党誓词，联系个人实际进行党性分析。

党支部召开党员大会，按照个人自评、党员互评、民主测评的程序，组织党员进行评议。党员人数较多的党支部，个人自评和党员互评可以在党小组范围内进行。党支部委员会会议或者党员大会根据评议情况和党员日常表现情况，提出评定意见。民主评议党员可以结合组织生活会一并进行。

（五）党支部应当经常开展谈心谈话。党支部委员之间、党支部委员和党员之间、党员和党员之间，每年谈心谈话一般不少于一次。谈心谈话应当坦诚相见、交流思想、交换意见、帮助提高。

党支部应当注重分析党员思想状况和心理状态。对家庭发生重大变故和出现重大困难、身心健康存在突出问题等情况的党员，党支部书记应当帮助做好心理疏导；对受到处分处置以及有不良反映的党员，党支部书记应当有针对性地做好思想政治工作。

六、党支部委员会建设

（一）有正式党员7人以上的党支部，应当设立党支部委员会。党支部委员会由3至5人组成，一般不超过7人。党支部委员会设书记和组织委员、宣传委员、纪检委员等，必要时可以设1名副书记。正式党员不足7人的党支部，设1名书记，必要时可以设1名副书记。

（二）中心各党支部委员会每届任期3年。党支部委员会由党支部党员大会选举产生，党支部书记、副书记一般由党支部委员会会议选举产生，不设委员会的党支部书记、副书记由党支部党员大会选举产生。选出的党支部委员，报中心党委备案；党支部书记、副书记，报中心党委批准。党支部书记、副书记、委员出现空缺，应当及时进行补选。确有必要时，中心党委可以指派党支部书记或副书记。

（三）党支部书记主持党支部全面工作，督促党支部其他委员履行职责、发挥作用，抓好党支部委员会自身建设，向党支部委员会、党员大会和上级党组织报告工作。

党支部副书记协助党支部书记开展工作。党支部其他委员按照职责分工开展工作。

（四）党支部书记应当具备良好政治素质，热爱党的工作，具有一定的政策理论水平、组织协调能力和群众工作本领，敢于担当、乐于奉献，带头发挥先锋模范作用，在党员、群众中有较高威信，一般应当具有1年以上党龄。党支部书记一般由本单位党员负责人担任。

（五）党支部委员会成员应当自觉接受中心党委和党员、群众监督，加强互相监督。党支部书记每年应当向中心党委和党支部党员大会述职，接受评议考核，考核结果作为评先评优、选拔使用的重要依据。

（起草人：韦号　发布时间：2020 年 6 月）

中国气象局公共气象服务中心优秀共产党员优秀党务工作者和先进党支部评选表彰办法（试行）

（公气党发〔2020〕25号）

第一条 为充分发挥先进典型表率示范作用，进一步弘扬正气、树立标杆，激励广大党员、党务工作者和党支部奋发进取、创先争优，进一步增强党支部的创造力、凝聚力和战斗力，进一步提升党建工作的水平，根据《中国共产党党内荣誉功勋表彰条例》《全国气象部门优秀共产党员优秀党务工作者和先进基层党支部评选办法（试行）》《中国气象局直属机关优秀共产党员优秀党务工作者和先进基层党支部评选表彰办法（试行）》，结合中国气象局公共气象服务中心（以下简称中心）党建工作实际制定本办法。

第二条 评选表彰工作应将政治标准放在首位，遵循以下原则：

（一）体现先进性、代表性和时代性；

（二）以德为先、注重实绩、群众公认；

（三）公开、公平、公正；

（四）依法依规、坚持标准、从严掌握；

（五）以精神激励为主。

第三条 表彰范围为党的组织关系隶属于中心党委的中共正式党员、专兼职党务工作者、党支部。

表彰项目包括优秀共产党员、优秀党务工作者、先进党支部（以下简称“两优一先”），评选表彰每年进行一次，一般在评选年度“七一”前进行表彰。

第四条 “两优一先”表彰名额由中心党委确定，原则上优秀共产党员不超过15%，优秀党务工作者不超过20%。表彰名额向业务、科研、服务等工作一线党员和基层党支部倾斜。

第五条 优秀共产党员应具备以下条件：

（一）认真学习贯彻习近平新时代中国特色社会主义思想和党的十九大精神，牢固树立“四个意识”，坚定“四个自信”，坚决做到“两个维护”。

（二）模范履行党员义务，正确行使党员权利，严格遵守党的各项纪律特别是政治纪律和政治规矩。

（三）爱岗敬业、敢于担当，在生产、工作、学习中带头发挥先锋模范作用，做出显著成绩。

（四）带头践行社会主义核心价值观和社会主义荣辱观，弘扬中华民族传统美德，清正廉洁、品德高尚，拥有良好的群众基础。

第六条 优秀党务工作者应具备以下条件：

（一）专职从事党务工作或担任党支部委员会成员。

（二）认真学习贯彻习近平新时代中国特色社会主义思想和党的十九大精神，牢固树立“四个意识”，坚定“四个自信”，坚决做到“两个维护”。

（三）模范履行党员义务，正确行使党员权利，严格遵守党的各项纪律特别是政治纪律和政治规矩。

（四）具有较高的党务工作专业水平，模范履行党的建设工作职责并做出显著成绩。

（五）累计从事党务工作 1 年以上。

第七条 先进党支部应具备以下条件：

（一）带头贯彻执行党的路线方针政策和组织学习习近平新时代中国特色社会主义思想和党的十九大精神，牢固树立“四个意识”，坚定“四个自信”，坚决做到“两个维护”，坚决执行党中央、上级组织的各项决议，在推动公共气象服务改革发展中发挥表率作用。

（二）模范履行职能职责，严格贯彻执行党章，认真贯彻落实《中国共产党党和国家机关基层组织工作条例》《中国共产党支部工作条例（试行）》，严格执行《公共气象服务中心党支部工作规则》，推动党建工作与业务工作深度融合。

（三）团结带领党员群众出色完成各项任务，在建设模范机关方面始终走在前、作表率，在推动发展、深化改革、服务群众方面取得显著成绩。

（四）认真执行民主集中制，真抓实干，作风优良，团结协作，勤政廉洁，充分发挥政治核心和战斗堡垒作用，赢得党员和群众的信任和拥护。

（五）认真履行全面从严治党责任，教育监督党员干部和其他工作人员严格遵守党章党规党纪，严格遵守国家法律法规，严格遵守中心各项规章制度。

第八条 评选表彰工作按以下程序进行：

（一）推荐。各党支部按照评选表彰基本条件，组织党员进行推荐，支委会研究提出推荐对象。

（二）考察。各党支部根据推荐名额，对推荐对象进行认真研究和考察，并以适当方式征求党员意见。

（三）报送。考察合格后，由党支部形成简要推荐评选情况报告，填写《中国气象局公共气象服务中心优秀共产党员推荐表》《中国气象局公共气象服务中心优秀党务工作者推荐表》《中国气象局公共气象服务中心先进党支部申请表》（附件 1 ~ 3）等表格，在规定的时间内报党委办公室。

（四）评审。根据各支部报送的材料，党委办公室组织评审，报中心党委常委会审定。

（五）决定。中心党委常委会审定后，对拟表彰对象进行公示，无异议后作出表彰决定。对受表彰的共产党员、党务工作者、基层党支部分别授予“中国气象局公共气象服务中心优秀共产党员”“中国气象局公共气象服务中心优秀党务工作者”“中国气象局公共气象服务中心先进党支部”称号。

（六）宣传归档。采取多种形式对“两先一优”表彰对象先进事迹和精神风范广泛宣传。优秀共产党员和优秀党务工作者有关材料存入本人档案。

第九条 表彰对象应发扬成绩、保持荣誉，发挥好引领带动作用，有下列情况之一的，经查实后取消称号：

（一）隐瞒情况，弄虚作假、骗取称号的；

（二）发生不适宜再继续享受表彰称号的其他情况。

第十条 在抢险救灾、处置突发事件或者完成重大专项任务中表现特别突出、事迹特别感人的党员和党支部，可以开展及时性表彰，表彰条件及程序参照本办法。

第十一条 本办法由党委办公室负责解释。

第十二条 本办法自印发之日起执行。

（起草人：韦号　发布时间：2020 年 5 月）

附件（略）

中共中国气象局公共气象服务中心委员会对领导干部进行提醒、函询和诫勉的实施细则

（公气党发〔2020〕30号）

为认真贯彻《关于新形势下党内政治生活的若干准则》《中国共产党党内监督条例》、《关于对党员领导干部进行诫勉谈话和函询的暂行办法》（中办发〔2005〕30号）、《关于组织人事部门对领导干部进行提醒、函询和诫勉的实施细则》（中组发〔2015〕12号）、《中共中国气象局党组关于印发〈气象部门对领导干部进行提醒、函询和诫勉的实施规程〉的通知》（中气党发〔2017〕14号），全面落实中央和中国气象局党组全面从严治党、加强干部管理监督有关要求，进一步规范和落实好对领导干部的提醒、函询和诫勉工作，制定本细则。

一、总则

1. 本细则所指领导干部为中共中国气象局公共气象服务中心（以下简称中心）党委管理的正科级及以上干部。

2. 对领导干部进行提醒、函询和诫勉工作，应当坚持从严要求，把纪律挺在前面，抓早抓小抓苗头，防止小毛病演变成大问题；坚持关心爱护干部，注重平时教育培养，促进干部健康成长。

3. 制定本细则的主要目的是规范中心对领导干部实施提醒、函询和诫勉的操作流程。

4. 提醒是对苗头性倾向性问题以及其他需要引起注意的情况的处置方式，包括对干部进行批评教育和责令检查。提醒一般采用谈话方式进行，也可以采用书面方式。

函询是处置问题线索的重要方式，对反映问题笼统、难以查证核实的线索，反映轻微违纪问题的线索，可以采取函询的方式进行处置。

诫勉是对轻微违纪，或虽不构成违纪，但造成不良影响的问题的处理方式。诫勉可以采用谈话方式，也可以采用书面方式。

5. 中心党委、纪委和人事处、党委办公室（以下统称实施机构）开展提醒、函询和诫勉工

作。中心党委全面领导提醒、函询和诫勉工作并负主体责任，实施机构负责具体实施。

6.出现需要提醒、函询或诫勉情形的，根据问题线索的性质和职责分工，由实施机构启动提醒、函询或诫勉工作并按程序和要求实施；涉及职能交叉的，由中心党委负责人指定人事处或党委办公室启动并按程序和要求实施。

二、提醒

7.领导干部有下列情形之一的，应及时进行提醒：一是在干部日常管理监督或党内集中教育活动、领导班子民主生活会、年度考核、巡视巡察、审计等工作中，发现干部存在苗头性倾向性问题，或收到相关信访反映的；二是上级转来需要进行提醒的；三是其他需要引起注意的情况。

8.对领导干部进行提醒，由实施机构研究提出提醒工作建议方案，拟提醒对象是正处级领导干部的报中心党委主要负责人和分管负责人批准，其他领导干部报中心党委分管负责人批准。建议方案包括拟提醒对象姓名、部门及职务、提醒事由和方式、谈话人或书面提醒的提醒函等内容。

9.对领导干部实施提醒前，要与提醒对象所在部门主要负责人沟通，其中涉及正处级领导干部的，要向中心分管领导报告。

10.采取谈话方式实施提醒的：对正处级领导干部，由中心党委主要负责人或分管负责人谈话，也可委托实施部门主要负责人谈话；对其他领导干部，由中心党委分管负责人谈话，也可由实施部门主要负责人谈话，或委托提醒对象所在部门主要负责人谈话。

11.谈话时，谈话人应向提醒对象说明提醒原因、指出有关问题，听取提醒对象所作的说明、解释或检讨。问题已讲清楚的，谈话人视情况向提醒对象提出相关要求、意见或建议；问题没有讲清楚的，谈话人责成谈话对象进一步作出详细书面说明。

12.提醒谈话必要时可做谈话记录。委托提醒对象所在部门负责人谈话的，要做好谈话记录，由部门主要负责人签字后及时报送委托部门。

13.采取书面方式实施提醒的，由实施机构向提醒对象发送提醒函，除正处级领导干部外，其他干部的书面提醒函同时抄送其所在部门主要负责人。

三、函询

14.领导干部有下列情形之一，除进行调查核实的外，应对其进行函询了解：一是信访举报及其他途径反映干部存在政治思想、履行职责、工作作风、道德品质、廉政勤政、组织纪律等方面问题，需由本人说明的；二是在干部考察、干部考核、巡视巡察、经济责任审计和其他专项检查中发现的有关问题，需由本人说明的；三是上级组织转来要求干部就有关问题作出说明的；四是其他需要进行函询的。

15.对领导干部进行函询，由实施机构研究提出函询工作建议方案，拟函询对象是正处级领导干部的报中心党委分管负责人批准，其他领导干部报实施机构负责人批准。建议方案包括拟函询对象姓名、单位及职务、函询理由、函询问题摘要等内容及函询通知。

16.函询对象应在接到函询通知后15个工作日内，实事求是地作出书面回复，其中除正处级领导干部以外的其他干部的书面回复材料应由其所在部门主要负责人签字。如有特殊情况不能如期回复的，应当在规定期限内说明理由。对函询问题没有说明清楚的，可以再次对其进行函询或采取其他方式进行了解。函询对象无故不按期书面回复的、两次函询后仍未说明清楚的、从回复材料中发现存在其他问题的，可委托函询对象所在部门主要负责人对其进行督促，也可以直接进行调查了解。

17.收到函询对象回复后，实施机构要对函询了解情况进行认真梳理审核，并区别不同情况提出处理意见，报告中心党委负责人。反映不实或者没有证据证明存在问题的，予以了结澄清。问题轻微不需要追究纪律责任的，采取谈话提醒、批评教育、责令检查、诫勉谈话等方式处理。反映问题比较具体，但被反映人予以否认，或者函询说明存在明显问题的，应当再次函询或者进行初步核实。

四、诫勉

18.领导干部存在下列问题，虽不构成违纪但造成不良影响的，或者虽构成违纪但根据有关规定免予党纪政纪处分的，应当对其进行诫勉：一是遵守党的政治纪律、组织纪律不够严格的；二是执行民主集中制不够严格，个人决定应由集体决策事项或者在领导班子中闹无原则纠纷的；三是执行《党政领导干部选拔任用工作条例》不够严格、用人失察失误的；四是法治观念淡薄，不依法履行职责或者妨碍他人依法履行职责的；五是违反规定干预市场经济活动的；六是不认真落实中央八项规定精神和厉行节约反对浪费规定的；七是脱离实际、弄虚作假，损害群众利益和党群干群关系的；八是无正当理由不按时报告、不如实报告个人有关事项的；九是执行廉洁自律规定不严格的；十是纪律松弛、监管不力，对身边工作人员发生严重违纪违法行为负有责任的；十一是在巡视巡察、经济责任审计中发现存在违规行为的；十二是从事有悖社会公德、职业道德、家庭美德活动的；十三是其他需要进行诫勉的情形；十四是上级组织转来要求予以诫勉的。

19.对领导干部进行诫勉，由实施机构研究提出诫勉工作建议方案，拟诫勉对象是正处级领导干部的报中心党委集体研究，其他领导干部报中心党委主要负责人和分管负责人批准。建议方案包括拟诫勉对象姓名、单位及职务、诫勉理由和方式等内容。对领导干部实施诫勉前，实施机构要与诫勉对象所在部门主要负责人沟通。

20.采用谈话方式实施诫勉的，由实施机构向诫勉对象下达诫勉谈话通知。除正处级领导干部外，其他干部的诫勉谈话通知同时抄送其所在部门主要负责人。

21.对领导干部进行诫勉谈话，除诫勉对象外至少还应有两人在场。诫勉对象是正处级领导干部的，一般由中心党委主要负责人或分管负责人谈话，或委托实施机构主要负责人谈话；其他领导干部由分管负责人谈话，或由实施机构负责人谈话，或委托诫勉对象所在部门主要负责人谈话。诫勉谈话时，应向诫勉对象说明诫勉的原因，指出有关问题，提出有针对性的要求，听取诫勉对象所作的说明、解释或检讨，并明确其提交书面检查的时间。诫勉谈话应当做好记录，诫勉对象阅后签字。委托诫勉对象所在部门负责人谈话的，诫勉谈话记录由部门主要负责人签字后及时报送委托机构。

22.采用书面方式实施诫勉的，由实施机构向诫勉对象发送书面诫勉通知。除正处级领导干部外，其他干部的书面诫勉通知同时抄送其所在部门主要负责人。

23.对干部的诫勉时间为6个月，从实施诫勉之日开始计算。受到诫勉的干部，取消当年年度考核评优和评选各类先进的资格，6个月内不得提拔或者进一步使用。

24.诫勉期满后，实施机构应当通过适当方式，对诫勉对象的改正情况进行了解。对于没有改正或者改正不明显的，根据情节轻重，提出调离岗位、引咎辞职、责令辞职、免职、降职等组织处理建议，报中心党委集体讨论决定。

25.经了解诫勉对象改正情况较好的，按期解除诫勉，并由实施机构通知干部所在部门及其本人。

五、工作要求

26.认真履职，敢于担当。中心党委、纪委和实施机构要敢于担当，切实履行干部管理监督职责，积极发挥提醒、函询、诫勉的警示教育作用。工作中要做到既坚持原则、严肃纪律、落实从严要求，又体现对干部的关心爱护，注重平时教育管理，促进干部健康成长。

27.严格遵守工作纪律。在提醒、函询和诫勉工作中，相关工作人员和工作对象要严格遵守信访纪律、保密纪律及其他纪律。违反规定的，视情节轻重，给予相应的组织处理或纪律处分。发现工作对象隐瞒、编造、歪曲事实或回避问题，甚至对反映问题人员进行打击报复的，要根据情节轻重，给予组织处理；构成违纪违法的，移送有关部门依纪依法处理。

28.建立提醒、函询和诫勉工作档案管理制度。人事处和党委办公室按照有关规定分别对提醒、函询、诫勉有关材料进行管理，及时归档并留存。同时按照有关规定上报备案。

本细则由中心党建和党风廉政建设工作领导小组办公室解释。

（起草人：韦号　发布时间：2020年5月）

中国气象局公共气象服务中心“职工之家”活动室使用管理规定

（公气工发〔2020〕2号）

为了促进中国气象局公共气象服务中心（以下简称中心）文化建设，丰富职工业余文化生活，中心工会加强“职工之家”建设，建成职工活动室供全体职工学习、活动、健身。活动室位于科技大楼7层，是集荣誉陈列、健身休闲、读书交流、哺乳保育于一体的多功能场所。活动室大致分为哺乳室、更衣室、运动区和图书区四个区域。为了加强管理，保障活动室的职能作用，特制定以下管理制度。

一、中心工会负责管理活动室，中心职工进出活动室须刷门禁卡。

二、进入活动室前请清洁鞋底脏物，禁止穿高跟鞋、硬底鞋、足球鞋、钉鞋入内，以免划伤地胶。

三、使用健身器械前必须先了解使用方法（可阅读说明或向中心工会咨询），严格按照操作要求使用，严禁违章操作。

四、活动室内不得随意调整健身器械的位置，禁止野蛮调试，发现异常应立即停止使用并切断电源，告知中心工会进行维修。

五、带电器械，切勿洒水和强行拖拽电源线。连续使用的时间不得过长，以免烧坏电机。使用结束后须关闭电源。

六、有人使用器械时，其他人员请勿靠得太近，以免发生安全事故。

七、活动场地有限，如果使用乒乓球台、羽毛球架等设施，使用后须收好放入指定区域。

八、健身时要注意活动安全，根据自身年龄和身体状况量力而行，掌握活动时间。

九、活动室内图书分为借阅图书和阅读图书。阅读区的报纸、杂志、书籍阅读后应及时放归原位，书籍刊物不得外借，更不能随意裁剪、涂画和拿走。借阅区图书按照图书借阅相关管理办法进行管理。

十、活动室内的哺乳室为中心哺乳期女职工专用。首次办理哺乳室使用登记，须向中心工会提出申请，有效期为1年。哺乳室使用有效期过后如需继续使用，须再次申请。除哺乳外，不得随意占用哺乳室进行其他活动。

十一、哺乳室内的冰箱为女职工存放母乳专用，不得随意存放除母乳外的其他物品，存放物品不得过夜，并保持冰箱清洁。

十二、进出哺乳室和更衣间注意变更使用状态，以免影响他人使用。不得随意占用哺乳室和更衣间休息或进行其他活动。

十三、活动室内的所有桌椅、电器等设施未经允许不得擅自变动摆放位置，不得随意搬动，更不能拿出活动室外使用。

十四、保持活动室内卫生干净、整洁，及时做好卫生清理工作，不留垃圾，禁止乱扔或随意堆放杂物。

十五、活动室禁止吸烟、随地吐痰，禁止酒后进入。

十六、在活动室内人员必须遵守规章制度，最后离开的人关灯、关窗、关门。

十七、本办法由中心工会负责解释。

十八、本办法自印发之日起执行。

（起草人：宋雅静、董安安　发布时间：2020年5月）

中国气象局公共气象服务中心工会困难职工帮扶管理办法

（公气工发〔2020〕1号）

为进一步建立健全中国气象局公共气象服务中心（以下简称中心）困难职工帮扶机制，加大困难职工的帮扶力度，推进帮扶工作制度化、规范化、精准化，根据《中国气象局直属机关工会困难职工帮扶管理办法》，结合中心工会实际，特制定本办法。

一、补助范围

中心在职职工，双职工只一方享受补助。

二、补助项目

包括生活困难补助、残疾子女补助、央务助学补助、重大疾病补助、失独家庭补助、特别补助6个项目。

三、补助条件

（一）生活困难补助

1.家庭人均月收入低于北京市规定最低生活保障标准。

2.职工本人、配偶、子女、父母患有重大疾病，本年度医疗费用自费部分累计在2万元以上。

3.当年职工本人或家庭发生突发性特别重大的自然灾害、意外事故，致使本人家庭生活发生特别困难的。

（二）残疾子女补助

1.有残疾人证。

2.在心理、生理、人体结构上某种组织、功能丧失或者不正常，导致视力、听力、言语、肢体、智力、精神等方面，全部或者部分丧失正常方式从事某种活动的。

（三）央务助学补助

1.因职工本人及配偶收入较低，家庭负担较重，人均月收入低于北京市最低生活保障标准。

2.职工本人、配偶、子女患重病或长期患病，当年自付医药费支出较大，造成家庭特别困难的。

3.当年职工本人或家庭发生特别重大自然灾害、意外事故，致使本人家庭生活发生特别困难的。

（四）重大疾病补助

职工本人、配偶、子女患有恶性肿瘤、血液病、慢性肾衰竭、颅内原发性肿瘤手术、冠状动脉搭桥、人体重要器官组织（心脏、肺脏、肝脏、肾脏、骨髓）移植等。

（五）失独家庭补助

1.职工失去独生子女的。

2.职工本人为独生子女，且未成家、在岗位去世的。

（六）特别补助

职工遇到重大变故，生活困难的。

四、补助标准

（一）生活困难补助。每年给予 3000 ~ 8000 元。

（二）残疾子女补助。有残疾证的，每年补助2000元；符合残疾子女补助条件第二种情况的，每年补助 1000 元。

（三）央务助学补助。高中生一次性补助 2000 元；大学生一次性补助 3000 ~ 6000 元。

（四）重大疾病补助。职工本人按其自费医疗费用数额确定补助标准。医药费用中自费部分支出在 10 万 ~ 20 万元的，补助标准为 1 万 ~ 2 万元；医药费用中自费部分支出在 20 万 ~ 30 万元的，补助标准为 2 万 ~ 3 万元；医药费用中自费部分支出在 30 万元以上的，补助标准要通过工会委员会讨论决定。对于职工家属患病的，补助标准减半。

（五）失独家庭补助。职工失去独生子女的，给予一次性补助 2 万元；职工本人为独生子女，且未成家、在岗位去世的，给予一次性补助 1 万元。

（六）特别补助。职工遇到重大变故，生活困难的，可给予不超过 3 万元的一次性补助。

（七）本单位领导看望重大疾病职工，慰问费不超过 2000 元 / 人 / 次。

五、申报程序

（一）符合补助条件的困难职工由本人向所在分工会提出申请，申请人按要求如实填写相关申请表，并根据补助项目，提供相应的医院诊断书、自费药原始单据或报销分割单、北京市低保证、残疾人证、双方单位人事部门开具的工资收入证明、入学通知书、学生证等证明材料。

（二）所在分工会按本办法规定的补助条件认真审核，由分工会主席签字后上报中心工会。

六、审批程序

（一）中心工会负责对各分工会所报申请表进行严格审核，经中心工会主席审核后，报中心分管领导审批；重大疾病补助、和特别补助还须报中心党委审批。

（二）中心工会负责困难补助金发放。

七、发放时间

补助金发放方式分为定期补助和不定期补助。定期补助分为三个时间段：困难职工补助，当年 12 月 30 日前申报，元旦、春节期间发放；残疾子女补助，当年 5 月 10 日之前申报，“六一”儿童节前发放；央务助学补助，当年 8 月 15 日前申报，9 月底前发放。重大疾病、失独家庭和特别补助，采取随时申报、随时讨论审批、随时发放的方式。

八、监督检查

（一）中心工会对补助情况在中心工会委员会上予以通报，接受监督。

（二）各分工会要严格按条件审核、把关，发现有虚报作假现象，必须退还已领取的补助款并取消该分工会两年内评优、奖励以及困难补助申报资格，并在中心工会委员会范围内予以通报。

（三）各分工会要建立困难职工档案，坚持统一领导、动态管理、适时调整原则，全面掌握情况，推进困难职工补助工作的经常化、规范化和制度化。

九、本办法由中心工会负责解释。

十、本办法自印发之日起执行。

（起草人：董安安　发布时间：2020 年 4 月）

中国气象局公共气象服务中心工会文体协会管理办法（试行）

（公气工发〔2020〕5号）

为促进中国气象局公共气象服务中心（以下简称中心）职工业余文化生活的有序开展，引导、规范文体协会组织，明确勤俭节约、自费公助的办事规则，根据《中华人民共和国工会法》《中国工会章程》和中国气象局直属机关工会《中国气象局直属机关工会财务管理暂行办法》通知精神，制定本办法。

第一章　总　则

第一条　文体协会是在中心工会管理和指导下，以丰富职工文化生活、活跃职工业余生活、增强职工素质为目的，以服务职工为宗旨，由具有共同爱好的在工会会员自愿组织的群众性团体。

第二条　文体协会必须遵守国家法律、法规，并接受中心工会的管理和指导。本着勤俭节约、自费公助的精神，中心对各协会进行扶持、监督，并定期对协会进行评估与考核。

第三条　文体协会必须在法律、法规规定的范围内，在规章制度的规范下开展文化、艺术、体育等有利于职工身心健康和素质提高的各项活动。

第二章　协会成立与注销

第四条　文体协会申请成立的条件：

（一）有明确的协会章程。章程包括协会名称、宗旨、组织机构、会员权利和义务、协会活动形式、经费来源及其他应说明的事项。

（二）具备完善的组织机构和管理制度，财务有专人管理。

（三）参与者须为工会会员，并有较为稳定的基本骨干队伍。

（四）各协会按照各自特点制定会员入会条件，入会条件应兼顾体质条件和普及不同层次的要求。

（五）协会成员人数在10人以上。

第五条 文体协会在中心工会指导下结合会员实际情况开展相关活动。协会负责人从本协会会员中推选，任期1～3年。

第六条 文体协会成立流程：

（一）每年10月前可向中心工会提请成立新协会，由文体协会负责人向中心工会提交该文体协会的章程、负责人简历、会员名单及其他相关材料。

（二）经中心工会审核合格后填写《文体协会登记表》，办理注册手续并备案，以后每年到工会注册一次。

第七条 文体协会章程的内容：

（一）文体协会名称。

（二）文体协会性质、宗旨。

（三）文体协会的组织机构。

（四）会员的权利和义务。

（五）协会活动的形式、组织纪律。

（六）经费来源和使用范围。

第八条 协会有下列情形之一的，应当向工会申请注销登记：

（一）分立、合并的。

（二）经会员表决，协会三分之二以上会员同意解散的。

（三）由于其他原因终止的。

第九条 协会有下列情形之一的，工会将根据情况对其进行整改或注销：

（一）违反国家法律法规的，严重触犯单位相关规定的，扰乱单位正常的工作及秩序的，利用协会名义从事非法活动的。

（二）财务出现较大差错和混乱的，组织管理混乱，不按本办法规定执行的。

（三）无正式负责人的，连续6个月未进行正常活动的，协会机构瘫痪的，违背协会活动宗旨，在职工中影响恶劣的。

第三章　协会成员和组织机构

第十条 参加文体协会的条件：

（一）单位在职工会会员。

（二）认同并遵守文体协会章程，服从协会领导。

（三）按时参加文体协会组织的各项活动。

（四）按协会章程规定缴纳会费。

第十一条 文体协会负责人的产生和要求：

（一）文体协会可根据自身规模和实际需要，设置名誉会长、会长、副会长、秘书长、副秘书长等职。

（二）文体协会负责人由协会会员或代表民主选举产生，并报中心工会备案。

（三）文体协会负责人应具有良好的思想道德素质，具有较强的组织协调能力和奉献精神；能够调动会员积极性，不断稳定和扩大爱好者队伍，保持协会的生机和活力；群众基础好，善于团结广大职工，热心协会工作，乐于为大家服务。

第四章 协会活动与经费管理

第十二条 各协会依据各自的章程和活动计划开展活动，每个会员必须办理入会手续。协会活动以业余时间、经常化活动为主，组织会员开展活动，协会活动必须执行公开原则。

第十三条 协会在组织大型活动或多个协会联合活动之前，须向中心工会提出申请（包括经费预算），经同意后方可实施。活动结束后，协会负责人须向工会进行总结汇报。

第十四条 协会在每年2月底前到工会办理注册手续，并同时提交上年度工作总结和本年度活动计划。

第十五条 协会要定期换届。每任期到任后改选一次，选举要公开公平，协会更换负责人或变更其他协会登记事项（名称等），须到中心工会办理备案登记手续。

第十六条 协会的经费：

（一）各协会可按各自特点制定会费标准收取会费，并制定管理办法。会费由协会设专人管理，并经协会负责人签字，按照《公共气象服务中心工会经费管理办法》有关规定报销。各协会须定期向会员报告会费使用情况。

（二）中心工会委托协会组织的或者代表中心工会参加的交流、展示、演出、比赛项目等将根据实际情况，由工会负责相关经费。

（三）工会按照“自费公助”的原则，根据协会活动内容、人员规模及预期的活动效果，给予协会活动场地、场租、老师劳务方面一定的经费支持。经费支持原则上不超过人均400元标准。如有特殊情况，根据实际由协会提出书面申请，由工会委员会及经费审查委员会批准后进行拨付。

（四）各协会组织活动产生的场地场租费用，由协会负责人签字，经中心工会审核，按照

《公共气象服务中心工会经费收支使用管理办法》有关要求报销。

（五）经工会认可，文体协会成员参加中央国家机关、市级及以上比赛并取得名次的，按照《公共气象服务中心工会经费收支使用管理办法》，给予一定奖励。

第五章　协会考核与评估

第十七条　中心工会每年2月对注册的各文体协会进行一次评估和考核，文体协会须提交下列材料：

（一）文体协会的上年度总结，内容包括组织活动次数、活动实际效果、经费（自筹资金、工会拨款）使用情况等。

（二）本年度重新登记的老会员名单及新发展会员的名单。

（三）本年度计划，内容包括年度活动初步方案、活动预期效果及活动经费预算等。

第十八条　中心工会对各文体协会的考核内容：

（一）协会的活动内容、次数、参加人数。

（二）配合中心工会组织的活动内容、次数。

（三）受中心工会委托参加比赛、表演活动的次数、效果。

（四）协会对活动宣传报道的次数、效果。

第十九条　中心工会对文体协会报送的评估资料进行审核和考核，考核分为优良、合格和不合格，其中协会活动次数低于3次（不包含3次）、对活动宣传报道低于2次（不包含2次）为不合格。考评“优良”的，在经费支持上给予倾斜；考评“合格”的予以登记；考评“不合格”的文体协会将依据实际情况，限期整改或取消注册资格。

第六章　共建协会

第二十条　共建协会指与其他单位联合组建的协会，可由其他单位负责组建管理或由中心负责组建管理。

第二十一条　如中心负责组建管理，则协会成员中中心成员不应少于8人，人数占比不得低于50%；如其他单位负责组建管理，中心无人数与比例要求。

第二十二条　须从本协会会员的中心成员中推选出中心方面的协会负责人，负责中心成员的日常管理和与其他单位的联络，任期1～3年。

第二十三条　中心负责组建管理的共建协会的成立、章程、注销、日常管理、活动、经费等事项参照中心协会管理条款执行；其他单位负责组建管理的共建协会按照对方单位管理条款执行。

第二十四条 中心负责组建管理的共建协会的考核评估参照中心协会管理条款执行；其他单位负责组建管理的共建协会除执行对方单位考核评估要求外，须向中心工会提交活动宣传材料。

第七章 附 则

第二十五条 本办法由中心工会负责解释。

第二十六条 本办法于印发之日起实施。

（起草人：梅艳、董安安 发布时间：2020 年 6 月）

附件（略）

中国气象局公共气象服务中心共青团工作规则（试行）

（公气团发〔2020〕2号）

第一章　总　则

第一条　为贯彻落实全面从严治团要求及中央和国家机关共青团改革方案精神，进一步推进中国气象局公共气象服务中心（以下简称中心）共青团建设，根据《中国共产主义青年团章程》、《中央国家机关共青团工作规则（试行）》（国工发〔2009〕21号）、《中国气象局直属机关共青团工作考核方案（试行）》（气团发〔2020〕6号），结合中心共青团工作实际，制定本规则。

第二条　中心共青团是党领导的先进青年的群团组织，坚持贯彻党管青年原则，充分发挥党联系青年的桥梁和纽带作用，坚持服务青年的工作生命线，为党做好中心青年群众工作。

第三条　中心共青团组织的工作、服务对象是中心共青团员和其他40周岁以下青年。

第四条　中心团委负责中心共青团日常管理工作，受中心党委、中国气象局直属机关团委双重领导。

第二章　组织制度

第五条　中心团委由团员大会或团的代表大会选举产生，每届任期3至5年。团委换届选举任期届满应按期进行换届选举。如需提前或延期换届选举，应报中心党委和直属机关团委批准。团委委员因工作调动或其他原因离开团的岗位，其团内职务自行卸免。

第六条　选举产生的中心团委，在代表大会闭会期间，中心党委和直属机关团委认为有必要时，经过共同研究，取得一致意见，可以调动或指派团组织的负责人。

第七条　团委选举应遵照《中国共产主义青年团基层组织选举规则》（中青发〔2016〕15号）实施，具体程序为：

（一）向中心党委和直属机关团委报请中心团委换届改选；

（二）获批复同意后，召开中心团员大会或团的代表大会举行选举；

（三）向中心党委和直属机关团委报请选举结果；

（四）获批复同意后，新一届中心团委成立。

第八条 中心团委书记、团委副书记由新一届委员会全体会议酝酿提名，也可以由上届团的委员会提名，经同级党组织和上级团组织同意后，根据新选出的委员会多数委员的意见确定。团委书记候选人必须是本届团委委员。

第九条 中心团委实行集体领导和个人分工负责相结合的制度。

第十条 团的基层组织是团的工作和活动的基本单位，应该充分发挥团结教育青年的核心作用。团员3人以上的，可建立团的基层组织。中心各个团支部是团的基层组织，根据工作需要和团员人数，由中心团委批准设立。

第三章 工作制度

第十一条 中心团委应当经常听取并认真处理团支部和团员的意见。

第十二条 会议制度。中心团委根据工作需要不定期召开团委委员会议，讨论决定如下事项：对团中央、中心党委、直属机关团委的指示、工作部署提出贯彻执行的意见和措施；向中心党委、直属机关团委请示报告的有关重要事项；中心团委年度工作计划、工作总结和重大活动；中心团委的评选表彰活动等。

第十三条 工作报告制度。中心团委主动向中心党委和直属机关团委报团的工作情况，积极负责地发表意见。按照直属机关团委要求参加直属机关共青团工作考核。

第十四条 团员管理制度。按照《中国共产主义青年团章程》规范团员发展、团员登记、团费收缴等日常工作。流动团员的管理办法按照《共青团中央关于流动团员管理暂行办法》执行。

第十五条 学习制度。按照《中国共产主义青年团基层组织“三会两制一课”实施细则（试行）》中团课相关要求，开展学习型团组织建设，积极开展青年理论学习。在培训内容上，做到与理论学习、与党的中心工作、与当前政治时局、与团的具体工作相结合。开设团课可采用相对灵活的方式，可结合集体学习、专题研讨、团员论坛、集中收看重要会议活动直播和视频资料等方式开展，也可结合主题团日活动组织团员在实践中学习。

第四章 团费管理制度

第十六条 团员应当增强团员意识。以工资总额中相对固定的、经常性的工资收入（税后）

为计算基数，主动按月交纳团费。

（一）工资总额中相对固定的、经常性的工资收入包括：岗位工资、薪级工资、绩效工资、津贴补贴。每月工资收入（税后）在2000元（不含2000元）以下者，交纳3元；2000元（含2000元）以上者，交纳数为收入数乘以2‰以后按去尾法取整（即直接去掉小数点后的数值，如：工资收入为5000～5499元者，交纳10元）；最高交纳20元。团员工资收入发生变化后，从按新工资标准领取工资的当月起，以新的工资收入为基数，按照规定标准交纳团费。

（二）交纳团费确有困难的团员，经中心团委批准后，可以少交或免交团费。

（三）保留团籍的共产党员，从取得预备党员资格起，应交纳党费，可不交纳团费，自愿交纳团费者不限。

第十七条 团费由中心团委统一管理。

（一）团费的收缴、使用和管理情况要作为团务公开的一项重要内容。应在团员大会向大会报告团费收缴、使用和管理情况，接受团员大会的审议和监督。

（二）中心团委留存团费比例为70%，上交直属机关团委30%。

（三）对违反团费收缴、使用和管理规定的，依据有关规定严肃查处，触犯刑律的依法处理。

第十八条 使用团费应当坚持统筹安排、量入为出、略有结余的原则。团费只能用于团的事业和团的活动的必要开支，不得变相或超范围使用团费。团费的具体使用范围包括：培训团员、团干部；订阅或购买用于开展团员教育的报刊、资料和音像制品；购买团旗、团徽等团务用品；表彰先进基层团组织、优秀共青团员和优秀共青团干部；补助生活困难的团员；补助遭受严重自然灾害的团员和修缮因灾受损的基层团组织设施；基层团组织开展活动。

第五章　附　则

第十九条 本规则由中心团委负责解释。

第二十条 本规则自印发之日起实施。

（起草人：吕宸　发布时间：2020年5月）